DevOps
原理与实践

张琰彬　蒲鹏　王伟 ⊙编著

電子工業出版社.

Publishing House of Electronics Industry

北京·BEIJING

内 容 简 介

本书基于 DevOps 的文化和理念，介绍基于 DevOps 的研发流程一体化的过程。

本书分为理论篇和实践篇。理论篇包括 5 章：DevOps 诞生与发展，DevOps 标准与落地框架，软件交付，基础设施即代码，软件质量管理。实践篇包括 5 章：DevOps 基础实践，DaseDevOps 示例程序，DaseDevOps 测试用例，CI/CD 实践，发布平台监控与日志实践。

本书内容充实、结构清楚，理论与实践相结合，适合作为高校相关课程的教材，也适合 DevOps 初学者和从事该行业并需要提升 DevOps 技能的人员参考。

图书在版编目（CIP）数据

DevOps 原理与实践 / 张琰彬，蒲鹏，王伟编著. —北京：电子工业出版社，2023.3

ISBN 978-7-121-45263-5

Ⅰ. ① D⋯ Ⅱ. ① 张⋯ ② 蒲⋯ ③ 王⋯ Ⅲ. ① 软件工程 Ⅳ. ① TP311.5

中国国家版本馆 CIP 数据核字（2023）第 049085 号

责任编辑：章海涛
印　　刷：北京雁林吉兆印刷有限公司
装　　订：北京雁林吉兆印刷有限公司
出版发行：电子工业出版社
　　　　　北京市海淀区万寿路 173 信箱　　邮编：100036
开　　本：787×1092　1/16　　印张：17.75　　　字数：448 千字
版　　次：2023 年 3 月第 1 版
印　　次：2023 年 8 月第 2 次印刷
定　　价：69.80 元

凡所购买电子工业出版社图书有缺损问题，请向购买书店调换。若书店售缺，请与本社发行部联系，联系及邮购电话：（010）88254888，88258888。

质量投诉请发邮件至 zlts@phei.com.cn，盗版侵权举报请发邮件至 dbqq@phei.com.cn。

本书咨询联系方式：192910558（QQ 群）。

序一

DevOps

在即将迎来首本 DevOps 教材之际，作为中国 DevOps 运动的推动者、DevOps 社区发起人的我经历了 DevOps 在中国高速发展过程中的几乎所有重大事件。而"高校即将首开先河的导入 DevOps 专业课程"无疑是一个里程碑式的事件。对华东师范大学 OpenEduTech 团队牵头的本书创作团队表示祝贺。

在之前 DevOps 社区的活动中，我曾在多所院校做过 DevOps 的专题分享，与老师们和同学们探讨过 DevOps 在高校中推广的意义和可能性，思考过很多问题：如何让即将步入社会的学生参与 DevOps 社区，并从中得到必要的成长？如何在校园里也产生技术社区文化？如何与所有院校老师们协作？很希望在 DevOps 课导入后，我们各方能紧密的合作起来，并找出以上所有问题的答案。

信息产业目前对整个社会乃至国家的重要性已经达到了前所未有的高度。同学们正面临着巨大的机遇和挑战。在我看来：如果在校园中就能学有所成，然后平滑地步入软件产业，日后才能去成就 IT 行业领袖的无限前途。而 DevOps 正是这样一项颇具长期价值的基本功。

对于高校学生而言，DevOps 是你观察软件世界的万花筒，将带你探索软件世界的全貌，你在计算机上所编写运行的一段代码不仅是由算法书写而成的文本文件，对它的编译、运行和部署等操作都牵连着一个你并没有意识到的纷繁复杂的开源软件世界。本书出现的这些 DevOps 工具只是沧海一粟。这个万花筒一定能将你引入这片汪洋大海的深处。四年的大学时光是你们拥有的无以伦比的财富，把其中的一部分投资到一个自组建团队的开源软件项目中，将项目投放到这个开放的现实网络世界中，勇敢尝试和验证你的那些创意。这样做不但是为了提前挖掘自己的深度，而且 Cosplay 软件行业专业人士的 DevOps 实践行为本身不也是很 Cool 的么？重要的是，装备了 DevOps 思想和工具的三五成群的软件开发小组就是这个 IT 行业中软件项目工程协作的现实版缩影。在代码之外，还有开发人员之间的互动和工作的计划执行；DevOps 还会指引你进入其他相关领域：软件架构、云计算基础设施、大数据分析、站点稳定性工程、人工智能等。

在毕业时，假如你的简历上能列出你所拥有的出彩的开源项目，那么你的能力就可以胜任很多社招程序员岗位了，甚至入职后都不用忙碌于恶补大量 DevOps 知识盲点。将本书 DevOps 知识精熟于胸的你，还可能发现这样一个现象：目前很多小规模软件公司或团队依然处于无序的手工作坊式的软件开发实践中，虽然这种现象正在不断改善；但是，你这个独具 DevOps 敏锐眼光的新人或将成为这个公司的惊喜，甚至是开发团队的救星。

在当前软件行业的大背景下，DevOps 代表着先进的软件研发和交付的生产力。本书让学生们尽早掌握相关知识，让"软件工程"不再是"海市蜃楼"。本书分为理论篇和实战篇，较好地平衡了大学的理论教学和实践教学，可以为未来优秀的软件程序员们打下必备的基础，给日后能驾驭复杂软件项目全生命周期管理的精英们做出了必要的指引。

刘 征

中国 DevOps 社区创始人

序二

DevOps

在数字化转型的每个阶段，商业领袖、技术专家和软件开发者都可以从更紧密地合作，共同遵守运营原则，并从中获益。DevOps 可以被看做一个思想工具箱，帮助所有人实现他们的共同目标，进而在数字经济变革中大放异彩。组织的创新就是拥有差异化，而差异化的获取无法通过购买获得，只能通过构建。因此，这是一个软件开发者崛起的时代。

软件正在吞噬并重构着整个世界，每个组织都需要依托掌握开发和创造技能的人来帮助组织成长和转型，开发者开始成为一个组织持续发展的原生动力。这里的开发者不仅是指软件代码编写人员，而是所有的人。在今天这样一个深度数字化的时代，所有人都将成为开发者，在各行各业进行着数字化产品、数字化服务、数字化体验的创新。正是在这一重要趋势下，DevOps 在云原生时代的数字产品生产线中变得越发重要和成熟。

今天的软件开发模式已经发生的重要变化，编写软件过程在很大程度上可能已经变成了一个组合代码块的过程，就像 IT 公司组装现成的商业化组件来生产一台计算机，或者厨师从货架上取下现成的原料，并做出拿手好菜。这种模式进而可以解放软件开发者，把注意力集中到更有价值的业务创新、软件快速交付、智能运维等活动中。同样，DevOps 成为软件组装的全局管理者，将业务价值快速、精益地交付给客户。

DevOps 进入国内已经多年，对初学者来说，最常见的问题是 DevOps 究竟有什么价值？背后的核心原理是什么？怎样才能更好地实践 DevOps？本书正是解答这些问题的入门读本。对 DevOps 原理的系统讲解，带领读者亲自在实践中体验 DevOps，是本书的最大特色。相比抽象的概念，通过实际操作得到的结果可能会更直接、更形象。进一步，读者在了解了 DevOps 的各种实践后，再去理解什么是 DevOps 就易如反掌了。这是一个初学者掌握一项新技能的不二法则。

本书可以说是为初学者和初学团队量身打造的，包括：DevOps 的诞生与发展，标准与框架，开发与交付，自动化与质量管理，实践案例与实践代码，不可谓不丰富。同时，编写团队能够通过循序渐进的方式，带领着读者一步步踏入 DevOps 的开发之旅。手把手教读者进行实践，避免了理论的枯燥。在对某项技术有一个直观、生动的认识后，读者就可以发挥自己的主观能动性，深入挖掘这一技术的潜能了。

即使你不关心 DevOps，本书也会对你有一定的帮助。本书涵盖了云计算时代开发云原生应用程序所需要的技术和开发思想。从这方面来说，本书也适合那些熟悉 DevOps 的开发人员，以及只对某些技术感兴趣的开发人员。翻阅一下本书的目录，相信一定会有某些章节吸引到你。

古时候讲究师承，无论是学习文化还是技能，都需要先拜师，再学艺。从掌握一门技能到成为一派宗师需要经历三个阶段。首先是遵循老师的教诲，学习定式，掌握基本技能；在掌握基本技能后，能进行自我反省和改善，找出做得不好的地方，同时拓宽自己的视野，吸收其他流派的优点；最后脱离原定式，创造新定式。也就是说，要想学好一门技艺，就得先找到一个好老师，再寻求突破，而本书就是一本带你认识、理解并在实践中实现 DevOps 的图书。

我们在学习某项技能时，通常都是从术开始的，循序渐进而最终悟道。希望本书能够帮助大家在当今这个快速数字化的时代悟到更多的道。

王 伟

华东师范大学教授

X-lab 开放实验室创始人

序三

DevOps

非常高兴能够受邀为本书作序，必须为华东师范大学 OpenEduTech 团队的工程教育情怀点赞！

据了解，本书的工作是在 OpenEduTech 团队努力下，同时联合不少业界和学界同仁们共同合作的结晶，这需要作者们本身对工程实践原理有非常执着的追求！

在此，我也献丑分享自身的成长经历，以帮助大家理解工程师对工程实践原理追求的那份执着。不知道大部分工程师是否会和我一样有类似的感受：作为工程师，我们最早期的成就感往往来源于感受通过技术改变世界的那种"征服感"，等慢慢积累更多经验后，我们就会开始希望去总结探寻工程实践成功背后的那把"金钥匙"，希望通过它来不断地复制工程实践的成功。我自己也是在业界工作了 7 年后，在职业上升期毅然决定辞去当时的工作，全身心回炉深造，攻读全日制学术性博士学位，这背后原因更多的是自己习惯对每次亲身经历过的成功或失败的工程案例进行反思，有时候通过反思能够发现一些奥妙，大多数时候很多问题仍百思不得其解……正因为自己对工程实践背后原理的这份好奇和渴望，令我继续回到学界修炼，目的是能够探究工程背后的奥秘！

在回炉深造的那些年，我对提升工程教育质量也或多或少有了些许思考。我认为，若要提高工程教育的质量，必须跨越业界和学界之间的一道鸿沟，就需要有情怀的"天选之人们"。因为我们必须相信，成功的工程实践背后定会有其成功的规律，而能对这些规律进行诠释和理解的东西一旦被提炼的好，就可以形成某种工程理论。那么，有社会价值的工程理论通常需要什么样的一群人去提炼呢？我想一定不是那些完全没有参与过工程实践的人们，因为如果一个人从来就没有感受到过工程实践成功后带来的成就感和社会价值，他/她固然也难以有那份去寻找那把"金钥匙"的赤诚之心。相反，那些真正参与过工程实践并且有志于推广成功工程实践方法的人们可担此重任。我认为，华东师范大学 OpenEduTech 团队就属于这样的一群天选之人！

OpenEduTech 团队不仅有高校中一直从事工程研究的王伟老师和蒲鹏老师，也有像张琰彬老师这种曾在业界有着丰富的工程实战经验再回到高校的老师。他们不断联合业界资源，学习和总结业界实践经验。除此之外，OpenEduTech 团队也在实践水杉在线平台的研发过程中不断应用 DevOps 的相关实践，本书也正是在这样的工作背景下完成的。

DevOps 近些年来在业界的发展速度非常之快，其覆盖的工程实践范围也非常之广阔，我认为本书可以让高校的学生们更加深入地了解 DevOps 的文化理念和相关工程实践方法。

最后，希望 OpenEduTech 团队能够继续加强业界和学界的联合，通过不断地整合业界的成功实践案例和高校丰富的学术资源，不断跨越学界和业界的鸿沟，不断提炼工程实践的理论，找到更多工程实践背后的"金钥匙"！

邱　娟

软件工程工学博士

Thoughtworks 专家级顾问

序四

DevOps

自 2008 年 DevOps 一词出现在人们的视野中，其理念和文化得到了 IT 从业者的广泛认可和追捧，DevOps 的火热程度远超当年敏捷开发的影响。作为 Thoughtworks 的咨询顾问，我有幸见证和参与到很多企业的转型变革中。然而令人遗憾的是，DevOps 发展至今仍然没有成为开发和运维的事实标准。个人认为，原因有以下几点。

（1）组织文化的抵抗：开发团队和运维团队的文化通常是不同的，因此跨越这种文化差异的 DevOps 实践可能遇到困难。

（2）系统化知识储备不足：DevOps 需要在不同的工具和技术之间建立起流程，这需要专业的软件工程知识和严格的流程控制。反观当前大多数的 IT 从业者，他们非常擅长计算机科学，如高并发、算法等，而常常忽略了工程领域的沉淀。

（3）对 DevOps 概念的误解：有些组织将 DevOps 视为技术解决方案或者工具平台建设，而不是一种文化和实践的转变，这导致 DevOps 实施效果不明显。

（4）抗拒变化：DevOps 将引发系统架构、角色和交付模式的重大改变，最终改变人们的工作方式，这是在组织中落地 DevOps 最大的挑战。

以上可以总结为 DevOps 实践面临的挑战，这也正是本书编写的初衷，希望帮助大家能够解决这些问题。

作者在书中对 DevOps 进行了全面介绍，涵盖 DevOps 的诞生、标准与落地框架，可以帮助读者了解 DevOps 的核心概念和实践；不仅包含 DevOps 基本知识，还提供了很多实用的技巧和工具，让读者能够在实践中更好地理解 DevOps 的实现过程，并学会如何在实践项目中实施 DevOps。

此外，本书涵盖 DevOps 的相关领域，如 GitOps、MLOps 等前沿技术，帮助读者更好地了解 DevOps 的最新发展和趋势，并为他们的未来职业发展做好准备。

随着数字时代的到来，软件行业技术的飞速发展和迭代，企业对 IT 人才的渴求度和要求也越来越高，打破高校人才培养与企业需求的壁垒，让学生进行必备的专业学习的同时又能满足企业接轨，这样的需求迫在眉睫。

我相信，本书的出版可以拉近高校与企业沟通的距离，同学们通过本书可以提升 DevOps 认识和理解，通过学习 DevOps 的知识和技能，可以了解软件开发、测试和运维等整个流程，提高自身的技术和工程能力，增强在软件开发过程中的实际运用能力，并通过实践深化对理论的理解，学以致用，为在自己的未来的职业的挑战提前做好准备。

最后，很荣幸能为华东师范大学 OpenEduTech 团队牵头的新书写序。无论你现在是否面临 DevOps/工程效能的问题，本书都能帮你迅速开启 DevOps 之旅，打开新世界的大门。这让我想起一句俗语："种下一棵树的最佳时机是二十年前，其次则是现在。"学习 DevOps 的最好时机就是现在。

谢保龙

Thoughtworks 中国区 DTO
DevOps/研发效能负责人

前　言

工欲善其事，必先利其器。

——《论语·卫灵公》

背景

在无数个"偃师造人"的梦想下，人工智能走到了今天，同样在"无数个提篮印花机"对通用计算的追求下，程序设计已经成了人类意志对机械进行重塑的最有效方法之一。伴随着半导体的巨大进步、计算机从"旧时王谢堂前燕"，一跃发展到"飞入寻常百姓家"，这一巨大成功也将一大批软件、硬件、互联网行业带到了发展的快车道。随着《中共中央关于制定国民经济和社会发展第十四个五年规划和二〇三五年远景目标的建议》的发布，"数字化"一词首次进入国家五年计划，成为举国上下共同的发展目标，在当今数字化转型时代下，疫情反复更是加速了各行各业数字化转型的步伐，软件应用已经成为各行各业的核心基础设施。企业转型与快速发展带来的业务异构化导致了整体软件生态多样化、异构化，整个行业走向更为松散、分布式、标准的服务架构，而大规模应用 AI、自动化、区块链、物联网、5G、云计算和量子计算的能力使得整体软件研发生态系统变得规模化和复杂化。软件工程的复杂度在不断地提升，软件工程本身的规模复杂度也在不断提升。对云原生和全面数字化时代中的软件产品，如何适应并响应用户快速变化的需求、如何支持大规模用户在线活动并提升系统的稳定，如何提升产品交付质量、如何增加自主可控和更低的成本等变成各行各业迫在眉睫需要解决的问题。

从提出到现在，DevOps 已经历经了十几年的时间，是基于精益、敏捷、丰田生产系统、柔性工程、学习型组织、安全文化等产业实践知识体系之上总结出来的工程文化和工程流程，被越来越多的企业采纳和使用，也是目前企业数字化转型的核心技术点。

相关人才需求与高校教学现状

结合 CSDN 深度调研的《2022 中国开发者大调查》和依据 GitHub 发布的《Octoverse 2021

《年度报告》，我们得出了这样的结论：

截至 2022 年上半年，仅中国的软件开发人员约有 750 万左右，这个数字还在持续增长中。云原生成为了驱动业务增长的重要引擎。但是国内有 70% 的开发者完全不懂或者只了解一些概念。75% 的开发者在刚上手的工作中接触了 DevOps 相关实践，有三年以上经验的占比仅仅 7%。

在软件工程领域，软件工程本身的规模随着团队的业务架构复杂度在不断提升，导致需要足够复杂的业务来完成一个软件的构建，即：要完成一个软件产品从设计到最终的发布需要很多其他角色通力合作，包括设计团队、研发团队、测试团队、交付团体、需求团队等，这些也体现在我们研究与实践项目水杉在线平台的研发过程中。传统课程与实验教学中学习到的软件开发测试技能逐渐成为整个软件研发流程中的一个小的环节，数字化协作工作流程和方式不断发生更新迭代，如何通过实验让同学们在掌握基础软件研发技能的同时，掌握整个基础软件研发流程中人员协作、流程规范、协同链路，掌握端到端的设计思维、敏捷和 DevOps 实践框架，无缝地构思、构建、评估、迭代和扩展的解决思维与方法。这些是数字化企业软件开发协同的新生态工具链成为一个校内这类课程的问题和难点。

本书就是基于这样的背景，通过原理和实践，将 DevOps 文化理念与工程实践方法传递给从业者或者即将踏入相关岗位的学生。

内容介绍

本书内容分为理论篇和实战篇，具体如下。

原理篇包括 5 章，具体为：第 1 章，DevOps 诞生与发展；第 2 章，DevOps 标准与落地框架；第 3 章，软件交付；第 4 章，基础设施即代码；第 5 章，软件质量管理。

实战篇包括 5 章，具体为：第 6 章，DevOps 基础实践；第 7 章，DaseDevOps 示例程序；第 8 章，DaseDevOps 测试用例；第 9 章，CI/CD 实践；第 10 章，发布平台监控与日志实践。

全书理论阐述深入浅出，实践操作翔实有据，非常适合软件领域的从业者阅读，也是相关领域学生的优秀教参。本着开源放开共享的精神，实验项目中的案例代码也放在 GitHub 的 OpenEduTech/DaseDevOps 网页中，读者可以在此下载、共建，也可以在线和我们进行沟通。

本书由华东师范大学数据科学与工程学院张琰彬和蒲鹏老师组织撰写，王伟老师参与审阅。原理篇由业界知名一线专家撰写。实践篇，除了行业专家的参与，华东师范大学数据科学与工程学院研究生陈烨、李锦路、司琦、陈可璇、宁志成、王原昭、雷镇豪、郑泽洪、张天赐、张欣然等同学参与了整理和校对工作。还有很多在出版过程中给予帮助的人，限于篇幅，不再一一列出，在此一并感谢！

作　者

作者简介

第 1 章

郭旭东　　极狐（GitLab）云原生架构师，Linux Foundation 开源布道者，NextArch Foundation TOC 成员，云原生社区管理委员会成员。

马景贺　　极狐（GitLab）DevOps 技术布道师，CDF ambassador，OpenSSF 中国工作组副组长，LFAPAC 开源布道师。

第 2 章

刘　峰　　中国早期 SRE 讲师、GitLab 金牌讲师，中国 SRE 社区发起人、SRE 布道师。

第 3～4 章

赵晓杰（Rick）　　程序员，业余开源布道者，多年 DevOps 产品研发经验，《开源面对面》播客主持人。

第 5 章

胡　涛　　高级工程师，网易云音乐质量效能技术部高级总监，历任行业多个亿级用户体量产品质量负责人。

蒋　皓　　网易高级测试开发专家，网易云音乐数据工厂负责人。

刘金龙　　高级工程师，网易资深测试开发工程师，网易云音乐引流测试平台技术负责人。

徐知杰　　高级工程师，网易测试开发专家，网易云音乐接口测试，业务监控，质量标准化等专项负责人。

谢　蕾　　高级工程师，网易高级测试开发专家，多年 DevOps 实战经验。

张　文　　高级工程师，网易资深测试开发专家，对互联网主流测试技术有着丰富的实战经验。

李　敏　　高级工程师，网易测试开发专家，网易云音乐大数据和算法测试负责人。

王紫琦　　网易资深测试开发工程师，多年网页端测试经验。

周妙珍　　网易资深测试开发工程师，多年移动客户端测试经验。

王晓坤　　高级工程师，网易测试开发专家，多年测试技术及平台开发经验。

朱丽青　　高级工程师，网易测试开发专家，稳定性保障、架构优化、性能调优等领域实践丰富。

蒋　超　　高级工程师，网易测试开发专家，多年测试工具和平台开发经验。

洪　权　　网易高级测试开发专家，专注于研发效能和交付质量提升。

实践章节

OpenEduTech 团队

编委会成员

目　录

DevOps

理　论　篇

实　践　篇

原 理 篇

第 1 章

DevOps

DevOps 诞生与发展

1.1 DevOps 概述

DevOps 一词来自 Development 与 Operations 的组合，是一种重视软件开发人员（Dev）和运维人员（Ops）之间沟通的文化、运动或惯例。通过将人、流程和技术结合起来，DevOps 利用自动化的流程来构建、测试、发布软件，使"软件交付"与"架构变更"变得更加快捷、频繁和可靠。DevOps 帮助团队提高软件和服务的交付速度，使团队能够更好地为客户服务，并提高其在市场中的竞争力。

简而言之，DevOps 可以定义为通过更好的沟通和协作，使开发和运维保持较高的研发效率和文化的一致。

DevOps 的诞生是为了填补开发端到运维端之间的信息鸿沟，改善团队之间的协作关系。随着 DevOps 的发展，产品管理、开发、运维、测试和信息安全工程师均加入其中，形成一套针对多部门间沟通与协作问题的流程和方法。

DevOps 并未对任何特定的流程、工具和技术有偏好，也并未规定任何特定的方法和环境。DevOps 并不是框架或者方法，实际上只是一系列的原理和实践经验，这些原理和实践经验并不会执行任何特定的程序、工具或技术，而是使用 DevOps 原理和经验来指导使用这些程序、工具和技术。一个不认可 DevOps 文化和原理的团队，无论使用怎样的技术和工具，都不能算是真正地实践了 DevOps。

1.1.1 DevOps 文化

要真正了解 DevOps 首先要理解 DevOps 文化。在学习之初，用户需要暂时摒弃市面上各种眼花缭乱的 DevOps 工具的宣传，应该把握 DevOps 的本质，这样才能在今后的实践中不被各种复杂的技术和高深的术语所迷惑。在组织层面，团队相关成员之间需要持续沟通、协作和共担责任，打破团队间的孤岛状态，不需交接，也不需等待其他团队的审批，同心协力，保证快速且持续的创新和高质量的交付。

DevOps 文化是团队协作的文化，需要团队所有成员的理解和认可，单凭个人是无法实践DevOps 的，包括如下。

1．协作的可见性

不同的团队或成员的 DevOps 流程、优先级和关注点互相可见，有统一的目标和衡量标准。这是一个健康的 DevOps 文化的标志，也是高效协作的基础。

2．负责范围的转变

团队成员需要参与他们角色对应工作范围之外的阶段。例如，研发人员不仅要对开发阶段负责，还要对软件发布后运维阶段的性能和稳定性负责；运维人员不仅要对软件运行的环境负责，还要对软件的安全性、合规性负责，并且在软件规划阶段就要参与。

3．缩短发布周期

缩短发布周期可以让计划和风险管理更容易，同时减少对系统稳定性的影响，还可以让组织适应和应对不断变化的客户需求和竞争压力。

4．持续学习

DevOps 提倡快速迭代和快速试错，融入失败经验，不断改进，从而加速创新并适应市场变化，不断学习，不断成长。

1.1.2　DevOps 实践

任何企业的 DevOps 实践的最终目标都是确保相关人员（包括用户）的期望和需求能有效、快速地开展。DevOps 满足用户以下需求和期望：① 获得他们想要的功能；② 在任何需要时都能获得他们想要的反馈；③ 更快、更新的功能；④ 发布的新版本的质量够高。

只有当企业能满足这些用户需求，用户的忠诚度才会高，从而企业的市场竞争力才能得到提升，并最终增强企业的品牌和市场价值。DevOps 对企业的顶线和底线有直接影响，企业可以在创新和用户反馈上投入更多，从而持续改变其系统和服务，以保持用户的黏性。

任何企业或者团队在实践 DevOps 的过程中都会受其所处的行业和领域的影响，所以要把握住 DevOps 实践的核心原则和核心做法。

DevOps 实践的核心原则：① 协作机制和沟通机制；② 响应变化的敏捷度；③ 软件设计能力；④ 快速试错；⑤ 持续学习和创新；⑥ 自动化流程和工具。

DevOps 实践的核心做法包括：① 版本控制；② 持续集成（Continuous Integration，CI）/持续部署（Continuous Deployment，CD）；③ 配置管理；④ 基础设施即代码；⑤ 持续监控；⑥ 持续迭代。

1.1.3　DevOps 生命周期

DevOps 生命周期（以线性方式描述时，也称为持续交付管道）是一系列迭代式、自动化的开发流程（也称为工作流程），在更大的自动化和迭代式的开发生命周期内执行，旨在优化高质量软件的快速交付。工作流程名称和数量因人而异，通常可归结为 6 类（如图 1-1 所示）。

图 1-1　DevOps 生命周期涉及的工作流程

1．规划（或构思）

根据划分了优先级的最终用户反馈和案例研究，以及来自所有内部利益相关方的输入，团队确定下一个发行版中的新功能或特性的范围。规划阶段的目标是通过生成在交付后可实现预期成果和价值的待办工作列表，最大程度提高产品的业务价值。

2．开发

编码环节，开发人员根据待办工作列表中的用户情景和工作项，编码、测试和构建新功能和增强功能。常用的实践组合包括测试驱动开发（Test-Driven Development，TDD）、配对编程和同行代码评审等。开发人员通常使用本地工作站来执行代码编写和测试的"内部循环"，再将代码交给持续交付管道。

3．集成（或构建，或持续集成和持续部署）

新代码集成到现有代码库中，然后执行自动化测试并打包到可执行文件中，以进行部署。常见的自动化活动包括：将代码变更合并到"主"副本中，从源代码存储库中检出代码，自动执行编译、测试，然后打包为可执行文件。最佳实践是将持续集成阶段的输出存储在二进制存储库中，以备后续阶段使用。

4．部署（通常称为持续部署）

（来自集成的）运行时，构建输出部署到运行时环境，通常是执行运行时测试的开发环境，用于验证质量、合规性和安全性。如果发现错误或缺陷，开发人员有机会在任何最终用户看到问题之前拦截并修补任何问题。通常存在开发、测试和生产环境，每个环境都需要逐步"严格"的质量关口。部署到生产环境的最佳实践通常是首先部署到最终用户的子集，然后在产品趋于稳定后，逐步向所有用户部署。

5．运维

如果将功能交付到生产环境描述为"第 1 天"，那么功能在生产环境中运行就可称为"第 2 天"。监控功能的性能、行为和可用性可确保功能为最终用户增值。运维确保功能平稳运行，并且服务中没有中断，也就是确保网络、存储、平台、计算和安全态势都正常。如果出错，运维可确保发现事件，提醒适当的人员，确定问题，并应用修复措施。

6．学习（也称为持续反馈）

收集来自最终用户和客户对特性、功能、性能和业务价值的反馈，根据这些反馈，规划下一个发行版中的增强和功能；还包括来自运维活动的任何学习和待办工作项，帮助开发人员主动避免将来再次发生以往错误。这就是规划阶段的"总结"，我们"不断改进"。

除此之外，还有另外三个重要的持续工作流程。

1．持续测试

典型的 DevOps 生命周期还包含需要在集成和部署之间完成一个单独的"测试"阶段。而 DevOps 更进一步，可以在各工作流程中执行测试的某些要素，如：在规划中执行行为驱动的开发，在开发中执行单元测试与合规测试，在集成中执行静态代码扫描、CVE 扫描和开源代码分析（Linting），在部署中执行冒烟测试、渗透测试、配置测试，在运维中执行混沌测试、合规性测试，在学习中执行 A/B 测试。测试是一种强大的风险和漏洞发现方法，为产品提供接受、缓解或补救风险的机会。

2．安全

虽然瀑布式方法和敏捷实施在交付或部署后添加了安全工作流程，但 DevOps 努力从一开始（规划）就整合安全工作流程（以确保能够以最低的代价尽早解决安全问题），并且在整个开发周期中持续整合安全工作流程。这种安全性方法称为"左移"。一些组织的左移工作不甚理想，这也导致了 DevSecOps 的兴起（后面章节会详细介绍）。

3．合规性（治理和风险）

在开发过程的整个生命周期都能有效进行合规和风险的治理、把控。受监管行业通常必须强制性满足特定级别的可观察性、可跟踪性和可访问性，以表明自己如何在运行时环境中交付和管理功能。这需要在持续交付管道和运行时环境中规划、制定、测试和执行策略。合规性措施的可审计性对于向第三方审计机构证明合规性而言极其重要。

【小结】随着近些年 DevOps 理念被开发者与团队认可，越来越多的公司开始实践 DevOps；同时，越来越多的理念、工具和角色被纳入 DevOps 的范畴，如敏捷开发、自动化测试、软件安全测试等，已成为 DevOps 生命周期的一部分，并广泛应用于软件开发实践。

1.2　DevOps 的诞生

1.2.1　DevOps 的历史

所有关于 DevOps 的故事都会提起一个名字：Patrick Debois。他最早在比利时根特市发起了 DevOpsDays 活动，被称为"DevOps 之父"。DevOps 的历史也从他开始讲起。

沮丧和失望引发的思考

2007 年，Patrick Debois 受比利时政府部门的委托，协助某部门的一个大型数据中心进行迁移工作，负责认证和验证测试，因此他需要协调开发（Dev）和运维（Ops）团队的工作。这显然不是一份轻松的工作，采用敏捷开发的开发团队和采用传统运维模式的运维团队仿佛生活在两个世界，不同的工作方式像是一堵墙，这使得在两个团队之间来回切换的 Patrick 非常沮丧和失望，也让 Patrick 开始思考是否有方式可以解决这个问题。

第一届 Velocity 大会和 The Agile Admin 博客

2008 年，O'Reilly 公司在美国加州旧金山举办了第一届 Velocity 技术大会，讨论的主题是"Web 应用程序的性能和运维"。大会吸引了来自奥斯汀的几个系统管理员和开发者，他们对大会分享的内容十分感兴趣，并共同开设了一个名为 The Agile Admin 的博客，以分享敏捷开发在系统管理工作中的应用和实践。

Agile Conference 2008

2008 年 8 月，敏捷大会（Agile Conference 2008）在加拿大多伦多举办，软件工程师 Andrew

Shafer 提交了一个名为 "Agile Infrastructure" 的临时话题，但对这个话题感兴趣的人并不多。所以，这个话题开始时仅有一个人出席，就是 Patrick。Partrik 在这次会议上分享了自己的想法，即 "如何在运维工作中应用 Scrum（迭代式增量软件开发过程）和其他敏捷实践"，十分想把这些经历进行分享。

最终，Patrick 与 Andrew 进行了一场漫长的讨论后，他们意识到，在这次会议之外会有很多的人想继续探讨这个广泛而又系统化的问题，随后在谷歌小组（Google Group）上建立了 Agile System Administration 讨论组，来讨论这个话题。最初虽然有一些话题和参与者，但是访问者依旧寥寥无几。

一个影响深远的演讲

2009 年 6 月，第二届 Velocity 大会如期举行，最大的亮点就是 John Allspaw 和 Paul Hammond 分享了一个名为 "10+ Deploys Per Day：Dev and Ops Cooperation at Flickr" 的演讲。此后，几乎关于 DevOps 的资料都会引用这个演讲。他们提出的 "以业务敏捷为中心，构造适应快速发布软件的工具（Tools）和文化（Culture）" 的观点非常准确地描述了 DevOps 的理念，哪怕当时 DevOps 这个名词还未诞生。

Patrick 也在网上看到了这个演讲视频，在推特（Twitter）上询问如何才能参加 Velocity 大会。而 Paul 直接回复："嘿，Patrick，你想在比利时召开自己的 Velocity 吗？我们都会去参加，这一定会很棒。"

DevOpsDays 和 DevOps 的诞生

于是乎，"社区版 Velocity 大会" 就由 Patrick 在推特（Twitter）上进行了召集，于同年 10 月 30 日在比利时召开。关于会议的名称，Patrick 首先就想到了 Dev 和 Ops，而这个会议持续两天，所以他加上了 "Days"，于是就有了 "DevOpsDays"。

这届大会非常成功，众多开发和运维工程师、IT 管理人员和工具爱好者从世界各地蜂拥而至。两天的会议结束后，参与 DevOpsDays 的人们把这次会议的内容带向了全世界。

在推特（Twitter）上，关于 DevOpsDays 的讨论越来越多。由于推特（Twitter）的 140 个字符的限制，大家在推特（Twitter）上去掉了 DevOps 中的 Days，保留了 DevOps。

于是，"DevOps" 这个称谓正式诞生。

What is DevOps

自 DevOpsDays 开始，越来越多的人认为 DevOps 将是 IT 部门正确的运作方式，而 DevOps 成为了一种促成开发与运维相结合的运动。各种各样、不同职责、不同背景的人不断地在各种场合分享自己关于 DevOps 的实践经验和理解，由此还催生了很多工具和实践。但随之而来的是，由于每个人对 DevOps 的理解不同，关于 DevOps 而产生的争议和冲突也越来越多。

于是，The Agile Admin 发表了 *What is DevOps*（什么是 DevOps）的文章，给出了 DevOps 的详细定义，并且依据敏捷的体系构造出了 DevOps 体系，包括一系列价值观、原则、方法、实践和对应的工具，并梳理了 DevOps 的历史和对 DevOps 的一些误解。

《持续交付》问世

2010 年，在第 2 届 DevOpsDays 上，《持续交付》的作者 Jez Humble 做了关于 "持续交付"

的演讲。针对 Patrick 和 Andrew 最初遇到的问题，书中提到的实践给出了最佳实践。也有人说，如果《持续交付》早两年问世，也许就不会出现 DevOps。然而，随着 DevOps 理念的传播，DevOps 概念的外延越来越广，已经超出了《持续交付》涵盖的范畴。

"持续交付"是"持续集成"的延伸，而这恰恰与 2008 年敏捷大会中的观念一致。但由于发生时间的先后关系，"持续交付"被看成敏捷开发和 DevOps 文化的产物。而今，持续交付仍然作为 DevOps 的核心实践之一被广泛谈及。

《凤凰项目》发布

2013 年，由 Gene Kim、Kevin Behr、George Spafford 共同完成的《凤凰项目》发布，并大受欢迎。这是 DevOps 的一个标志性事件，因为它以小说的形式向读者介绍了 DevOps 的理念。故事讲述了一个虚构的 IT 经理 Bill Palmer 临危受命，在未来董事的帮助和自己"三步工作法"理念的支撑下，最终挽救了一家具有悠久历史的汽车配件制造商的故事。

DevOps 从小众走向主流

2016 年，Garter 预测 DevOps 将从小众战略过渡到主流战略。当年，全球 2000 强企业中有四分之一的企业采用了 DevOps 战略。

DevOps 之年和中国 DevOps 元年

Forester Research 称 2017 年为"DevOps 之年"，同时报告说，有高达 50%的组织正在实施 DevOps。同年，DevOpsDay Beijing 成功举办，2017 年成为"中国 DevOps 元年"。

DevOpsDay 在中国

2018 年，北京、上海、深圳成功举办了 DevOpsDay；同年，美国安排了 30 余场 DevOpsDay 活动。DevOps 的理念在全球迅速推广，其中不断有基础设施团队和运维团队提出了更多有关 DevOps 的倡议，越来越多的组织和企业开始采用 DevOps。

【小结】通过 DevOps 的历史可以看到，DevOps 诞生至今依旧保持着非常旺盛的生命力，依旧有众多的企业和工程师基于自己的实践经验不断提出不同的倡议，从而解决开发（Dev）与运维（Ops）之间的矛盾。

1.2.2　DevOps 的优势

DevOps 的优势很大程度体现在组织层面的协作和沟通上，实践 DevOps 的团队可以更快、更好地工作，简化事件响应，并改善团队之间的协作和沟通。

1．速度

DevOps 高速运转，可以更快速地针对用户进行创新、更好地适应不断变化的市场，同时更有效地推动业务成果。DevOps 模式能够帮助开发人员和运维团队实现这些目标。例如，微服务和持续交付能够让团队充分掌控服务，然后更快速地发布更新。

2．快速交付

DevOps 提高了发布的频率和速度，以便更快速地进行创新并完善产品。发布新功能和修复错误的速度越快，就越能快速地响应用户需求并建立竞争优势。持续集成和持续交付是自动执行软件发布流程（从构建到部署）的两项实践经验。

3．可靠性

DevOps 确保应用程序更新和基础设施变更的品质，以便在保持最终用户优质体验的同时，更加快速、可靠地进行交付；使用持续集成和持续交付等实践经验来测试每次变更是否安全，以及能够正常运行；监控和日志记录实践经验能够帮助实时了解当前的性能。

4．规模

DevOps 可以用于大规模运行、管理软件的基础设施及开发流程；自动化和一致性可在降低风险的同时，有效管理复杂或不断变化的系统。例如，"基础设施即代码"有助于通过一种可重复且更有效的方式来管理部署、测试和生产环境。

5．增强合作

建立一个适应 DevOps 文化模式的更高效的团队，强调主人翁精神和责任感。开发人员和运维团队密切合作，共同承担诸多责任，并将各自的工作流程相互融合。这有助于提升效率、节约时间（例如，缩短开发人员和运维团队之间的交接时间，编写将运行环境考虑在内的代码）。

6．安全性

在快速运转的同时保持控制力和合规性。利用自动实施的合规性策略、精细控制和配置管理技术，可以在不牺牲安全性的前提下采用 DevOps 模式。例如，"基础设施即代码"和"策略即代码"可以大规模定义并追踪合规性。

【小结】 DevOps 更多强调人与人、开发与运维之间的通力合作，共同探索出一条符合自己团队安全、高效的 DevOps 模式。团队在进行 DevOps 转型时需要把握核心目标，切勿照本宣科，不要为了实现 DevOps 而做 DevOps。

1.3 DevOps 的现状和发展趋势

1.3.1 DevOps 的现状

DevOps 经过了 10 多年的发展，很多企业或组织都在实践 DevOps。根据 Gartner 发布的 2022 年 Agile（敏捷）和 DevOps 成熟度曲线（如图 1-2 所示）显示，DevOps 的实践处于多点开花阶段（工具链、持续交付、DevSecOps 等）。这充分说明 DevOps 已经经过了理论阶段，向着实践的深水区走去。

根据中国信通院（中国信息通信研究院的简称，下同）发布的《中国 DevOps 现状调查报告（2021）》DevOps 进行了级别划分。

- ❖ 初始级：在组织局部范围内开始尝试 DevOps 活动，并取得初期效果。
- ❖ 基础级：在组织较大范围内推行 DevOps 实践，并获得局部效率提升。

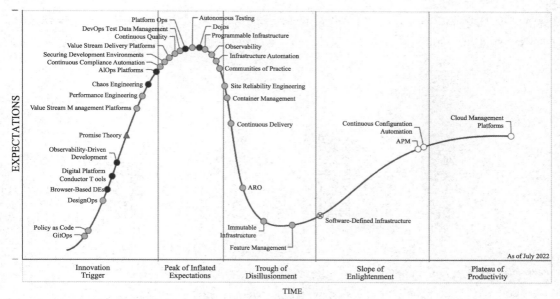

图 1-2 Gartner 2022 年 Agile & DevOps 成熟度曲线

❖ 全面级：在组织内全面推行 DevOps 实践并贯穿软件全生命周期，获得整体效率提升。
❖ 优秀级：在组织内全面落地 DevOps 并可按需交付用户价值，达到整体效率最优化。
❖ 卓越级：在组织内全面形成持续改进的文化，并不断驱动 DevOps 在更大范围内取得成功。

2021 年，成熟度处于全面级的企业最多，为 35.4%，具备工具化、自动化、规范化的特点，同比增长 8.84%；而 16.53% 的企业的实践成熟度处于优秀级，具备平台化、服务化、可视化与度量驱动改进的特点；0.87% 的企业处于卓越级，能够实现 DevOps 的高度智能化、数据化和社会化的特点，如图 1-3 所示。

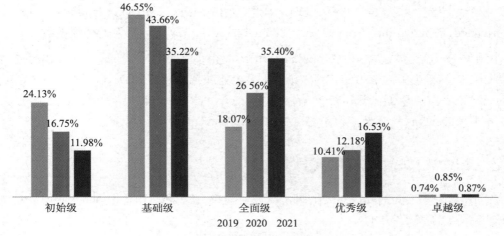

图 1-3 企业 DevOps 成熟度分布

这些年，DevOps 逐渐沉淀出了持续集成/持续交付（部署）（CI/CD）这种被认为是落地实践 DevOps 的核心手段。同样，《中国 DevOps 现状调查报告（2021）》显示：持续集成是最受欢迎的工程实践，与自动构建、单元测试、持续交付占据前四，其比例分别为 85.16%、81.61%、81.53%和 80.66%，如图 1-4 所示。

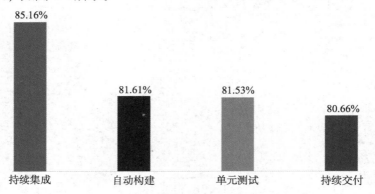

图 1-4　DevOps 最受欢迎的四大工程实践（中国）

下面简单介绍 CI/CD 的概念，第 3 章将详细介绍。

CI 和 CD 是实践 DevOps 的两大核心，也是 DevOps 实践中比较容易实现的。

CI（Continuous Integration，持续集成）：指开发人员将代码变更频繁地向主干分支集成的过程，目的是将代码变更可能造成的系统破坏性降到最小，一旦有问题，也能够快速地识别和隔离变更集，保证主干分支实时可用。当然，这种"小步快跑"的开发有一个前提，就是代码的集成要经过一系列既定的检测或者测试流程。

CD 包括两种：Continuous Delivery（持续交付）、Continuous Deployment（持续部署）。

持续交付是一组通用的软件工程原则，允许通过使用自动化测试和持续集成频繁的发布软件新版本。持续交付可以认为是持续集成的延伸。

持续部署是指通过定义测试和验证来将风险最小化，从而将变更自动部署到生产环境。

为了推动 CI/CD 发展，Linux 基金会专门成立了持续交付基金会（Continuous Delivery Foundation，CDF）。CDF 的目标是改善软件的交付能力，让软件交付变得更快速、更安全。目前（截至本书编写时，全书同），CDF 托管有 Cdevent、Jenkins、Jenkins-X、Ortelius、Screwdriver.cd、Shipwright、Spinnaker、Tekton 共 8 个与持续交付相关的开源项目。

【小结】DevOps 经过了 10 余年的发展，已经取得了不错的成果，而且在实践的过程中沉淀了以 CI/CD 为核心关键能力的实践方法。很多企业或组织在实践 DevOps 的时候，CI/CD 往往成为第一入手点，而且围绕 CI/CD 产生了大量的开源项目，这也促成了 CDF 的成立。当然，CI/CD 并不是 DevOps 的全部，也不等于 DevOps。DevOps 还在继续演进。

1.3.2　DevOps 的发展趋势

DevOps 从未停下向前演进发展的脚步，从目前看，DevSecOps、Cloud Native（云原生）是两个非常明显的发展方向。

1．DevSecOps

DevSecOps 可以认为是 DevOps 的外延或者扩展，目的是将安全融入 DevOps，让安全能力渗透到软件开发生命周期的各阶段，从而为软件研发和交付提供全方位的安全保障能力。所以，DevSecOps 可以定义为：DevSecOps 描述了一个组织的文化和具体实践，这些文化和实践能够打破开发、安全、运维部门之间的壁垒，使得开发、运维和安全能够通过通力协作和敏捷开发来提高工作效率，实现软件的更快速、更安全交付。

DevSecOps 有以下三个特点。

（1）安全左移

"左"或"右"是针对软件开发生命周期来说的。

在传统的软件开发模式下（典型如瀑布式开发，甚至 DevOps 出现的早期），安全介入的时间比较晚，一般是在软件开发的测试阶段，甚至更靠后，从软件开发生命周期看，是"向右"的。当软件交付的周期比较长（半年甚至一年以上）时，这种模式并不会有太多的问题，也是业界比较常用的模式，因为交付周期足够长，安全介入即使较晚，也有足够的时间来完成相关的工作。但随着用户需求的多样化、敏捷化，软件发布的频率必须提高才能响应用户日益增长的需求，所以软件的敏捷开发逐渐盛行，月发布、周发布甚至天发布都是稀松平常的。在这种发布频率下，还要保持软件的安全性，就给软件开发带来了很大的挑战。

为了应对这种挑战就需要让安全尽量早地介入，在编码甚至计划阶段就介入，从软件开发生命周期看，是"向左"的，这也是安全"左移"的由来，如图 1-5 所示。

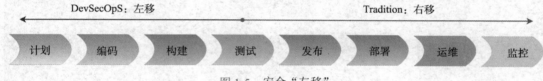

图 1-5　安全"左移"

安全"左移"的背后有一个安全问题修复成本与软件开发生命周期关系（如图 1-6 所示），也是为什么要实现安全"左移"的最大原因。可以看出，如果在软件开发生命周期早期（计划，编码阶段）发现安全问题，修复的成本是非常低的，越往后（测试，甚至生产阶段），修复的成本越高，而且这种成本是非线性增加的。

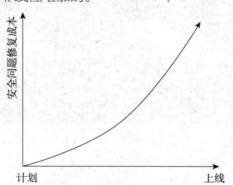

图 1-6　安全问题修复成本与软件开发生命周期的关系

（2）持续自动化

要保证软件安全，需要有多种安全防护手段来为软件提供从计划到上线，从静态到动态的安全防护能力，诸如 SCA、SAST、DAST、IAST、Pen Testing 等。如果都采用手动测试，那么对于开发、安全和测试来说，都是极具挑战的，不仅增加了工作量，还可能导致这些人员在重复的体力劳动中丧失工作的积极性和创造性。因此，应该尽量实现安全防护手段的自动化，并且将其嵌入 CI/CD，做到持续的自动化。

这样做有以下好处：

❖ 减少研发、测试等人员的工作量，减少重复的体力劳动，让他们把更多的精力放在业务创新和赋能上。

❖ 持续自动化能够针对每次代码变更都做到全方位安全防护，让每次代码变更都以安全方式交付。

（3）人人为安全负责

虽然从定义看，DevSecOps 只包含开发（Dev）、安全（Sec）、运维（Ops）三个团队，但是现代软件的开发仅仅靠这三个团队是无法完成的，还需要其他团队的协作，如市场、销售、产品等。因此，任何与软件交付的团队或个人都应该为软件的安全交付负责，每个人都可能成为安全的瓶颈点，最终导致软件的不安全。这与给 F1 赛车换轮胎非常像（如图 1-7 所示），每个人都有自己的工作职责，但是最终的目的是一致的：在最短的时间内换好轮胎，并且保证安全性，从而提高车手获胜的可能性。

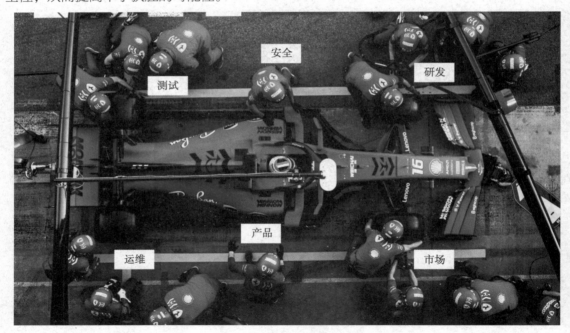

图 1-7　人人为安全负责（来自 fastcompany 网站）

2．云原生（Cloud Native）

云原生（Cloud Native）是由 Pivotal 公司的 Matt Stine 在 2013 年提出的。Matt Stine 在他的著作 *Migrating to Cloud-Native Application Architectures* 中定义了云原生的几个特点：① 符合十二要素之应用（12-factor applications）；② 微服务（microservices）；③ 自服务敏捷基础设施（self-service agile infra-structure）；④ API 协同（API-based collaboration）；⑤ 反脆弱（Anti-fragility）。2017 年，他做了自服务敏捷基础设施如下修改：① 模块化（modularity）；②

可观测性（observability）；③可部署性（deployability）；④可测试性（testability）；⑤可替换性（replaceability）；⑥可处理性（handleability）。

Pivotal 公司官方也对云原生有一个定义：云原生是一种充分利用云计算交付模式来构建和运行应用程序的一种方式方法，通常具有 4 个特征，即 DevOps、持续交付（部署）（Continuous Delivery）、微服务（Microservices）、容器（Containers），如图 1-8 所示。

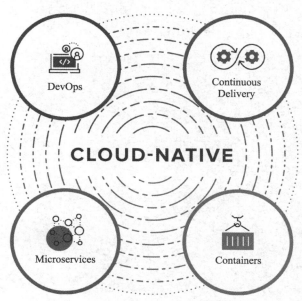

图 1-8 Pivotal 最初对云原生的定义

不过，目前业界引用最多的是云原生计算基金会（Cloud Native Computer Foundation，CNCF）的定义：云原生技术有利于各组织在公有云、私有云、混合云中构建和运行可弹性扩展的应用。云原生的代表技术包括容器、服务网格、微服务、不可变基础设施和声明式 API。

CNCF 与 CDF 一样，也是 Linux 基金会的一个子基金会，是 2015 年由 Google、RedHat、IBM、华为、Docker、VMware 等公司共同成立的，致力于推广先进的容器技术。CNCF 目前托管 141 个（18 个已经毕业、37 个正在孵化、83 个处于沙箱，并且有越来越多的项目被捐赠到 CNCF 中）开源项目，涵盖计算、存储、网络、数据库、持续交付等领域。

下面讲述的 Kubernetes 和 GitOps 这些年在云原生领域非常热门。Kubernetes 是云原生的基座，而 GitOps 是云原生应用实现持续交付的新范式。

（1）Kubernetes

Kubernetes 是一个可移植的、可扩展的、开源的平台，主要用于通过声明式配置和自动化来管理容器化的工作负载和服务。Kubernetes 的名字源自希腊语，意思是舵手或者飞行员。由于开头字母"K"与结尾字母"s"之间有 8 个字母，因此通常简称为"K8s"。

Kubernetes 是谷歌（Google）公司 2014 年的一个开源项目，前身是 Borg 系统，始于 2003 年，是在谷歌公司内部使用的一个容器管理系统。Borg 管理着来自数千个不同应用程序的数十万个作业，涉及许多集群，而每个集群拥有多达数万台计算机。2013 年，另一个 Omega 系统在谷歌公司内部应用，可以看作是 Borg 的延伸，在大规模集群管理和性能方面优于 Borg。

但是 Borg 和 Omega 都是谷歌公司内部使用的系统，也就是所谓的闭源系统。2014 年，谷歌公司以开源的形式推出了 Kubernetes 系统，同年 6 月 7 日在 Github 上完成了第一次提交；7 月 10 日，Microsoft、IBM、Redhat、Docker 加入了 Kubernetes 社区。2015 年 7 月，Kubernetes 发布了 V1.0 版本，到目前是 V1.25 版本。

　　Kubernetes 集群主要的组件分为控制平面和节点（Node）（如图 1-9 所示）。控制平面（Control Plane）用来管理整个集群（如调度、检测和响应集群事件等）；节点用来运行 Pod（Kubernetes 集群最基本的调度单元，其中运行一个或者多个容器，而应用程序运行在容器中）。

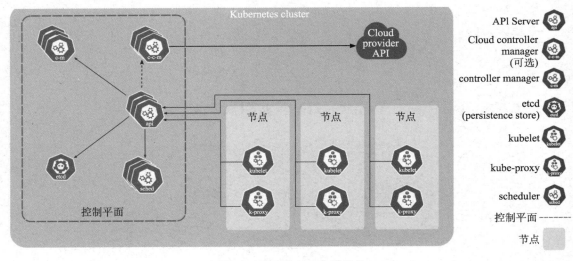

图 1-9　Kubernetes 集群组件

　　控制平面的主要组件包括如下。

　　① API Server（api）：用来对外暴露 API 的组件，也是所有请求的唯一入口。

　　② etcd：具有一致性和高可用性的键值存储组件，主要用来存储 Kubernetes 集群中的所有数据。

　　③ scheduler：针对新创建的 Pod 进行调度，为其选择一个合适的节点来运行。

　　④ controller manager（c-m）：用来运行控制器进程的组件。Kubernetes 有多种控制器，如用来管理运行一次性任务的 Job 控制器，给每个新的命名空间创建默认账号的 Service Account 控制器，以及为其创建 API 访问令牌的 Token 控制器等。

　　⑤ cloud controller manager（c-c-m）：内嵌的特定的云端控制器逻辑，用于将用户集群与云供应商的 API 进行连接，并将与该云平台交互的组件和只与用户集群交付的组件进行隔离，只运行用户指定的特定云厂商的控制器。

　　节点的组件包括如下。

　　① kubelet：运行在每个节点上的代理，用于保证 Pod 内容器的正常运行。

　　② kube-proxy（k-proxy）：运行在每个节点上的网络代理，主要用于实现 Kubernetes 中服务概念的一部分。

　　③ Container runtime：容器运行时（runtime），用于运行容器。Kubernetes 支持多种容器运行时，诸如 containerd、CRI-O 和其他实现了 Kubernetes CRI 的容器运行时。

（2）GitOps

GitOps 是一个比较新的概念（由 Gartner 的 2021 Agile 和 DevOps 成熟度曲线也可以看出，GitOps 处于萌芽期），由 Weaveworks 公司在 2017 年提出，是一种针对云原生应用进行持续部署的方式。其本质是利用云原生不可变基础设施和声明式 API 的特征，将云原生应用的状态描述文件存储在 Git 系统上（GitHub/GitLab 等），任何变更的发起都在 Git 系统上，一旦有任何变动，变动会自动部署到目标系统上（通常是 Kubernetes 集群），如图 1-10 所示。

图 1-10　GitOps 原理

GitOps 有如下三个特征。

① 以 Git 为单一可信源。所有内容都存储在 Git 系统上，包括应用程序的源代码、配置文件等。常见的 Git 系统包括 GitHub、GitLab、极狐 GitLab 等。

② 一切皆代码。应用程序的描述、部署、基础设施（利用 Infrastructure as Code，基础设施即代码）等都是通过代码的方式来进行描述的，然后存储到 Git 系统上。

③ 以声明式系统为基座。声明式系统（如 Kubernetes）的好处是只需设定应用程序的期望状态，而不需关心整个过程，系统会自动将期望状态和实际状态进行对比，如果实际状态与期望状态有偏差，就会自动进行校正，直到期望状态和实际状态保持一致，如图 1-11 所示。

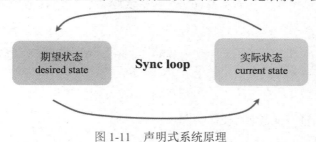

图 1-11　声明式系统原理

GitOps 的落地和实践请参阅第 4 章。

【小结】 DevOps 目前的发展趋势是将安全融入 DevOps，打造 DevSecOps，同时由于云原生浪潮的推动，DevOps 和云原生在互相推动着彼此的发展，目前逐渐被认可和实践的就有 GitOps。

1.4　DevOps 与开源

DevOps 与开源看似两个不相关的领域，其实是相辅相成的。开源是 DevOps 发展的巨大推动力，DevOps 又是推动开源发展的有效手段。

1. 开源是 DevOps 发展的巨大推动力

发展至今，DevOps 的内涵和外延都发生了很大的变化。诸如 CI/CD、DevSecOps、GitOps 等，这一切落地实践的支撑就是工具。目前来看，绝大多数工具都是开源的，使用率最高的工具也是开源的。

从 CNCF 在 2020 年发布的持续交付技术雷达图可以看到（如图 1-12 所示），目前受欢迎、使用频率比较高的持续交付工具都是开源的。而这只是其中一小部分。

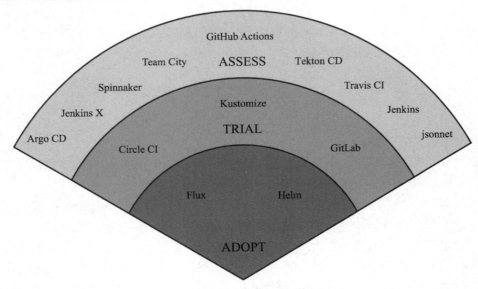

图 1-12　CNCF 在 2020 年发布的持续交付技术雷达图

中国信通院发布的《中国 DevOps 现状调查报告》显示，在持续集成与流水线中使用的工具中，Jenkins 以 64.2% 的占比排名第一，GitLab CI 以 8.86% 的占比排名第二，而这两款工具都是开源的。

目前，与持续交付相关的工具还在源源不断地涌现并且开源。

2．DevOps 是保证开源软件交付的利器

DevOps 已经成为一种用来加速软件交付、保证交付软件质量的普遍方法，开源软件的交付也不例外。比如，全球著名的开源项目 GitLab 本身就有 CI/CD 功能，因此使用自身的 DevOps 能力来开发开源项目，称为"狗粮文化"（dogfooding）。其他开源项目则会采用 GitHub 的 Action 功能来构建自己的 CI/CD，从而保证代码变更在被合入之前要经过一系列验证。

3．协作是开源和 DevOps 的立足点

开源是一种全球异步协作的软件研发模式，协作是关键。DevOps 的出现背景和目的就是让软件研发相关的所有人员通过协作来加速软件的交付。因此，协作是开源和 DevOps 共同的立足点。

【小结】DevOps 与开源有着密不可分的关系，两者都具有协同、协作、开放的理念，同时涌现的大量与 DevOps 相关的开源工具在持续推动 DevOps 的发展，而 DevOps 的方式也在助力开源软件以快速安全的方式进行发布交付。

本章小结

作为整本书的开篇，结合 DevOps 概述、诞生的历史、现状和发展趋势，以及开源与 DevOps 的关系，本章全面介绍了 DevOps，以便让读者对 DevOps 的全貌有整体的了解，为后面章节的学习做好基础知识的积累。

参考文献

[1] CNCF 官网.
[2] CDF 官网.
[3] 敏捷宣言官网.
[4] Kubernetes 官网.
[5] GitOps tech 网站.
[6] 中国信息通信研究院. 中国 DevOps 现状调查报告（2021）.
[7] Gartner 2021 Agile 和 DevOps 成熟度曲线.
[8] DevOps 实施手册. 在多级 IT 企业中使用 DevOps.

习 题 1

1-1 我们为什么需要 DevOps？

1-2 为什么说，DevOps 是一种文化？

1-3 DevOps 都有哪些优势？

1-4 为什么说，CI/CD 并不是 DevOps 的全部？

1-5 DevSecOps 中安全"左移"的背后逻辑是什么？

1-6 GitOps 的核心目的是什么？与 DevOps 有什么关系？

1-7 GitOps 都有哪些特征？

1-8 为什么说开源是 DevOps 背后的巨大推力？

第 2 章

DevOps

DevOps 标准与落地框架

2.1　DevOps 标准概述

人们常说"一流的企业做标准",可见企业界对于标准的重视程度,信息科技领域也不例外。随着信息科技的升级和企业的数字化转型,目前 IT 研发运维领域的国际标准 CMMi、ISO27001、ISO20000(ITIL)等主流标准始终发挥着重要的指导作用。

近年来,随着 DevOps 文化和理念持续推动的深入发展,业界对于 DevOps 这个全新的体系提出了强烈的标准化、规范化的要求——互联网时代呼唤 DevOps 国际标准的推出。

2018 年,由中国信息通信研究院牵头,联合各行业专家,共同制定、提出了全球首个DevOps标准:《研发运营一体化(DevOps)能力成熟度模型》(ITU 的正式立项项目为 cloud computing-requirements for cloud service development and operation management)。

2020 年 7 月 20 日,在瑞士日内瓦举行的国际电信联盟(International Telecommunication Union,ITU)大会上,来自中国、美国、英国、德国、俄罗斯、韩国等 20 多个国家(或地区)的近 90 名专家代表参与,《研发运营一体化(DevOps)能力成熟度模型》得到了与会代表的一致同意,正式成为国际标准。

国际电信联盟(ITU)和国际标准化组织(ISO)、国际电工委员会(IEC)并称国际三大标准化组织。

2.2　DevOps 标准主要内容

DevOps 标准,即研发运维一体化(DevOps)能力成熟度模型,涵盖的内容很多,包括端到端软件交付的生命周期全流程,是一套体系化的方法论、实践和标准的集合。(注意:Ops 通常指"运维",但在中国信息通信研究院牵头的 DevOps 能力成熟度模型中被称为"运营"。)

2.2.1　DevOps 标准总体架构

研发运维一体化总体架构可划分为四部分,即过程(含敏捷开发管理、持续交付、技术运维)、应用架构、安全管理和组织结构,如图 2-1 所示。

1.研发运维一体化过程

研发运维一体化过程的相关内容如下:

① 敏捷开发管理:从需求管理、计划管理、过程管理、度量分析四个维度关注需求到开发阶段的有序迭代、灵活响应和价值的快速交付。

② 持续交付关注应用软件集成交付环节:通过配置管理、构建与持续集成、测试管理、部署与发布管理、环境管理、数据管理和度量管理领域的能力建设和工程实践,保证软件持续、顺畅、高质量地对用户完成发布。

一、研发运维一体化(DevOps)过程														
敏捷开发管理			持续交付							技术运营				
需求管理	计划管理	过程管理	配置管理	构建与持续集成	测试管理	部署与发布管理	环境管理	数据管理	度量与反馈	监控服务	数据服务	容量服务	连续性服务	运营反馈
需求收集	需求澄清和拆解	迭代管理	版本控制	构建实践	测试分级策略	部署与发布模式	环境供给方式	测试数据管理	度量指标		数据收集能力	容量规划能力		业务知识管理
需求分析	故事与任务排期	迭代活动	版本可追溯性	持续集成	代码质量管理	持续部署流水线	环境一致性	测试变更管理		质量体系管理	数据处理能力	容量平台服务	质量体系管理	项目管理
需求与用例	计划变更	过程可视化及流动			测试自动化					事件响应及处置	数据告警能力	运营成本管理		业务连续性管理
需求验收		度量分析								监控平台				运营服务管理
二、研发运维一体化(DevOps)应用架构														
三、研发运维一体化(DevOps)安全管理														
四、研发运维一体化(DevOps)组织结构														

图 2-1　研发运维一体化（DevOps）能力成熟度模型

③ 技术运维环节关注应用系统服务发布后的环节：涉及运维成本服务、高可用架构服务、用户体验服务、客户服务、监控服务、产品运行服务和运营数据服务，保障良好的用户体验，打造持续的业务价值反馈流。

2．应用架构、安全管理和组织文化建设

设计良好的应用架构有助于系统解耦和灵活发布，也是高可用系统的核心能力；端到端的安全考量和全局规划可以让安全发挥更大的价值，并真正助力全价值链。跨功能团队的组织架构和高度互信协同，责任共担的组织文化同样会对组织能力的提升带来正向作用。

以上几部分相互关联，密切协同，构成了一个有机整体，帮助组织 IT 效能不断进化，最终达成企业的业务目标。

2.2.2　DevOps 标准名称和主要内容

研发运维一体化能力成熟度模型是一个系列标准，包括的标准名称和主要内容如下。

第 1 部分：总体架构

总体架构部分规定了研发运维一体化（DevOps）的概念范围、总体架构及能力成熟度模型，主要内容如下。

① 引入配置项、制品、代码复杂度、部署流水线、研发运维一体化等基本概念。

② 研发运维一体化（DevOps）能力成熟度的级别分为 5 个，即 1 级（初始级）、2 级（基础级）、3 级（全面级）、4 级（优秀级）、5 级（卓越级）。

③ 研发运维一体化总体架构，分为 5 部分：过程（敏捷开发管理、持续交付、技术运维）、应用设计、安全风险管理、评估方法、系统和工具技术要求。

④ 过程管理，分为 3 部分：敏捷开发管理、持续交付和技术运维。

⑤ 应用设计：有助于系统解耦和灵活发布，及时响应业务变化，也是高可用和高性能系统的核心能力。

⑥ 安全及风险管理：安全考量和全局规划，可以让安全发挥更大的价值，并真正助力应用的全生命周期安全管理。

⑦ 组织结构：跨功能团队的组织架构和高度互信协同，责任共担的组织文化同样会对组织能力的提升带来正向作用，主要从组织形态、文化塑造、人员技能、创新管理和变革管理五个维度的指标进行描述。

⑧ 评估方法：指研发运维一体化能力成熟度模型的通用评估方法，规定了研发运维一体化能力成熟度模型相关技术的分级指标内容明细、评估方式与验收条件。

⑨ 系统和工具技术要求：应具备的体系结构、功能要求、接口要求和技术要求，用于指导研发运维一体化（DevOps）平台产品的规划、设计和实现。

第2部分：敏捷开发管理过程

本部分规定了研发运维一体化（DevOps）能力成熟度模型下敏捷开发管理过程的能力成熟度要求和评价方法，主要内容如下。

① 引入用户故事、用户故事地图、影响地图、A/B测试等敏捷开发术语和定义。

② 敏捷开发管理：一种软件开发方法，应对快速变化的市场和技术环境，更强调价值交付过程中涉及的各类角色（如业务、产品、开发和测试等）之间的紧密协作，能够很好地适应变化的团队组织、协作和工作方式，主张演进式的规划和开发方式、持续和尽早交付，并不断反馈调整和持续改进，鼓励快速和灵活地面对变更，更注重软件开发过程中人的作用。

③ 价值交付管理：包括需求工件、需求活动两部分，体现需求管理过程中的分析、测试、验收三个阶段。价值交付管理主要体现在各环节中使用敏捷方法探寻用户（客户）问题和诉求、业务价值，以及定义有效产品功能的能力、适应需求变化的能力、快速验证反馈的能力，进一步定义需求工件和需求活动。

④ 敏捷过程管理：指产品经理、研发团队，以及与产品相关的干系人围绕业务价值交付进行的软件研发过程，包括价值流、仪式活动两部分，要求产品经理、团队和与产品相关的干系人建立以尽早持续交付有价值的软件为目标，通过高效的沟通方式、高效的可视化工作流程、有效的度量和快速反馈机制实现软件研发业务价值最大化，进一步定义价值流和仪式活动。

⑤ 敏捷组织模式：指团队在研发过程中的角色定义、角色能力及其协作，以及团队结构的工作方式、团队间的协作模式等方面的要求，主要从敏捷角色、团队结构两方面进行定义，进一步定义敏捷角色和团队结构。

第3部分：持续交付过程

本部分规定了研发运维一体化（DevOps）能力成熟度模型下持续交付过程的能力成熟度要求和评价方法，主要内容如下。

① 引入配置项、制品、代码复杂度、部署流水线等术语定义。

② 持续交付：指持续将各类变更（包括新功能、缺陷修复、配置变化、实验等）安全、快速、高质量地落实到生产环境或用户手中的能力。

③ 配置管理：指所有与项目相关的产物以及它们之间的关系都被唯一定义、修改、存储和检索的过程，保证软件版本交付生命周期过程中所有交付产物的完整性、一致性和可追溯性。

④ 构建和持续集成：构建是将软件源代码通过构建工具转换为可执行程序的过程，一般包含编译和链接两个步骤，将高级语言代码转换为可执行的机器代码并进行相应优化，提升运行效率。

⑤ 测试管理：指一个过程，对于所有与测试相关的过程、方法进行定义。在产品投入生产性运行前验证产品的需求，尽可能发现并排除软件中的缺陷，从而提高软件质量。

⑥ 部署和发布管理：泛指软件生命周期中，将软件应用系统对用户可见，并提供服务的一系列活动，包括系统配置、发布、安装等。整个部署和发布过程复杂，涉及多个团队之间的协作和交付，需要完备的计划和演练，保证部署发布的正确性。

⑦ 环境管理：DevOps 持续敏捷交付过程中最终的承载，包括环境的生命周期管理、一致性管理、环境的版本管理。环境管理是用最小的代价来达到确保一致性的终极目标，主要包括环境类型、环境构建、环境依赖与配置管理三方面。

⑧ 数据管理：为了满足不同环境的测试需求，以及保证生产数据的安全，需要人为准备数量庞大的测试数据，保证数据的有效性，以适应不同的应用程序版本。另外，应用程序在运行过程中会产生大量数据，这些数据同应用程序本身的生命周期不同，作为应用最有价值的内容需要妥善保存，并随应用程序的升级和回滚进行迁移。

⑨ 度量和反馈：强调在持续交付的每个环节建立有效的度量和反馈机制，通过设立清晰可量化的度量指标，有助于衡量改进效果和实际产出，并不断迭代后续改进方向。另外，设立及时、有效的反馈机制可以加快信息传递速率，有助于在初期发现问题、解决问题，并及时修正目标，减少后续返工带来的成本浪费。度量和反馈可以保证整个团队内部信息获取的及时性和一致性，避免信息不同步导致的问题，明确业务价值交付目标和状态，推进端到端价值的快速有效流动。

第 4 部分：技术运维过程

本部分规定了研发运维一体化（DevOps）能力成熟度模型下技术运维管理的能力成熟度要求和评价方法，主要内容如下。

① 技术运维管理目标：指以业务为中心，交付稳定、安全、高效的技术运维服务，构建业界领先的技术运维能力，支撑企业的持续发展和战略成功。技术运维不仅关注"稳定""安全"和"可靠"，更关注"体验""效率"和"效益"。

② 技术运维管理过程：分为监控管理、事件与变更管理、配置管理、容量与成本管理、高可用管理、业务连续性管理、用户体验管理等。

③ 监控管理：指对研发运维过程中的对象进行状态数据采集、数据处理分析和存储、异常识别和通知及对象状态可视化呈现的过程，其成熟度决定了技术运维工作的立体性、及时性和有效性。

④ 事件和变更管理：指技术运维和 IT 服务过程的两个重要管理手段，包括事件管理和变更管理两部分。事件管理是对影响生产的事故和问题建立预防、高效处理及度量改进的制度和手段；变更管理是对 IT 基础设施、系统应用、业务产品配置等场景实施变更所进行的审批和控制流程。

⑤ 配置管理：指由识别和确认系统的配置项、记录和报告配置项状态和变更请求、检查配置项的正确性和完整性等活动构成的过程，目的是提供 IT 基础架构的逻辑模型，支持其他服务管理流程特别是变更管理和发布管理的运作。

⑥ 容量和成本管理：指对容量和成本进行评估、规划、分析、调整和优化的过程，结合了业务、服务和资源容量需求，以保证对资源的最优利用，满足与用户之间所约定的性能等级

要求，在公司 IT 规模较大或业务快速增长时，容量和成本管理更重要。

⑦ 高可用管理：指系统无中断地执行其功能的能力，代表系统的可用性程度，包括应用高可用管理和数据库高可用管理两部。

⑧ 业务连续性管理：指对企业识别潜在危机和风险，并制定响应、业务和连续性的恢复计划的过程进行管理，目标是提高企业的风险防范意识，有效响应非计划的业务中断或破坏，并将不良影响降低到最低。

⑨ 用户体验（User Experience，UE/UX）管理。用户体验是用户在使用产品过程中建立起来的一种主观感受，一般是有关产品设计方面的，不同的产品对用户体验的追求不同。本节提到的用户体验管理指的是通过技术运维手段来提升用户使用产品直观感受。

第 5 部分：应用架构

本部分规定了研发运维一体化（DevOps）能力成熟度模型中应用设计能力的成熟度要求，主要内容包括如下。

① 概念定义：引入软件架构、应用程序、运行时环境、软件包等定义。

② 应用设计：DevOps 技术能力包括开发技术、测试技术、运维技术等能力，其中开发技术中最核心的是应用设计相关技术。

③ 应用接口：指软件系统不同组成部分衔接的约定。

④ 应用性能：指应用实际性能（Real Performance，与感知性能 Perceived Performance 相对）和可用性（Availability）的度量，是衡量应用服务水平的重要指标。

⑤ 应用扩展：指应用程序在达到最大负载时支持进行扩展，以保证系统稳定运行的手段和方法，是应对高并发的重要手段。

⑥ 故障处理：指在系统失效、停止响应或出现异常时识别、规划和解决系统问题的过程。在系统运行过程中，运行环境的变化、软件本身的缺陷等可能造成系统运行故障，故障处理技术可以帮助快速修理和恢复系统。

第 6 部分：安全管理

本部分规定 IT 软件或相关服务在采用研发运维一体化（DevOps）统一开发模式下，如何保障 IT 软件和相关服务的安全，进行风险管理，主要内容包括如下。

① 概念定义：引入安全基线、安全门限、安全态势感知、安全需求基线、安全需求标准库、暴力破解、分布式拒绝服务攻击、攻击面分析、工作项、黑盒安全测试、红蓝对抗等安全概念。

② 安全及风险管理：相比于传统开发模型，IT 软件或相关服务在采用研发安全运维一体化（DevSecOps）的开发模式下，安全需融入每个阶段，开发、安全、运维各部门需紧密合作。

③ 研发运维一体化控制通用风险。在 DevOps 模式下，安全内建于开发、交付、运维过程中，通用风险覆盖三个过程中的共性安全要求，包括组织建设和人员管理、安全工具链、基础设施管理、第三方管理、数据管理、度量与反馈改进。

④ 研发运维一体化控制开发过程风险管理：为保障进入交付过程的代码是安全的，降低后续交付、运维中的安全风险，保障研发运维一体化的整体安全，定义了从应用的开发过程开始需实施安全风险管理工作的管理过程，包括需求管理、设计管理和开发过程管理。

⑤ 研发运维一体化控制交付过程风险管理。交付过程是指从代码提交到应用发布给用户使用，定义了将安全内建到交付过程中的安全交付管理，包括配置管理、构建管理、测试管理、部署和发布管理。

⑥ 研发运维一体化控制技术运维过程的安全风险管理。技术运维过程是指应用发布给用户后的过程，定义了通过监控、运维、响应、反馈等实现技术运维的安全风险闭环管理方式将将安全内建于运维过程中，包括安全监控、运维安全、应急响应、运维反馈。

第 7 部分：组织结构

本部分规定了研发运维一体化（DevOps）能力成熟度模型中组织结构的能力成熟度要求，主要内容包括如下。

① 概念定义：引入平台型组织、多功能团队等定义。

② 组织结构：分别从组织形态、文化塑造、人员技能、创新管理、变革管理五个维度描述研发运维一体化（DevOps）能力成熟度模型在组织结构上的不同级别。

③ 组织形态：在 DevOps 场景中，采用适当组织形态，可以让团队各类角色更好地分工协作，降低组织内不同部门或角色之间的交接成本和等待浪费，对于达成企业的绩效目标非常关键。

④ 文化塑造：在 DevOps 场景中，文化塑造是基于组织发展的不同阶段而实现动态调整和升级的过程，是一个组织是否有能力适应快速变化环境和持续改进的关键要素。组织能力持续的改进依赖于组织内部是否能够形成高度信任、相互协作和持续学习的文化。

⑤ 人员技能：在 DevOps 场景中，人员专业化的能力并掌握多项技能的综合能力是在复杂环境中解决问题、提升绩效的关键要素；鼓励员工在专精专业领域技能的基础上，理解软件生命周期上下游的多种技能，成为多面手，能够促进整体价值流在公司内部更顺畅地流动。

⑥ 创新管理：在 DevOps 场景中，主动迎接需求变更，快速响应市场变化，需要组织激发出富有创造力的团队，培养团队成员形成一种创新的习惯，从而不断发现解决问题的新方法，或者将已有的技术进行应用创新，改善或改造产品，解决用户需求，并不断为组织创造新的机会和价值。

⑦ 变革管理：DevOps 提倡变革，通过变革更好地强大自己，使得企业快速成长，从而更好地适应社会的发展。组织的 DevOps 转型成功与否，变革管理至关重要，需要对企业战略、组织结构、工作流程、工程工艺、技术方法和企业文化定期进行分析评估，不断改进，降低成本和减少浪费，达到最佳产出和效率最大化。

第 8 部分：系统和工具技术要求

本部分规定了研发运维一体化（DevOps）过程涉及的系统和工具的能力技术要求，主要内容包括如下。

① 概念定义：引入负载均衡、网络钩子、生产环境、中间件等定义。

② 总体架构：指将端到端软件交付生命周期全流程用工具链进行连接，包括项目与开发管理、应用设计与开发、持续交付（部署）、测试管理、自动化测试、技术运维。

③ 项目与开发管理：指根据用户要求建造出软件系统或者系统中软件部分的过程的管理工具，包括项目管理、工作项管理、计划管理、文档与知识管理、团队协同、统计度量、项

集管理。

④ 应用设计与开发：指应用架构设计与代码开发过程，包括应用框架、集成开发环境、威胁建模。

⑤ 持续交付（部署）：指持续地将各类变更（包括新功能、缺陷修复、配置变化、实验等）安全、快速、高质量地交付到生产环境或用户手中的能力的管理工具。相关工具包括：版本控制系统、构建与持续集成、流水线、制品管理、部署管理、发布管理、环境管理、应用配置管理、数据变更管理、移动应用安全加固。

⑥ 测试管理：指对测试过程进行管理，从需求确定后进行测试用例编写到测试完成的管理工具。相关工具包括：用例与测试计划管理、测试数据管理。

⑦ 自动化测试：指以自动化的方式对应用进行功能与非功能测试。相关工具包括：代码质量管理、单元测试、接口/服务测试、UI 测试、移动应用测试、性能测试、安全性测试。

⑧ 技术运维：指从技术方面支撑与完善 IT 系统日常运维保障、运维工具建设、运维决策辅助，从技术方面支撑业务运营，提升 IT 的业务价值，获得可持续竞争优势的管理方式与工具。技术运维管理过程分为：监控管理、事件管理与变更管理、配置管理、容量与成本管理、高可用管理、业务连续性管理、用户体验管理等。本节将从上述运营管理过程涉及工具的维度分别阐述。相关工具包括：配置管理、运维数据分析、应用性能监控、基础监控管理、日志监控管理、自动化作业平台、容量管理、成本管理、资产安全风险管理

DevOps 标准的运行和实施、推广、应用情况

DevOps 标准已经得到国内各行业广发接受和普遍认同，截至 2022 年第一季度，参考标准进行的企业包括银行、证券、保险、通信行业等领域的企业。

2.3　站点可靠性工程 SRE

2.3.1　SRE 概述

DevOps 文化在全球持续推广和得到认可的同时，也有一些开发运维相关的知名管理框架和最佳实践在世界范围得到推广，比较突出的是谷歌公司的站点可靠性工程（Site Reliability Engineering，SRE）。

SRE 是一种结合软件工程各方面并将其应用于基础架构和运维问题的技术，于 2003 年左右由谷歌公司创建，并通过 SRE books 进行宣传。SRE 的主要目标是创建超大规模和高度可靠的分布式软件系统，因为在很多方面均给出了有效的实践创新，所以成为运维研发领域被广泛认同的 IT 管理框架。SRE 被称为运维领域的 DevOps 最佳实践框架。

① SRE 将 50%的时间花在 Ops（运维）相关工作上，如问题解决、电话值班和手工干预。

② SRE 将 50%的时间花在 Dev（开发）任务上，如新功能、扩展或自动化。

③ 监控、警报和自动化是 SRE 的主要部分。

SRE 与 DevOps 的关系如图 2-2 所示。

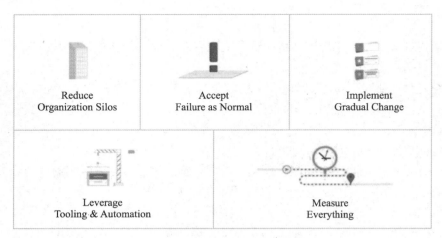

图 2-2　SRE 与 DevOps 的关系

谷歌公司定义了 DevOps 成功的 5 个关键支柱：减少组织的竖井，接受失败即常态，实现渐进的变更，利用工具和自动化，测量一切。

从上述支柱来看，SRE 与 DevOps 的核心理念是完全契合的。谷歌公司认为，SRE 是"带有一些扩展的 DevOps 的特定实现"，如图 2-3 所示。

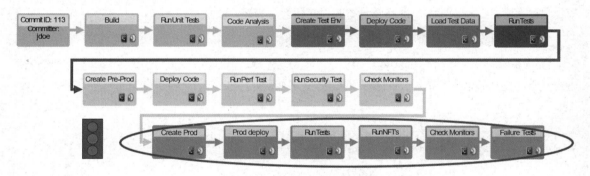

图 2-3　SRE 对 DevOps 的拓展

SRE 是谷歌公司在开发运维的落地过程实现的优化和拓展，包含如下。

1．运维侧的拓展

SRE 在 DevOps（开发、测试、运维）的基础上将整个流程进行了拓展：创建生产环境（原有）→ 生产部署（原有）→ 运行环境测试（新增）→ 运行环境非功能性测试（新增）→ 检查监控（新增）→ 错误测试（混沌工程，新增）。

2．安全生产

在上线前，SRE 增加了"安灯绳"（Andon，起源于日本丰田汽车公司，用来实现"立即暂停制度"，即时解决质量问题，达到持续高品质地生产）环节，也就是说，SRE 可以针对任何影响安全生产的流水线直接喊停（Say No），可以避免高度自动化条件下的研发错误、无序发布、生产。

总体来说，SRE 更关注生产环境（PROD）——使 DevOps 获得了"运维的智慧"，SRE

可以说 "不"。

2.3.2　SRE 的核心原则

第一条：运维是软件问题

SRE 的基本原则是，做好运维最重要的是软件问题，应该使用软件工程方法来解决运维问题。SRE 是将运维从传统的操作和维护转成关注，使用软件工程对整个运维流程进行设计和构建的技术。

据估计，软件总成本 40%～90% 是在产品发布后产生的，因此必须从源头做好软件。

第二条：一切围绕服务水平

服务水平目标（Service Level Objective，SLO）即产品或服务的可用性目标（不必是 100%）。SRE 强调使用 SLO 来管理 SRE 服务，一切围绕 SLO。

第三条：减少琐事（Toil）

谷歌公司认为，任何琐事（手动的、强制的运维任务）都是很糟糕的（长期执行成本、增加人为错误），如果一个任务可以自动化，它就应该自动化，以持续减少琐事。

第四条：自动化

SRE 强调，将当前手工完成的工作都实现自动化，并建议采用一种基于工程的方法来解决问题，而不是一遍一遍地苦干。

自动化是 SRE 的主要工作。

第五条：减少失败的成本

后期问题（缺陷）的发现是昂贵的，所以 SRE 寻找方法来避免，通过提升软件系统健壮性来改善平均修复时间（Mean Time To Recovery，MTTR）。

第六条：共享所有权

SRE 与产品开发团队共享技能集，以避免竖井。"应用程序开发"与"生产"（开发和运维）之间的界限应该被消除。SRE 的"左移"为开发团队提供"生产智慧"。

本章小结

本章介绍了国内外 DevOps 标准和最佳实践，DevOps 文化和理念在全球持续推广和得到认可。读者可以了解到目前业界对 DevOps 的范围定义及落地过程中的实践注意事项和方法。

参考文献

[1]　中国信通院官网.

[2] CDF 官网.

[3] 敏捷宣言官网.

[4] 谷歌 SRE 官网.

习 题 2

2-1 DevOps 标准中不包括（　　　）。

A．敏捷开发管理   B．持续交付

C．技术运维   D．快速迭代

2-2 在 DevOps 标准中，（　　　）领域是默认要求。

A．敏捷开发管理   B．应用架构

C．组织结构   D．安全管理

2-3 Google 定义了 DevOps 成功的关键支柱，包括（　　　）。（多选）

A．减少组织的竖井   B．正常接受失败

C．实现渐变   D．安全左移

2-4 SRE 对 DevOps 的主要拓展包括（　　　）。

A．创建生产环境   B．测试环境搭建

C．生产环境测试（混沌工程）   D．错误测试

2-5 DevOps 的具体落实需要从组织、管理、技术角度进行变革，您有哪些建议？

第 3 章

DevOps

软件交付

软件研发往往需要拥有不同技能的多人协作并按照一定的流程互相配合最终才能交付出来一个高质量的软件。而对于"交付"这个概念，身处不同岗位的人可能会有不同的理解，如：对于研发而言，意味着编码完成即交付；对于测试而言，意味着完成测试用例即交付。本章从流程、工具、技术发展等角度来介绍软件交付。

3.1 软件交付流程介绍

软件交付，通常是指将测试良好的代码、资源文件、配置文件等打包成特定的制品并交付给用户。在具体的项目中，不同的客户可能给出不同的要求，如产品使用说明书、产品验收测试报告、产品性能和安全报告等，甚至可能要求连同源码一并交付。

软件交付往往会经历一个比较复杂的过程，即便对于小型项目或者个人项目也是如此（当然，不排除特定情况下，直接忽略、简化了相应的环节使之"看起来"比较简单）。软件行业有一个共识——没有 bug 的程序是不存在的，软件得以正常运行是要建立在一系列特定的前提条件下。为了保证软件质量，需要在不同的环境下进行大量的用户输入测试。不同的环境，可以从操作系统（Linux、Windows、macOS 等）、交付环境（物理机、虚拟机、容器等）、终端（PC、手机、Pad、智能手表）、浏览器（Chrome、Firefox、Microsoft Edge 等）等角度来理解。大量用户输入，包括用户的不同输入（鼠标、键盘、触摸、滑动）产生的动作（单击、拖曳）和数据。例如，在表单提交中程序可能接收到各种各样的数据，甚至包括一些危险的数据（如 SQL 注入等）。

在上述过程中，人们对研发、测试环节是比较容易理解的，而对打包并交付给用户这个过程往往会被忽略掉。

在现实的软件生产、交付活动中，为了提高工作效率，往往会有比较清晰、明确的分工，如按照角色，分为产品、研发、测试、运维和交付团队，但是这也可能导致软件交付链条中的两个问题：周期长、缺少闭环。有时可能发生让人更加沮丧的事情——用户与客户不是同一个人群；客户指的是软件产品的购买者，主要关心性价比，而用户是软件产品的实际使用者，关心的是使用价值。

【思考】 当我们在谈论软件交付时，到底是在交付什么？

3.2 软件交付涉及的工具

在软件研发、交付的过程中会使用到大量的工具，熟知这些工具特性，可以在日常工作中快速地选择适合自己（或团队）的工具。所谓"磨刀不误砍柴工"，下面介绍软件交付过程中经常使用的工具和技术。

1．项目管理与协作

"项目"可能出现在很多行业、领域中，即便是在软件研发中，也可能是某个具体的源代码工程或者一些相关工作的集合。这里的"项目管理"主要是从项目迭代的进度、协作的角度来理解的。在软件研发过程中，不管是有 3～5 个人的团队，还是 10 人以上的团队，只要涉及多人协作的场景，本质上都需要进行"项目管理"。只不过，在具体的实践、落地过程中可以选择是否有专职的项目经理，采用物理看板还是选择相对专业的项目协作软件。为了能够让具有一定规模的团队尽量按照既定目标、工期、交付标准完成项目的迭代过程，往往需要借助相应的工具，如 Jira、禅道等。

在实际的企业项目开发过程中，软件是否可以按时交付往往会受到多种因素的影响。如果能够提前为这些情况制定相应对策，识别风险，将有助于项目的按时交付。例如：

- ❖ 紧急需求，可能来自甲方或者某领导的个人意愿。
- ❖ 与项目无关的插入任务，多出现在有多个汇报对象的成员身上。
- ❖ 工作量估计的失误，过于乐观的工时评估。
- ❖ 需求、业务理解不到位，任何抱有"被动完成任务"心态的成员都会出现这种效率低下的情况。
- ❖ 交付质量标准不一致导致的不必要内部消耗，如身处上游的研发自测不充分，导致多名团队成员在某功能（或问题修复）上投入过多精力。
- ❖ 质量（QA）团队介入过晚，仓促完成质量验证过程。

任务分配是项目开发过程中非常重要的一个环节，甚至可以影响到是否能够充分利用整个团队的工作效率。与标准的工业作业流程不同，即使软件项目有再多的标准，也始终是一个脑力劳动，自然会受到主观因素影响。而软件项目的任务分配最好能够充分地考虑到每位团队成员的能力、特点和其他实际情况。以下给出三种模式。

① 项目负责人直接分派。这种集中式的管理方法的任务分配效率最高，但只适用于项目负责人对所有任务和团队成员都非常了解的情况。其缺点是，如果长期发生任务与人员匹配度不够的情况，不仅严重影响交付周期，还会导致团队成员的成长缓慢甚至不必要的人才流失。

② 团队成员自由领取。这体现了自由民主的管理，分配效率的高低取决于团队成员之间配合默契度（或职业素养）。优点很明显，可以维持友善、轻松的团队氛围，每个人都有机会发挥主观能动性、创新性；但若实践不当，也有可能形成互相推诿的局面。

③ 混合模式。根据实际情况，可以考虑结合分派与自由领取的两种方式，充分利用两种方式的优点，避免缺点。

项目看板可以帮助团队成员从项目整体的视角观察到进度、风险信息。"只见树木，不见森林"的片面、局部视角容易让团队成员陷入具体细节，而影响整体的项目交付。所以，通常建议，全体团队成员都养成每日至少检查一次项目看板的习惯，确保熟悉项目的进度信息，这将对日常的思考甚至工作习惯带来非常好的影响。项目规模相对较大或者团队成员较多的情况可以考虑创建多个不同纬度的看板，避免看板过于复杂、庞大而变得难以快速获取信息。如果有条件，可以在工位附近挂一个大屏显示器，实时地显示相应的看板。简言之，查看看板是一件很简单却容易被忽视的事情，应尽量降低团队成员查看看板的成本。

适当地引入自动化工具，简化不必要的烦琐操作。工具的采用是为了保障团队成员可以高效地协作。需要避免的情况是，为了完成某项工作需要切换、登录多个工具，甚至提交重复的表单。例如，研发用拉取请求（Pull Request）的方式提交代码时，可以方便地关联对应的问题单（issue，如功能需求、问题修复等）；而当自测、代码评审（review）完成并合并后，工具可以自动将相应的 issue 关闭（或者设置为某种状态）。另一个比较典型的例子是，若能够在问题单（issue）（或 Pull Request）中关联到代码构建出来的制品信息（镜像、Maven 包等），甚至能够将程序自动部署到相应的集成测试环境中，那么对于测试人员而言，这类工具方便使用，甚至可以减少不必要的步骤和沟通成本。

2．代码管理

代码、文档都是非常重要的项目资产，出于协作、版本回溯的考虑，需要有能够具有版本管理的工具，如 Git、SVN 等。Git 是一个开源的分布式版本管理系统，可以有效、高速地处理从很小到非常大的项目版本管理。Git 是目前最流行的项目版本管理工具，在主流操作系统（Windows、macOS、Linux）上都有对应的命令行或图形化工具。

在实际使用中，Git 服务往往会通过一个服务器集中提供，团队成员都会从这个服务上 Pull（拉取）并 Push（推送）代码；并且，所有 CI/CD 过程都会以这个 Git 服务为准。Git 服务有着丰富的选项供挑选，如提供收费或者免费 SaaS（Software-as-a-Service，软件即服务）平台的 GitHub、GitLab、Bitbucket、Gitee 等，可以私有化部署的开源项目 GitLab、Gitea、Gogs 等。每个团队可以结合自己的情况来选择，如代码是否可以公开、是否有内网环境隔离的需求、有多少预算等。

注意，搭建一个 Git 服务很容易，但长期维护并保障稳定、可用却不容易，这就需要有人对其运维工作非常熟悉；而且，随着团队规模的变大，宕机带来的影响也不可小觑。

3．代码质量管理

代码质量对于一个软件的重要程度不言而喻，代码质量管理的关键在于尽早发现并解决代码质量问题，避免质量问题流出到后续环节（单元测试、端到端（E2E）测试、持续集成、研发自测、质量测试、用户使用等）。越是在靠后的环节中发现的问题，修复时涉及的人员越多，复现问题的难度也越大，随之而来的成本越高。

自动化进行的测试包括：单元测试、端到端（E2E）测试、API 测试、UI 自动化等，成本依次增加。

单元测试可以很好地从函数的角度保障正确性，尤其在涉及代码修改、重构时能起到极其重要的作用；但是其关注点是项目内部的函数逻辑是否正确，对所依赖的外部组件的错误处理、兼容性等问题无法覆盖。

涉及实际运行环境中可能出现的问题则需要利用端到端（E2E）测试来保障，这种方式会自动化地搭建实际运行环境（包括所依赖的组件、中间件等），涉及更多的技术栈，可能需要较多的服务器资源，往往也会运行较长的时间。

还有一些质量活动对个人经验的依赖比较多，尤其是代码评审（Code Review）过程。代码评审是不可或缺的环节，在这个过程中往往能发现一些隐形的、可能不会直接体现在用户界面（User Interface，UI）上的问题，如代码的可读性、可维护性、复杂度、潜在的安全问题、潜在的性能问题等。但在实际中，代码评审可能由于各种原因而大打折扣，如项目交付压力、缺少了解相关代码（以及业务）逻辑的人、缺少代码编写规范而导致的无谓争执、评审过程难以体现工作量而无法与业绩挂钩导致的不重视等。

测试环节的人工测试可以借助测试用例管理工具，对项目（产品）进行"拉网式"的测试覆盖，几乎可以避免所有预想到的问题流入生产环境。这里，除了需要消耗大量的人力，随着项目复杂度的增加（主要体现在测试用例的不断膨胀上），对于涉及大量功能点的需求变动（或缺陷修复）时，进行一次"全量"测试时需要消耗的工时、人员数量可能是难以接受的，从而"被迫"选择对部分功能点进行回归验证。

最后，为了避免让"漏网"的缺陷大面积地影响用户使用，我们可以借助灰度发布技术，渐进式发布正式版本。灰度发布可以把新版本按照一定比例发布，若遇到问题，则可以快速回退；没有问题后，再全量发布。这样可以很大程度改善用户体验，甚至可以做到允许用户选择是否提前体验新版本。当然，灰度发布对项目的架构也有一定的要求，我们需要在生产环境中遇到问题时承担的风险与项目架构复杂度成本之间进行平衡。

本书将在第 5 章详细介绍软件质量管理。

4．制品管理

所谓制品（Artifacts），是指由代码编译、打包成的依赖包或者可执行的文件。制品文件通常以某种压缩格式存在，常见的形式包括镜像、Helm chart、JAR、WAR、NPM 等。制品是软件工程的主要交付物，可以让最终用户拿来实施部署，或者可供其他开发者作为依赖库使用。为增加制品包的可识别性，一些格式的制品还支持添加元数据信息，如构建环境、构建时间、版权及作者信息、数字签名、启动入口等。文件的压缩格式可能是比较普遍的 ZIP 格式（如 JAR、WAR 等），也可能是开放容器计划（Open Container Initiative，OCI）这种特定的镜像格式。我们可以通过相应的工具来检索、下载、查看制品包的信息。

由 Sonatype 公司出品的 Nexus 是一个以保存 Maven 项目制品包（JAR、WAR 等）的开源工具，还支持很多其他流行的类型，如镜像、Helm Chart、NPM、RPM、apt-get 等。除了开源版本，Sonatype 还提供商业版本，支持高可用性（High Availability，HA）。

由 VMware 公司开源的 Harbor 是 CNCF（Cloud Native Computing Foundation，云原生计算基金会）的毕业项目，是一个非常强大的镜像制品仓库。如果不想私有化部署一个镜像制品仓库，可以选用 SaaS 平台提供的镜像服务，如 Docker 和 GitHub 提供的免费镜像仓库。

3.3　持续集成

持续集成（Continuous Integration，CI）是指持续地、自动地把多个研发提交的代码通过的一系列流程（构建、测试、打包等）处理到对应的分支中。持续集成通常以流水线（Pipeline 或 Workflow）的形式存在，可以确保代码（以及相应的配置文件等）在确定的环境中，以确定的方式编译、构建，避免由于环境差异导致的问题。除此之外，实际应用中还会产生固定格式的制品文件，极大地方便了后续的交付流程中其他成员的使用。

持续集成领域有大量优秀的商业、开源解决方案，鉴于开源方案（项目），更方便从互联网上检索资料、获取帮助，以下重点介绍开源的持续集成方案。

1．Jenkins

Jenkins 是一个完全由开源社区驱动的开源项目，是持续交付基金会（Continuous Delivery Foundation，CDF）旗下的四个初始项目之一。Jenkins 用 Java 语言开发，有着丰富的插件生态（任何人都可以按照社区流程申请，把自己研发的插件托管到社区，目前插件总数约为 1800）和非常庞大的用户群体。Jenkins 提供了多种官方的交流途径，包括邮件列表、Gitter、论坛、GitHub 项目列表、Jenkins 中文社区维护的微信群等。Jenkins 社区有两个版本发布的频率：每周版（weekly）和长期支持版（Long-Term Support，LTS）。长期支持版基本保持每个季度发布一次。Jenkins 可以通过直接运行 jenkins.war 的方式启动，或者在类似 Tomcat 的应用容器中启动，也能以容器或在 Kubernetes 中运行。

Jenkins 的主要特色包括：流水线即代码（Pipeline as Code，PasC）、配置即代码（Configuration as Code，CasC）。

所谓 Pipeline（流水线），是指将持续集成流程用 Groovy 脚本的形式写入 Jenkinsfile，让 Jenkins 解析并执行。Jenkinsfile 可以在 Jenkins 的 UI 界面上，也可以写入代码仓库（如 Git 或 SVN）。Pipeline 有两种编写风格，分别为脚本式、声明式。脚本式的写法与普通的 Groovy 脚本类似，而声明式 Pipeline 中默认无法定义变量或者添加逻辑代码，如果必须在声明式 Pipeline 中添加逻辑代码，就必须放到脚本代码块中。所谓配置即代码，是指可以将 Jenkins 的系统配置以 YAML 的格式存储，用户需要修改配置时，不需登录 UI 界面，直接修改 YAML 文件即可；CasC 使得 Jenkins 配置标准化，便于复用和变更追踪。

下面是一个简单的 Jenkinsfile 示例：

```
pipeline {
    agent any
    stages {
        stage('Example') {
            steps {
                echo 'Hello World'
            }
        }
    }
    post {
        always {
            echo 'I will always say Hello again!'
        }
    }
}
```

Jenkins 也有一些劣势，尤其在云原生的大潮流下体现比较明显：

❖ 所有的配置、数据都是直接从文件系统中读取，随着负载增加，性能会有较大的下降。

❖ 有发生单点故障的可能性，目前没有高可用的方案。

❖ 社区的各种插件在质量上良莠不齐，也没有统一的插件开发规范，部分插件可能导致兼容性问题。

❖ 没有标准 Restful 风格的 API，作为第三方，组建集成依赖时缺乏统一的对接标准。

❖ 内存和 CPU 消耗较多。

2．Tekton

Tekton 是一个云原生的、用于构建 CI/CD 系统的解决方案，提供了 Pipeline。同样，Tekton 也是持续交付基金会（CDF）旗下的四个初始项目之一，最初由谷歌公司开源。

Tekton 基于 Kubernetes CRD（Custom Resource Definition，用户资源定义）抽象了一些通用的概念，如 Step、Task 和 Pipeline 等，提供了基于事件机制的 Trigger（触发器）、命令行（Command Line Interface）工具 tkn 和简单的 UI 界面 Dashboard。

Tekton 充分利用了云原生和 Kubernetes 架构的优势，核心逻辑以 Controller 的方式运行在 Kubernetes 中，无状态的服务容易实现高可用性。根据标准的 CRD，Tekton 可以作为第三方组件进行集成，但由于 Tekton 对资源做了高度抽象（非常通用），如果直接使用，会感觉非常烦琐、复杂，难以做到开箱即用。而且，Tekton 官方提供的 UI 界面功能简单，难以直接满足企业的使用场景。

3．Jenkins X

Jenkins X 是一个云原生的、集成了许多 DevOps 工具链的常用组件，用于自动化整个软件交付流程，也是持续交付基金会（CDF）旗下的四个初始项目之一，最初由 Cloudbees 公司开源。值得一提的是，Jenkins X 与 Jenkins 在版本迭代、演进上并没有直接关系，Jenkins 只是被集成的组件之一。

Jenkins X 基于 GitOps 提供了自动化的 CI/CD、环境管理、ChatOps 等强大的功能，但由于缺乏 UI 界面，学习、上手难度大，国内的学习资料较少、采用率不高。

4．GitLab CI

作为 GitLab 整体的一部分，GitLab CI 不需单独安装。用户只需把 CI/CD 的配置写到代码仓库根目录的文件.gitlab-ci.yml 中，即可实现与 GitLab 的其他功能（如代码仓库、制品仓库、凭据管理等），实现无缝对接。对于计划采用 GitLab 整体方案的团队而言，GitLab CI 的优势很明显，不需维护额外的第三方组件。但 GitLab 本身也是一个复杂、庞大的项目。

5．GitHub Actions

GitHub Actions 是由 GitHub 提供的，虽然不开源，但可以免费使用（有使用时长限制）。与 Gitlab CI 类似，用户只需要把 CI/CD 配置以 YAML 格式写到目录（.github/workflows）中即可运行。而 GitHub Actions 的 YAML 格式非常清晰、简单，通过 GitHub 官方给出的示例、文档以及 GitHub 上海量开源项目的使用案例，用户的学习成本并不高。但其明显的缺点是，不是开源的，所以难以脱离 GitHub 使用。

下面是一个简单的 GitHub Actions 示例：

```
# This is a basic workflow to help you get started with Actions
name: CI
# Controls when the workflow will run
on:
 # Triggers the workflow on push or pull request events but only for the master branch
 push:
```

```
    branches: [ master ]
  pull_request:
    branches: [ master ]
  # Allows you to run this workflow manually from the Actions tab
  workflow_dispatch:
# A workflow run is made up of one or more jobs that can run sequentially or in parallel
jobs:
  # This workflow contains a single job called "build"
  build:
```

3.4　持续部署

持续部署（Continuous Delivery，CD）是指软件发布后，可以自动地部署到指定环境中，而不需人工操作。持续部署旨在缩短软件交付周期，开发团队可以更快、更频繁、持续地部署软件。

GitOps 是主流的一种持续部署方案，这是一种以开发者为中心、使用开发者熟悉的工具（如 Git 和其他持续部署工具）。GitOps 的核心在于，用一个 Git 仓库存放目标环境中基础设施的申明式资源文件清单，并定期（或特定规则）同步到目标环境，使得目标环境与 Git 仓库中的申明式资源文件清单保持一致。当需要更新目标环境时，不再通过命令行工具或者 UI 界面进行操作，所有变更都通过更新 Git 仓库来实现。例如，当目标环境是一个 Kubernetes 集群时，往往会把应用的 Deployment、Service、Configmap、Secret、Role、Rolebinding 等资源文件提交到 Git 仓库中。

Argo CD 和 Flux CD 是两款主流的基于 GitOps 理念实现持续部署的开源项目。以下会对这两个项目进行介绍。

1．Argo CD

Argo CD 是基于 Kubernetes 的声明式持续部署的开源项目（采用 Apache 2.0 协议），提供了命令行和 UI 界面。命令行 argocd 可以完成所有操作，UI 界面可以显示丰富的数据信息。因此，Argo CD 基本上可以成为开箱即用的工具。

Argo CD 的主要特性包括如下：

❖ 自动部署应用到指定环境中。
❖ 支持多种配置管理或模板工具（Kustomize、Helm、Ksonnet、Jsonnet、Plain-YAML）。
❖ 支持管理并部署到多集群。
❖ Webhook 集成（GitHub、BitBucket、GitLab）。
❖ 单点登录（Single Sign On，SSO）集成（OIDC、OAuth2、LDAP 等）。

2．Flux CD

Flux CD 是基于 Kubernetes 的、开放的、可扩展的持续部署的开源项目（采用 Apache 2.0 协议），是 CNCF 旗下的孵化（incubation）项目。Flux CD 的命令行可以快速地安装、配置 Flux，以及由 Flux 管理的应用。Flux 社区并没有提供 UI 界面，这对于不习惯只使用命令行的用户来说多少有些不够方便；尤其是在实际使用中，我们通常会有查看应用部署状态、统计信息等查看仪表盘（Dashboard）的需求，这时就需要基于 Flux CD 进行二次开发。

3.5　渐进式部署

随着软件项目迭代过程中需求的数量及复杂度的增加，难免会有缺陷，由于各种原因而遗漏到新发布的版本中，如果有未发现的较为严重缺陷的版本部署到正式环境中，就有可能带来较大的损失，甚至难以恢复。为了保障应用可以更加平稳地发布到正式环境中，可以不用一次性更新所用应用实例的版本，而是采取逐渐更新并观察新版本的稳定性，直到认为没有问题后，再全部更新为新版本的方法，即渐进式部署。

渐进式部署是持续部署的一种高级形式，常见的方式包括蓝绿（Blue-Green）发布、滚动发布、金丝雀（Canary）发布等。

1．蓝绿发布

蓝绿部署中有两套系统（如图 3-1 所示）：一套是正在提供服务系统（也就是上面说的旧版），标记为"绿色"（图中用实线方框表示）；另一套是准备发布的系统，标记为"蓝色"（图中用虚线方框表示）。两套系统都是功能完善的，并且正在运行的系统，只是系统版本和对外服务情况不同。正在对外提供服务的老系统是绿色系统，新部署的系统是蓝色系统。

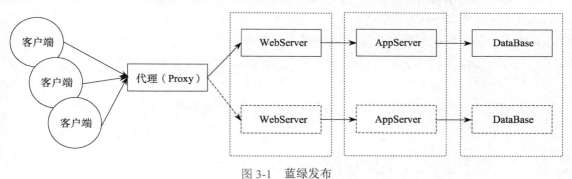

图 3-1　蓝绿发布

2．滚动发布

滚动发布一般是指，取出一个或者多个服务器，停止服务，执行更新，并重新将其投入使用，周而复始，直到集群中所有的实例都更新成新版本，如图 3-2 所示。

3．金丝雀发布

金丝雀发布（Canary release）是一种降低在生产中引入新软件版本的风险的技术，方法是在将更改推广到整个基础架构并使可供所有人使用前，缓慢地将更改推广到一小部分用户。如图 3-3 所示，虚框代表的服务为更新的服务，新版本会少量地更新到环境中，遇到问题时，可以尽快回滚；没有问题，则可以逐渐更新到整个系统。

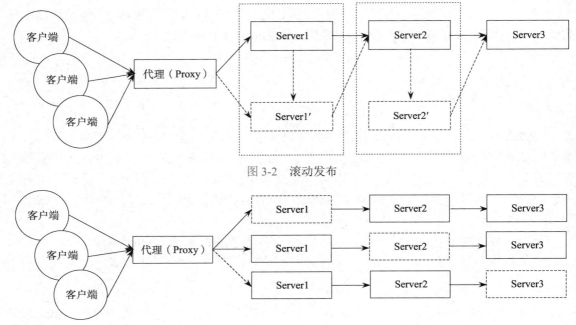

图 3-2　滚动发布

图 3-3　金丝雀发布

【金丝雀发布的起源】 17 世纪，英国矿井工人发现，金丝雀对瓦斯这种气体十分敏感。空气中哪怕有极其微量的瓦斯，金丝雀也会停止歌唱；而当瓦斯含量超过一定限度时，虽然鲁钝的人类毫无察觉，金丝雀却已毒发身亡。当时在采矿设备相对简陋的条件下，工人们每次下井都会带上一只金丝雀，作为"瓦斯检测指标"，以便在危险状况下紧急撤离。

Argo Rollouts 由一个 Kubernetes 控制器（controller）和一组 CRD 组成，可以提供高级的部署功能，如蓝绿发布、金丝雀发布等。

Flagger 是一个渐进式部署工具，可以自动化运行在 Kubernetes 上的应用的发布流程。

3.6　基于容器的交付

在传统的软件交付中，通常会有专人（或兼职）做软件的实施、部署，除此之外的大部分人（研发、测试等）对运维细节都不了解，因此可能出现一个"有趣"的现象，面对一个庞大的软件工程，研发人员可能不知道如何在一个新的环境中部署、实施应用。

这种情况主要是由于软件工程本身非常复杂，涉及许多组件、中间件，服务之间有着相互依赖的关系，而且软件运行在不同的操作系统上会有大量不同的依赖软件包、配置文件等。因此，即使是熟练的实施人员可能也需要参考实施手册才能完成。

1．容器化交付

容器化技术很好地解决了由于操作系统之间的差异导致的大量的、复杂的、重复性的操作，使得研发人员可以专注在应用本身的开发上。

容器是轻量级的操作系统级虚拟化，可以在一个资源隔离的进程中运行应用及其依赖项。

运行应用程序必需的组件都将打包成一个镜像，并可以复用。镜像执行时，它运行在一个隔离环境中，并且不会共享宿主机的内存、CPU 和磁盘，这就保证了容器内进程不能监控容器外的任何进程，如图 3-4 所示。

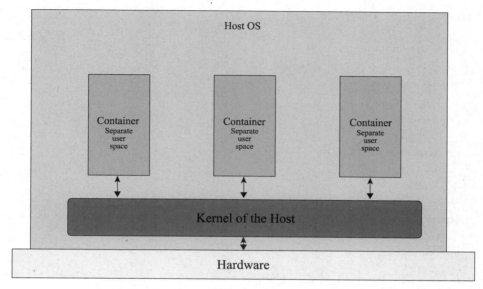

Operating System/Container Virtualization

图 3-4　容器技术示意

流行的容器技术以 Docker 为代表，由 Docker 公司提供主流操作系统（Windows、macOS、Linux）的服务端（daemon）和客户端程序。除了有非常好用的命令行客户端，Docker 还有可供广大技术人员免费使用的镜像托管网站，只需简单学习用于构建 Docker 镜像的 Dockerfile 文件语法即可走进容器技术的世界，就可以体验基于容器进行软件交付的便捷性。

以下是一个简单的 Dockerfile 示例：

```
FROM ubuntu:18.04

COPY . /app

RUN make /app
CMD python /app/app.py
```

相比于虚拟机技术，在一台服务器上可以同时运行大量的容器，而每个容器中除了业务应用，几乎不会有额外的资源开销，因而容器的启动耗时基本与启动一个应用本身相差无几。

鉴于容器技术的隔离（进程、网络、文件系统等）特性，在一台服务器上可以容易地同时运行多个应用实例。例如，应用服务 Tomcat 默认会占用 8080 端口并提供 Web 服务，通过容器启动的多个 Tomcat 实例之间的网络端口是互相隔离的，也就是说，不用处理端口冲突的问题。如果我们需要在多个容器之间共享网络，或者将部分端口暴露给 Host 服务器，就需要一些额外的配置。而且，容器技术的最佳实践是每个容器中只运行单一的业务进程，因此一个稍微复杂点的项目往往需要有多个容器配合使用。假如，一个前后端分离并需要访问数据库的应用可能至少需要同时运行三个容器才可以。

Compose 是可以定义并运行多个容器的 Docker 应用，可以通过 YAML 文件配置应用服务，而且只需一条命令就可以启动所有的服务。

下面是一个 docker-compose.yaml 的示例：

```
version: "3.9"  # optional since v1.27.0
services:
 web:
   build: .
   ports:
     - "8000:5000"
   volumes:
     - .:/code
     - logvolume01:/var/log
   links:
     - redis
 redis:
   image: redis
volumes:
 logvolume01: {}
```

我们可以通过如下命令启动或停止 Compose 服务：

```
docker-compose up -d
$ ./run_tests
$ docker-compose down
```

2．云原生交付

在云原生技术的大潮流下，容器编排技术以 Kubernetes 为主要代表，不仅解决了基于容器技术部署时的应用编排问题，还提供了基础的负载均衡、高可用等非常实用的能力。Kubernetes 基于声明式的异步执行系统，有非常强大的扩展能力，开发者只需根据规范提供自定义资源（Custom Resource Definition，CRD）和监听 CRD 的控制器（Controller），就可以在 Kubernetes 环境中实现一个云原生的应用，甚至增强 Kubernetes 的功能。

在 SaaS 上快速体验 Kubernetes 有很多选择，如 Google Kubernetes Engine（GKE）、Azure Kubernetes Service（AKS）、Alibaba Cloud Container Service for Kubernetes（ACK）、QingCloud Kubernetes Engine（QKE）等。大部分 Kubernetes 云服务可以仅通过非常简单的步骤创建，尤其是涉及网络、存储等插件配置时。初次接触 Kubernetes 的用户不需一开始就掌握大量的概念，就可以快速体验 Kubernetes 的特性。

如果用户有一定的容器技术基础，并且喜欢动手实际操作，可以考虑在本地环境（或云主机）上亲自安装 Kubernetes。有很多可选的安装工具，如 Kubernetes 社区官方提供的 kubeadm，该工具主要是为了初始化一个 Kubernetes 集群，对于其他组件（如仪表盘控制面板、数据监控、云相关组件等），则需要参考相关文档完成。

除了可以用 Kubeadm 从零开始，还有其他更加便捷的方案。例如，Kubernetes in Docker（kind）是一种在单个 Docker 容器中即可运行整个 Kubernetes 集群的技术方案，在使用前需要安装并配置好 Docker 环境，才可以通过 kind 命令行完成集群的创建、查找、删除等操作。kind

可以方便地创建并删除一个 Kubernetes 集群，并且仅运行在单个容器中，便于资源回收（主要体现在删除操作上），可以作为一个很好的基于 Kubernetes 开发的应用的开发、测试环境。但是，kind 也有比较明显的缺点，由于它默认无法共享本地已经存在的镜像，集群所需的镜像都需要重新拉取，因此启动多个 kind 时会占用较多的存储空间。

以下是常用的 kind 命令：

```
kind create cluster                                      # 默认集群名称为`kind`
kind create cluster --name kind-2
kind create cluster --config kind-example-config.yaml
kind get clusters
kind delete cluster
kind load docker-image my-custom-image:unique-tag        # 加载本地镜像到 kind
```

Minikube 是一种本地集群，主要用于学习和开发使用。Minikube 可以运行在容器或者虚拟机中，如 Docker、Hyperkit、Hyper-V、KVM、Parallels、Podman、VirtualBox 或 VMware Fusion/Workstation。

K3s 是 Rancher 开源的一个 Kubernetes 发行版，最初由 Rancher 公司开源，现在是 CNCF 的沙箱项目，属于轻量级 Kubernetes，主要应用于物联网（IoT）和边缘（Edge）场景。K3s 整体打包为一个小于 50 MB 的二进制文件，默认采用轻量级的存储 SQLite3，简化了外部依赖。根据官方文档描述，仅需 30 秒即可启动。此外，K3s 非常适用于持续集成、开发测试等场景。

Kubernetes 集群管理工具 K9s 是基于命令行终端的 UI，用于管理 Kubernetes 集群，如图 3-5 所示，旨在使得定位、观察、管理、部署应用的操作变得更加容易。同样，该命令行工具可以在开发、测试等场景中方便地操作 Kubernetes 资源。

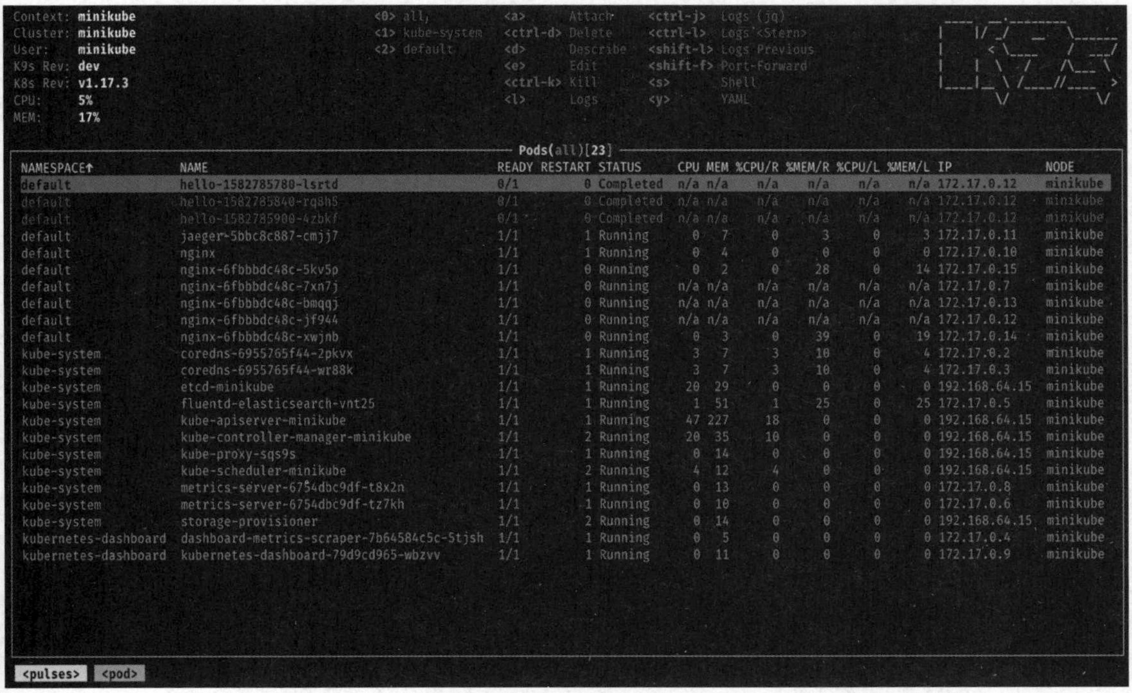

图 3-5　K9s 界面

Rancher 是一个基于 Kubernetes 的开源容器管理平台，提供了 DevOps 等功能，如图 3-6 所示。

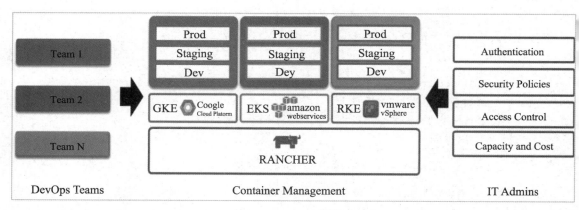

图 3-6　Rancher 架构

KubeSphere 是一个开源的云原生分布式操作系统，以 Kubernetes 为内核，提供了多集群、边缘节点管理、可观测、日志、DevOps 等企业级功能（如图 3-7 所示）。KubeSphere 开源社区在国内有众多活跃的用户，以及围绕 Kubernetes 生态的一些开源项目，如用于 Kubernetes 集群的 Kubkey、集群巡检工具 Kubeeye 等。

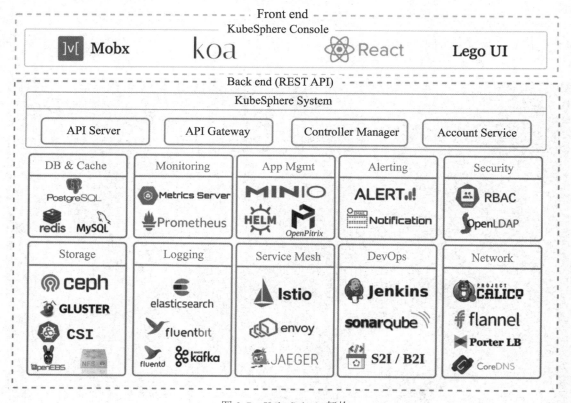

图 3-7　KubeSphere 架构

Helm 是基于 Kubernetes 的包管理器，有大量应用打包成 Helm chart 的形式。Helm 主要利用了 Golang Template 模板技术，可以包含应用部署在 Kubernetes 集群中所需的一切。Helm 会把应用打包成一个压缩文件。

Kustomize 也是一种模板技术（如图 3-8 所示），但不需打包成一个压缩文件，有更强的灵活性。

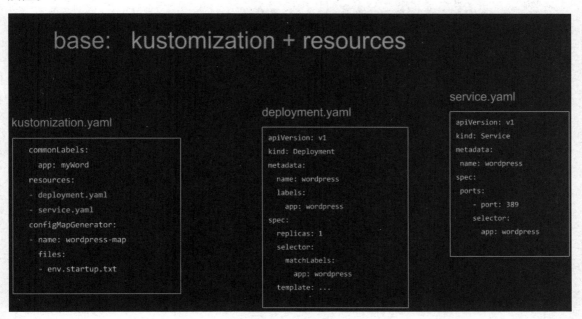

图 3-8　Kustomize

本章小结

本章介绍了软件交付的重要环节，包括持续集成、持续交付，以及交付过程中涉及的一些概念、常用软件等。在软件行业中，不管从事的是软件研发、软件测试还是其他相关岗位，你都需要了解软件交付流程、掌握相关工具的使用，会对日常工作有很大的帮助。

参考文献

[1]　Jenkins 官网.
[2]　Jenkins X 官网.
[3]　Tekton 官网.

习 题 3

3-1　持续交付与持续部署的区别是什么？

3-2　相比于传统的交付形式，容器化交付有哪些优势？

3-3　灰度发布主要是通过哪些技术手段实现的？

第 4 章

DevOps

基础设施即代码

对于任何一个依赖 IT 设施的团队而言，基础设施的重要性不言而喻。基础设施是否足够高效、稳定，很大程度上影响着那些可以直接产生价值的生产活动。例如，一个 50 人团队采用私有部署的 GitLab 服务器时，不时会有宕机情况，会让整个团队的生产力大打折扣。正如"冰山原理"一般，基础设施就像是隐藏在海平面之下的那部分，容易被忽略，却起着非常重要的作用。

那么，基础设施通常是指什么呢？

基础设施可以包括：硬件设备（机房、服务器、交换机等）、网络、操作系统、存储系统、监控系统、告警系统、文档系统、代码系统等。结合团队采用的不同的具体技术栈，以及是否采用"云"技术，运维团队需要维护的基础设施可能出现不同程度的复杂度。例如，大量采用公有云服务的团队几乎不需要花费精力去维护硬件层面的资源。

4.1　传统的基础设施

"传统"指的是，基础设施的维护工作上大量地依赖具体的人，而缺乏标准的流程，只是凭借个人经验、技术偏好，从而导致设施的维护工作难以持续迭代和完善。"口口相传"是传统基础设施运维的主要特征和弊端。

实际的运维工作可能涉及大量、琐碎的工作，传统的工作思路大致会根据需要运维的系统所提供的命令行工具或者 UI 操作来实现某个需求或者解决问题。当问题再次出现时，往往还需要之前解决过该问题的人来操作。

做得比较好一些的团队会把问题的解决过程以文档的形式记录下来，甚至编写成 Shell 脚本。但是，遇到相同（或相似）问题时，依然需要依赖人参考文档、脚本资料去做大量、重复的工作。最关键的是，解决问题时往往可以有多个不同的方案可以选用，对多个方案是否有讨论、复盘，这些过程信息是非常重要的。

相对于基于容器技术而言，基于虚拟机的交付、运维也算是比较"传统"的方式。容器技术非常好地解决了实际运行环境（主要体现为操作系统发行版和软件包等的不同，如 Ubuntu、CentOS 等）之间的差异，这使得我们可以把更多精力放在实际的业务上，而不是具体的底层技术之间的差异。

4.2　基础设施即代码

基础设施即代码（Infrastructure as Code，IaC），指的是通过代码而不是手动流程来管理和配置基础设施，有时被称为"可编程基础设施"，基础设施配置完全可以当做软件编程来进行。不过，这里提到的"代码"并不是软件开发过程中通常意义上的代码，不一定能够编译为可执行文件，而且，通常情况下的意义是，把这些清单文件当做代码来管理。

基础设置即代码的部分优势如下。

① 一致性：体现为基础设施的安装和配置过程有单一来源，通常是一个 Git 仓库，这就避免了在人工操作过程中潜在的错误、遗漏。

② 可追溯：所有基础设施的配置变更、升级（或降级）等都可以通过清单文件的变更记录看到，而分布式的版本管理工具 Git 让我们可以轻松做到，方便地查看某个变更的发起人、时间，甚至可以快速地回退、变更。

③ 可复用：由于基础设施的安装、配置信息已经记录在文本文件中了，因而可以方便地把相同（或相似）的系统在其他环境中再次实施。

基础设施即代码主要是将基础设施的安装、配置以声明式文本的形式记录到代码仓库（以 Git 居多）中，通过一个中间件或系统，按照既定规则，将基础设施软件安装并配置为期望的状态。

HashiCorp 的 Terraform 是一种基础设施即代码的工具（如图 4-1 所示），允许以可读的配置文件定义云资源和本地资源，而且支持版本管理、复用和分享。

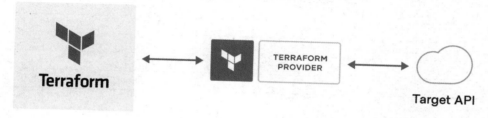

图 4-1　Terraform

下面是 Terraform 的一段示例代码：

```
terraform {
    required_providers {
        docker = {
            source  = "kreuzwerker/docker"
            version = "~> 2.13.0"
        }
    }
}


provider "docker" {}


resource "docker_image" "nginx" {
    name = "nginx:latest"
    keep_locally = false
}


resource "docker_container" "nginx" {
    image = docker_image.nginx.latest
    name  = "tutorial"
    ports {
        internal = 80
        external = 8000
```

```
        }
    }
```

4.3   GitOps 实践

GitOps 在云原生技术栈中使用得非常广泛，Git 作为单一可信源，可以自动从 Git 仓库中获取最新的清单文件，并应用到目标环境中。下面以 Kubernetes 为例介绍 GitOps 的一些实践。

基于 GitOps 理念，当前比较活跃、用户采用较多的两个开源项目是 Argo CD 和 Flux CD。这两个开源项目都可以把应用以及自身以声明式方式管理起来。

表 4-1   Argo CD 和 Flux CD

	Argo CD	Flux CD
UI	具有较完整的功能	无
命令行	支持	支持
目前最新版本	v2.3.3	v0.29.1
GitHub Star	9k	3.1k
基金会	CNCF Incubating	CNCF Incubating

4.3.1   Argo CD

Argo CD 包括的组件有 API Server、Repository Server、Application Controller。

API Server 是一个 gRPC/REST 服务，并给 Web UI、命令行和其他 CI/CD 系统提供 API 服务，其特性如下：

- ❖ 应用管理和状态报告。
- ❖ 应用操作（如同步、回滚、其他动作）。
- ❖ 代码仓库和集群凭据的管理。
- ❖ 验证和认证代理。
- ❖ RABC 认证。
- ❖ Git Webhook 事件的监听、转发。

Repository Server 是一个内部服务，用于维护存储在 Git 仓库中的应用（Application）的清单文件（Manifest）。根据给定的输入，Repository Server 会生成并返回 Kubernetes 的清单：

- ❖ 仓库（Repository）URL。
- ❖ Revision（commit、tag、branch）。
- ❖ 应用路径。
- ❖ 模板设置，如 parameters、ksonnet、environments、helm values.yaml。

所谓应用控制器，就是一个 Kubernetes 控制器，会持续地监听应用并对比仓库中清单文件所预期的状态。当它检测到 OutOfSync 状态的应用时，会根据情况采取对应的动作，还可以执行与生命流程（PreSync、Sync、PostSync）相关事件的任何用户定义的 hook。

Argo CD 的系统架构如图 4-2 所示。

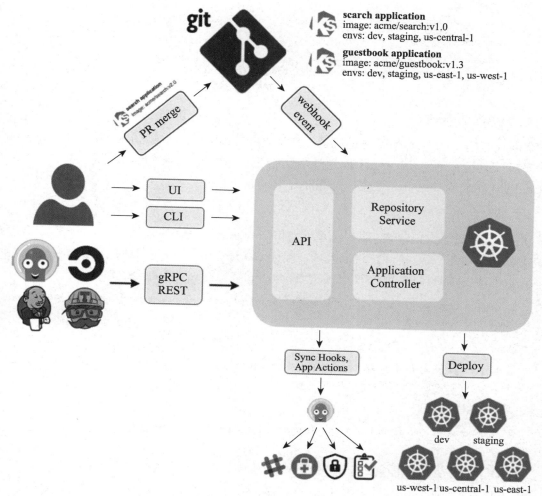

图 4-2　Argo CD 的系统架构

　　Argo CD 支持两种安装模式：多租户、基本功能。

　　多租户是最常见的 Argo CD 安装方式。当一个组织中的多个开发团队共用一个平台时，往往会采用这种方式。用户可以通过 Web UI 或者命令行来访问到 API Server，命令行可以通过下面的命令行指定要访问的服务：

```
argocd login <server-host>
```

　　只安装基本功能时不会包括 APIServer 和 UI 组件，并且每个组件都是以轻量级（非高可用模式）的方式安装。此时，用户需要依赖 Kubernetes 来访问、管理 Argo CD。使用命令行访问时，需要通过如下命令进行配置：

```
kubectl config set-context --current --namespace=argocd
argocd login --core
```

　　除此之外，Argo CD 还支持用 Kustomize 和 Helm 的方式安装。

　　下面是 customization 文件内容：

```
apiVersion: kustomize.config.k8s.io/v1beta1 =
```

```
kind: Kustomization
namespace: argocd
resources:
- https://raw.githubusercontent.com/argoproj/argo-cd/v2.0.4/manifests/ha/install.yaml
```

1．清单文件格式

Argo CD 支持的文件清单（manifest）格式包括 Kustomize、Helm、Ksonnet、Jsonnet 等。除了上述已知的格式，Argo CD 的插件机制还允许用户按照文档使用自定义工具，可以通过 ConfigMap 或者 sidecar 来配置一个插件。

2．私有仓库

Argo CD 只需对 Git 仓库具有只读权限即可，因此，对于公开可访问的 Git 仓库，我们并不需要做特别设置。而对于私有 Git 仓库，Argo CD 也提供了非常简单易用的方案。

Argo CD 支持 HTTPS 和 SSH 格式的 Git 凭据，可以通过如下命令配置凭据：

```
argocd repo add https://github.com/argoproj/argocd-example-apps --username <username>
--password <password>
```

如下命令可以为 HTTPS 的仓库添加 TLS 客户端证书：

```
argocd repo add https://repo.example.com/repo.git --tls-client-cert-path ~/mycert.crt
--tls-client-cert-key-path ~/mycert.key
```

或者，添加 SSH 凭据：

```
argocd repo add git@github.com:argoproj/argocd-example-apps.git --ssh-private-key-path
~/.ssh/id_rsa
```

添加凭据后，Argo CD 就可以通过 Git 仓库地址匹配的方式进行关联了。

更多有关 Argo CD 的详细内容请参考官方文档。

4.3.2　Flux CD

Flux CD 的组件包括 Source Controller、Kustomize Controller、Helm Controller、Notification Controller、Image automation Controller，如图 4-3 所示。

Flux 提供了两种安装方式，分别是 Bootstrap 和开发模式。

如下命令可以将 Flux 安装并配置到 Kubernetes 集群中，对应的配置文件会自动提交到 Git 仓库中。

```
flux bootstrap git \
  --url=ssh://git@<host>/<org>/<repository> \
  --branch=<my-branch> \
  --path=clusters/my-cluster
```

如果目标集群中已经包含 Flux 组件，该命令就会尝试升级 Flux。这个命令具有幂等性，可以安全地执行任意多次。

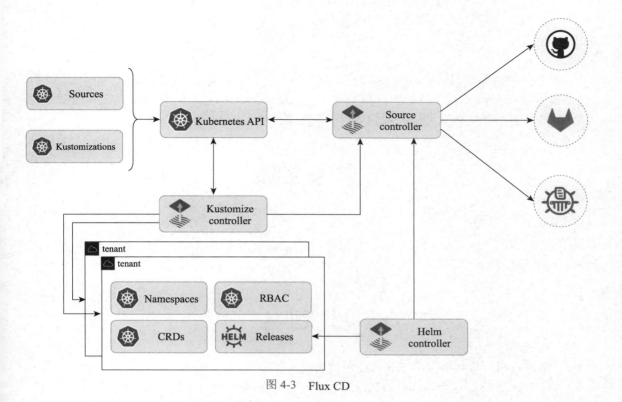

图 4-3　Flux CD

如果只是用于开发、测试，就可以使用如下命令快速安装：

```
flux install
```

然后，通过如下命令导入 Git 仓库并开始部署应用。

```
flux create source git podinfo \
  --url=https://github.com/stefanprodan/podinfo \
  --tag-semver=">=4.0.0" \
  --interval=1m
```

```
flux create kustomization podinfo-default \
  --source=podinfo \
  --path="./kustomize" \
  --prune=true \
  --validation=client \
  --interval=10m \
  --health-check="Deployment/podinfo.default" \
  --health-check-timeout=2m
```

本章小结

本章介绍了传统的基础设施是如何维护的，重点介绍了基础设施即代码相比传统方式的优势，最后以 GitOps 的两个流行的开源项目 Argo CD 和 Flux CD 展示了大致的基础设施即代码的使用。更详尽的资料欢迎访问对应项目的在线文档学习。

参考文献

[1]   Terraform 官网.
[2]   Argo CD 官网.
[3]   Flux CD 官网.

习 题 4

4-1   基础设施即代码解决的主要问题是什么？
4-2   GitOps 与基础设施即代码的关系是什么？

第 5 章

DevOps

软件质量管理

软件质量管理涉及团队内各环节和各角色，为了提高团队的质量意识并保证团队质量体系建设工作顺利开展，首先要做的是确定质量保障的标准，组织多轮讨论并梳理团队研发流程的改进点。标准化工作最重要的原则是不经验主义、不教条化，要充分尊重团队内不同个性的人并考虑团队内不同岗位角色不同意见，保证大家思想和行动规范的一致性是进行质量保障工作的首要条件。其次，要认识到质量体系建设是一个循序渐进的过程，要根据团队的质量技术和质量意识水平来按部就班地开展质量平台建设工作，切记不可操之过急。

质量体系建设过程中的质量技术其实是有着明显的迭代周期的，结合历史经验来看历经四代迭代，从标准化（1.0）到自动化/平台化（2.0）再到可视化（3.0），当前部分互联网公司正在进行智能化（4.0）探索。

标准化（1.0）：主要是指进行团队研发流程梳理和改进，以及 DevOps 建设工作，该时期测试工程师的主要工作和要求是与整个团队角色进行规划的沟通，达成一定的团队默契，以及 DevOps 要求的 CI/CD 的一些测试能力的构建。这时期的主要成果是将流程标准化后，与项目管理、开发和运维等角色共建完成服务端和客户端全流程研发平台。

自动化/平台化（2.0）：测试工程师的主要任务是测试能力赋能（自动化），以及与开发和运维等角色共建完成测试平台化，将各种测试能力自动化并逐步实现平台化，如埋点平台、磐石平台、数据工厂等。

可视化（3.0）：主要是为了解决质量可视化的痛点，包括质量过程可视化、质量管理可视化、业务指标可视化等方面，这时期的主要成果是质量可视化平台和客户端灰度大盘等。

智能化（4.0）：目前各大互联网公司正在努力和探索的方向，由质量左移和测试提效驱动。这时期强调各种质量平台和测试能力的融合和深化合作。

质量体系建设标准化由于重点是结合团队的特点和现状进行梳理和优先级确认工作，其工作和内容会千人千面。本章重点从自动化（线下测试能力自动化和线上产品质量监控体系）、可视化、智能化三个方向来阐述质量管理工作重点内容。

5.1 测试自动化

5.1.1 测试自动化与 DevOps 的关系

DevOps 流程中非常重要的一环就是通过测试左移使得测试驱动开发，从而达到快速测试的目的，而要实现测试左移就必须依赖一些常用能力实现测试自动化。测试自动化，即通过测试工具或者测试平台实现自动化测试。那么，测试自动化要想成功落地，有没有一些基础设施和理论需要掌握呢？怎样区分哪些测试能力以第一优先级进行自动化改造呢？本节将结合不同的质量技术迭代周期的特点和常见测试自动化手段的难点来阐述以上问题。

本节通过从测试数据构造、单元测试、接口测试等方面介绍常用的测试自动化手段，以理论结合实践来深度剖析"测试自动化是 DevOps 不可分割的一部分"理念。

5.1.2 测试数据构造

1. 测试数据类型

测试过程中使用到的测试数据，按使用场景来划分，可以分为单一数据和组合数据；按测试数据使用后的状态来划分，可以分为长效数据、即时数据和时效数据。

对于接口或者单一功能点的测试来说，单一数据即可满足测试需要。但是在系统集成测试过程中，对用户场景来说往往需要针对场景的组合数据。长效数据在对应的测试场景下是可以反复使用的，数据有效性不会随着使用次数增加或时间推移而改变。即时数据在对应的测试场景下只可以使用一次，使用后数据就不具备测试有效性了。时效数据在一定时间段内在对应的测试场景下可以多次使用，数据有效性只会随着时间推移而改变。这三种类型的测试数据与测试场景是强相关的，某场景下的长效数据在另一场景下可能变成即时数据或时效数据，所以才需要根据不同的测试场景制定对应的测试数据构造和维护策略。

2. 测试数据基本构造方式

测试过程中构造测试数据通常会使用几种基本方式：业务产品功能，业务服务端接口，数据库表操作。

（1）使用业务产品功能

产品功能一般包含一些写操作，如用户注册、支付下单等，在业务流程中会对数据做增加和修改。测试所需的一部分数据可以通过这类产品功能的操作来获得。这种方式依赖数据构造者对产品功能的熟悉度，如果一些功能隐藏比较深或操作流程比较复杂，数据构造的成本就会相应变高。

（2）使用业务服务端接口

服务端写接口一般会有业务数据的新建、修改和删除的功能，也可以用于测试数据构造。这种方式依赖使用者对服务端接口逻辑和接口参数的了解程度，因为不同服务端接口的请求参数的数量和参数的结构复杂度各不相同，所以使用难度也会有相应的变化。

（3）使用数据库表操作

使用数据库表操作方式最直接，根据测试数据的需求对相应的数据库表进行编辑，增加、修改或删除数据行，以达到构造所需数据的目的。但是这种方式依赖使用者对业务数据库表的熟悉程度，随着测试场景依赖的数据库表数量的增加和不同表之间的数据关联复杂度的提升，操作复杂度随之提升，使用者可能需要同时对多个表的数据进行操作，不同表数据之间也可能需要进行关联。

以上几种测试数据构造的基本方式各有特点，但是单纯使用某种方法会有局限，实际情况中通常会将几种方法整合使用。

3. 测试数据自动化构造

特定的测试场景往往需要我们构造单一或者多个测试数据来帮助验证业务功能。三种基本测试数据构造方法的组合可以满足单一场景和复杂场景的测试数据构造需求。上面介绍了几种测试数据基本构造方式，下面主要介绍怎么通过自动化方式来构造这些测试数据。

（1）不同构造方法的自动化实现

对于使用业务产品功能进行测试数据构造的场景，通常可以利用 UI 自动化来模拟功能操作，把对应数据生成的功能流程固化为 UI 自动化脚本，在需要时，触发执行从而获得测试数据，如图 5-1 所示。

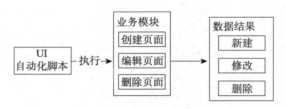

图 5-1　UI 自动化脚本构造数据

对于使用业务服务端接口来进行测试数据构造的场景，可以把单个接口请求或多个接口请求编写为接口用例或接口场景组合用例，通过执行单一接口请求或组合接口请求来获得测试数据。接口请求的脚本可以沉淀在接口测试平台或通过本地脚本进行维护，如图 5-2 所示。

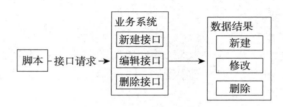

图 5-2　接口自动化脚本构造数据

（2）复杂场景数据构造自动化

当遇到比较复杂的测试数据构造场景时，单一的手段不能很好支持，这时需要把多种手段整合在一起，如先通过数据库查询方式获得可编辑的数据，再通过接口请求或业务功能对数据进行修改，测试数据构造的流程也分成了若干步骤，每个步骤之间也需要数据传递。这种场景在测试工作中会变得越来越多，同时由于业务系统的复杂度不断提升，上下游业务在测试数据上会存在相互依赖的情况。如何快速获得本业务依赖的测试数据，就成为测试团队急需解决的问题，因此测试数据构造管理平台应运而生。

测试数据构造平台会对构造工具进行集成，并且支持构造步骤的编排和最终数据的筛选，测试数据构造平台的原理如图 5-3 和图 5-4 所示。

测试数据构造管理平台通过低代码方式接入多种数据构造工具，并支持对多个工具进行串联组织，为使用者提供一致性的工具使用体验。测试数据构造管理平台解决了原来各种类型的测试数据构造工具的使用方式和维护方式不同的问题，把工具的使用和交互方式进行了统一，降低了用户使用成本；同时，通过平台聚合的这些测试数据构造工具能灵活组合，从而生成新的使用方式应对新的使用场景。最终达到的效果是两方面：多种类型的数据构造工具的使用交互体验一致，不同类型测试数据的获取、使用和管理上的统一，如图 5-5 所示。

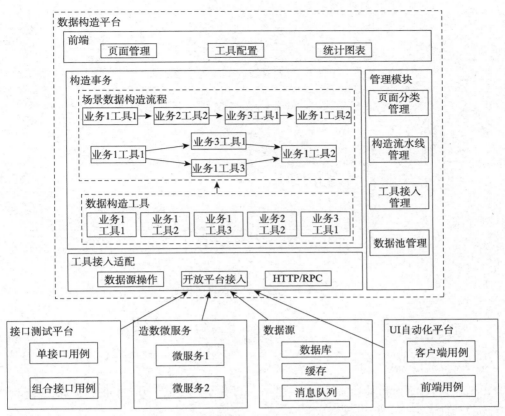

图 5-3 测试数据构造平台工具集成原理

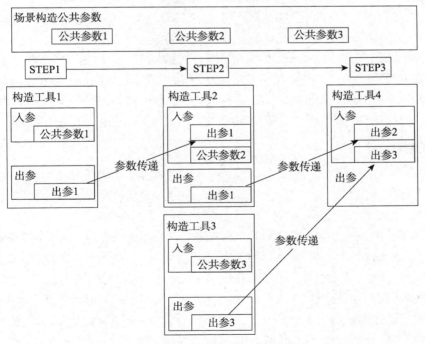

图 5-4 测试数据构造步骤编排原理

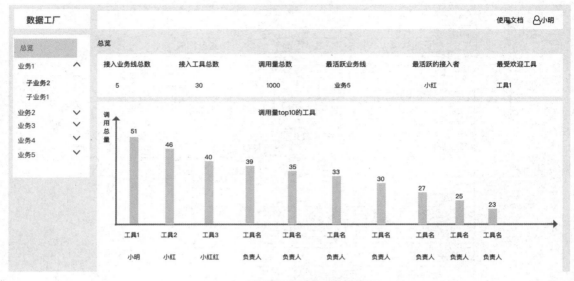

图 5-5　数据构造平台界面效果

5.1.3　单元测试

1．什么是单元测试

单元测试（Unit Testing）是指对软件程序中的最小可测试单元进行检查和验证，是一种白盒测试技术，其运行不依赖外部程序和环境。

单元测试提供了代码的最小可测试单元的严密规约。在面向过程编程中，一个单元就是单个程序、函数、过程等；在面向对象编程中，最小单元是指方法，包括基类（超类）、抽象类或者派生类（子类）的方法。单元测试是由程序员编写的，可在本机或其他环境中运行。单元测试的开展时机可以在完成代码开发前，也可以在完成基础代码后提交集成测试前。不同的项目研发模式会推荐不同的活动开展时机，如测试驱动开发（Test-Driver Development，TDD）模式推荐先编写单元测试代码，再编写程序代码。更早地思考如何进行测试和编写测试代码是现在提倡的，这样能在程序设计和编码时进行更细致的思考，减少代码出现不可测的问题。

2．单元测试的意义

在 DevOps 开发模式下，产品要具备随时可发布的能力。如何让产品拥有这样的能力呢？根据测试金字塔原理，通过 CI/CD 自动化测试实现高效的质量反馈，保障程序具备随时可发布的产品质量。

测试金字塔是由 Mike Cohn 在 2009 年的著作 *Succeeding with Agile : Software Development using Scrum*（《Scrum 敏捷软件开发》）中提出的，最早是一个三层金字塔形式，如图 5-6 所示，从上到下分别是界面测试（GUI）、服务测试（Service）、单元测试（Unit）。

随着敏捷测试的不断推进，传统测试金字塔出现一些变种，但仍用下宽上窄的三角形结构呈现各层实现自动化建议投入的比例，底层相对稳定的单元测试建议投入最多，接口测试居中，界面层因变更频繁而建议投入较少的自动化成本。

单元测试建议投入最多的理由如下。

图 5-6　测试金字塔

（1）适应变更

设计严密的单元测试会覆盖程序单元的分支和循环条件的所有路径。当有程序变更时，通过运行单元测试，可以准确反映当前任何变更发生后程序代码的表现。单元测试的覆盖可以快速反和保证变更的准确性。

（2）简化集成与回归

单元测试通过测试程序内部单元保证程序的最小可用性，其运行不依赖外部环境和服务，可发现基础程序问题，减少集成测试遇到的问题。同时，单元测试的运行是简单高效的，运行速度是集成测试无法比拟的。

（3）资产沉淀

单元测试代码也是一种文档记录。通过查看单元测试代码，开发人员可以直观地理解程序单元的基础功能，也是一种重要的资产沉淀。

（4）表达设计

在 TDD 测试驱动开发的软件实践中，单元测试可以一定程度取代正式的测试用例设计。每个单元测试用例均可以视为一项类、方法和待观察行为等的元素，有助于设计出严格符合需求的设计。

3．单元测试框架选型

单元测试中的技术框架通常包括单元测试框架、Mock 代码框架等。首先介绍常见的单元测试框架 Junit5 和 TestNG。两者当前都比较活跃，保持一定的更新速度，都有较庞大的用户群，促使其不断添加优秀的功能。表 5-1 对比了两种测试框架的主要特性，都非常适合作为单元测试框架，可根据喜好选择。

在单元测试中，对外部依赖通过 Mock 框架解耦，常见的开源 Mock 框架有 Mockito、EasyMock、JMockit、Powermock 等。从社区活跃度和功能丰富程度看，推荐使用 JMockit 或 Powermock，具体方法见其官方文档。

Junit 和 TestNG 自身都支持断言，还有专门用于断言的 Hamcrest 和 AssertJ 工具。很多开发人员喜欢使用测试框架和额外的断言工具，提升编码速度，如使用 AssertJ 进行流式断言，提升断言编写效率：

```
assertThat(xxMethod.rsl).hasSize(10).contains(rsl, test).doesNotContain(dev)
```

4．单元测试落地难点与解决方案

既然单元测试收益高，但是为什么实际实施落地成功的公司比较少呢？主要原因如下。

表 5-1　Junit5 和 TestNG

特　性	Junit5	TestNG
测试套件	暂不支持测试套件	测试用例作为测试套件一起执行，可以用@Factory注解来运行多个测试类，支持创建复杂的测试套件
并行测试	不支持并行测试，作为新特性还在开发中	通过 XML 文件配置并行测试
禁用测试用例	支持多种方式禁用和启用测试用例，如基于 OS、JRE 和系统配置	支持禁用测试用例，但功能性有限
数据提供方	支持多种测试数据提供方式，如方法、枚举、CSV数据、CSV 文件等	仅支持 provider 方法和 testng xml 文件方式
IDE 支持	被 Eclipse 和 IntelliJ IDEA 等主流 IDE 支持	被 Eclipse 和 IntelliJ IDEA 等主流 IDE 支持
监听	支持通过 Launcher API 来实现监听，不能机械性添加使用注解	支持多种监听方式，能够使用注解

难点 1：被测代码可测性差

"可测性"的含义是指能够方便地测试，并且是可持续自动化测试和检查测试结果。代码可测性差会导致单元测试困难，无法自动化持续运行。为什么代码可测性差呢？一般是开发技能不足，设计流程不规范，代码框架搭建不好，导致代码间的耦合度很高，最终无法进行有效测试。

难点 2：流于形式，无实质的校验内容

因为时间或技能等因素，程序员在编写单元测试时，可能为了追求单纯的代码覆盖率而不是有效测试，如断言时不判断具体结果，通过 NotNull 快速完成单元测试任务。这种无效的断言虽然会增加代码覆盖率，但如果没有关键内容校验，就会无法发现代码中的缺陷。

难点 3：单元测试编写和维护成本高

任何工作都需要有独立的时间完成，单元测试在实施过程中常因需求多或工期紧张而被忽视，或者随着代码的变更，原有用例稳定性差，维护成本变高。项目组发现投入单元测试的时间与收益不成正比，慢慢地放弃了单元测试的建设。

针对上述问题，研发和测试工程师们总结了很多实践指南，以便成功实施单元测试。

（1）自动地反复运行

好的单元测试要符合 Automatic（自动化）、Independent（独立性）、Repeatable（可重复）的特点。单元测试优先保证能够自动化执行，释放手工介入，再使单元测试可以重复执行，这样可以使得简单的用例先高效执行起来，再逐渐追求用例的相互独立性。

（2）测试用例保持独立性和原子性

测试类、测试方法、测试数据保持独立，互不干扰。

特别是测试数据，要求：尽量使用生产环境的测试数据以保证有效性和多样性；保证测试粒度足够小，有助于精确定位问题。测试粒度一般是方法级别，最好不要超过类级别。只有测试粒度小才能在出错时尽快定位到出错位置，一个待测试方法建议关联一个测试方法，如果待测试方法逻辑复杂分支较多，那么建议拆分为多个测试方法。

（3）覆盖尽可能全面

代码要遵守 BCDE 原则，以保证被测试模块的交付质量。

❖ B：Border，边界值测试，包括循环边界、特殊取值、特殊时间点、数据顺序等。

❖ C：Correct，正确的输入，并得到预期的结果。

❖ D：Design，与设计文档相结合来编写单元测试。

❖ E：Error，强制错误信息输入（如非法数据、异常流程、非业务允许输入等），得到预期的结果。

验证结果必须要符合预期，简单来说，就是单元测试必须执行通过，执行失败时要及时查明原因并修正问题。

（4）可维护

测试代码也需加注释、遵守命名规范、公共方法抽象等保证可读性。常见的规范或标准做法如下（以 Java 为例）。

① 代码目录规范：单元测试代码必须放在 "src/test/java" 目录下，Maven 采用 "约定优于配置" 的原则，并对工程的目录布局做了约定——测试代码放在 src/test/java 目录下，单元测试相关的配置资源文件放在 src/test/resources 目录下。源码构建时会跳过此目录，而单元测试框架默认扫描此目录。

② 测试类命名规范：同一个工程的测试类只用一种命名风格，推荐采用 "[方法名]Test.java" 或 "Test[方法名].java" 的风格。例如，方法是 login()，则测试方法可以命名为 testLogin_XxxSuccess()、testLogin_XxxNotExist()、testLogin_XxxFail()。

测试代码时有两种实践风格（至少有相应的注释来区分）。

① 准备 - 执行 - 断言（Arrange-Act-Assert）：先准备用于测试的对象，再触发执行，最后对输出和行为进行断言。

② 给定 - 当 - 那么（Given-When-Then）：给定某个上下文，当发生某些事情时，那么期望某些结果。

这些原则和实践都是为了提醒程序员更直观地组织单元测试，以便快速地阅读代码。

（5）快速运行并能有效反馈结果

① 执行速度要尽量快：单个测试用例的运行时间建议不超过 10 秒，这样才能在持续集成中尽快暴露问题。

② 必须自动验证：测试用例要能报错，不能只有调用，禁止使用 System.out 等来进行人工验证，必须使用断言（Assert）来验证。

③ 必须有逻辑验证能力和强度：禁止使用恒真断言（如 Assert.assertTrue(true)，禁止使用弱测试断言（如测试方法返回数据，只验证通过其中某单字段值，就当作通过）。

④ 必须有很强的针对性：可以有多个 Assert 断言，但每个测试方法只测试一种情况（如一个方法涉及三种异常需要去覆盖测试，就写三个不同的测试方法）。

（6）设置单元测试代码门禁

给单元测试设置基本的代码质量门禁，如全量代码的单元测试代码行覆盖率为 50%，增量代码的单元测试行覆盖率为 70%。所有测试用例通过率必须为 100%。这样可以有效控制单元测试的覆盖，并能推动持续健康运行。

总之，技术上，灵活、泛化地运用控制反转（Inversion of Control，IoC）原则，就能实现可测性改造；认知上，明确单元测试的职责定位，实事求是，循序渐进，不断思考单元测试的实施方案。虽然单元测试的规范和实践经验前人已经总结得比较多，但可能因为落地难度和时间成本而使开发人员望而却步。近年来，随着人工智能和大数据的发展，越来越多的智能化单元测试解决方案应运而生。

5. 单元测试代码

（1）在 pom.xml 中添加依赖

```xml
<dependencyManagement>
    <dependencies>
        <dependency>
            <groupId>org.junit</groupId>
            <artifactId>junit-bom</artifactId>
            <version>5.9.1</version>
            <type>pom</type>
            <scope>import</scope>
        </dependency>
    </dependencies>
</dependencyManagement>
<dependencies>
    <dependency>
        <groupId>org.junit.jupiter</groupId>
        <artifactId>junit-jupiter</artifactId>
        <scope>test</scope>
    </dependency>
</dependencies>
```

（2）编写单元测试用例

下面以求两个数中最大数为例介绍最简单的单元测试代码编写的样例。被测代码如下：

```java
package com.devops.demo;
public class ComputeMax {
    public int max(int x, int y) {
        if(x>y)
            return x;
        else
            return y;
    }
}
```

针对"求两个数中最大数"的函数，下面编写单元测试用例，以检查该函数的计算正确性：

```java
import com.devops.demo.ComputeMax;
import junit.framework.TestCase;
import static org.junit.jupiter.api.Assertions.assertEquals;
import org.junit.jupiter.api.Test;

public class FirstJUnit5Tests extends TestCase {
    @Test
    public void testMax () {
        int  x = 1;
        int  y = 0;
        int  z = 1;
        ComputeMax  cptMax = new ComputeMax();
```

```
        Int  result1 = cptMax.max(x,y);
        Int  result2 = cptMax.max(z,y);
        Int  result3 = cptMax.max(x,z);
        assertEquals(result1 == x);
        assertEquals(result2 == y);
        assertEquals(result3 == x);
    }
}
```

通过设计三组输入用例，覆盖"求两个数中最大数"的函数代码路径，这样的单元测试用例符合 BCD 原则，并且不依赖环境，可持续运行。

6. 智能化单元测试

在 DevOps 体系中，所有测试服务都要快速完成并自动化运行。单元测试的重要性毋庸置疑，但是现实中企业落地单元测试非常困难。因为程序员需要投入较多的时间进行单元测试代码的编写，在项目快速迭代和上线压力下，程序员通常会弱化单元测试的落地和意义。为了解决这个问题，近年来，很多研发专家开始探索智能化单元测试，以提高单元测试的落地效果，提高企业的研发效能。

EvoSUIte 是由英国 Sheffield（谢菲尔德）大学等联合开发的一种开源工具，基于遗传算法自动生成单元测试的开源组件，可以通过指定时间或者指定覆盖率的方式，使得自动生成的单元测试达到较高覆盖率的要求。EvoSUIte 能够在保证代码覆盖率的前提下极大地提高测试人员的开发效率，但是只能辅助生成自动化测试用例，并不能完全取代人工，测试用例的正确与否还需人工判断，具体方法如下。

（1）在 MVN 中添加相关配置

① 在 pom.xml 中添加 evosUIte 插件和监听，确保工具只对 evosUIte 测试有效。

```xml
<plugin>
    <groupId>org.evosUIte.plugins</groupId>
    <artifactId>evosUIte-maven-plugin</artifactId>
    <version>${evosUIteVersion}</version>
    <configuration>
        <extraArgs>-Duse_separate_classloader=false </extraArgs>
    </configuration>
    <executions>
        <execution>
            <goals> <goal> prepare </goal> </goals>
            <phase> process-test-classes </phase>
        </execution>
    </executions>
</plugin>
<plugin>
    <groupId>org.apache.maven.plugins</groupId>
    <artifactId>maven-surefire-plugin</artifactId>
    <version>2.17</version>
    <configuration>
```

```xml
            <properties>
            <property>
                <name>listener</name>
                <value>org.evosUIte.runtime.InitializingListener</value>
                </property>
            </properties>
        </configuration>
    </plugin>
    <properties>
        <project.bUIld.sourceEncoding>UTF-8</project.bUIld.sourceEncoding>
        <evosUIteVersion>1.2.0</evosUIteVersion>
        <customFolder>src/test/evosUIte</customFolder>
    </properties>
    <pluginRepositories>
        <pluginRepository>
            <id>EvoSUIte</id> <name>EvoSUIte Repository</name>
            <url>http://www.evosUIte.org/m2</url>
        </pluginRepository>
    </pluginRepositories>
```

② 在 pom.xml 中添加 evosUIte 运行依赖和测试用例生成目录：

```xml
<dependency>
  <groupId>org.evosUIte</groupId>
  <artifactId>evosUIte-standalone-runtime</artifactId>
  <version>${evosUIteVersion}</version>
  <scope>test</scope>
</dependency>
```

③ 在 pom.xml 文件中增加 jacoco 覆盖率采集插件：

```xml
<plugin>
    <groupId>org.apache.maven.plugins</groupId>
    <artifactId>maven-surefire-report-plugin</artifactId>
    <version>3.0.0-M3</version>
</plugin>
<plugin>
    <groupId>org.jacoco</groupId>
    <artifactId>jacoco-maven-plugin</artifactId>
    <version>0.8.5</version>
<executions>
    <execution>
        <id>default-prepare-agent</id>
        <goals> <goal>prepare-agent</goal> </goals>
        <configuration>
            <destFile>${project.bUIld.directory}/jacoco.exec </destFile>
            <propertyName>surefireArgLine</propertyName>
        </configuration>
    </execution>
```

```
<execution>
    <id>default-report</id>
    <phase>test</phase>
    <goals> <goal>report</goal> </goals>
    <configuration>
    <dataFile>${project.bUIld.directory}/jacoco.exec</dataFile>
    <outputDirectory>${project.reporting.outputDirectory}/jacoco</outputDirectory>
    </configuration>
    </execution>
</executions>

// 排除不需要收集覆盖率的类
<configuration>
    <excludes>
        <exclude>**/*ClassSearchController.class</exclude>
        <exclude>**/*Application.class</exclude>
        <exclude>com/xxx/xxxx/api/config/**/*</exclude>
    </excludes>
</configuration>
</plugin>
```

（2）通过命令行命令生成测试用例

```
mvn -DmemoryInMB=2000 -Dcores=2 evosUIte:generate
```

其中，-DmemoryInMB=2000 表示使用 2000 MB 的内存；-Dcores=2 表示用 2 个 CPU 来并行加快生成速度，测试用例生成在 src/test/evosUIte（前面配置了路径 src/test/evosUIte）中。

在 IDE 中运行生成的用例，排查失败原因，确保用例正确后进行覆盖率统计。同时，运行所有 test 用例（包括非 evosUIte 生成的）：

```
mvn clean jacoco:prepare-agent test jacoco:report-Dmaven.test.failure.ignore=true
```

运行结束后，查看生成的覆盖率文件 target-output/site/jacoco/index.html 即可。

本节主要介绍了单元测试在 DevOps 中的价值和实施框架，提出了优秀单元测试的实践规范和原则，同时介绍了单元测试实施的难点和智能化单元测试解决工具，希望读者能理解对单元测试的概念，掌握在项目中落地实践的方法。

5.1.4 接口自动化测试

广义的接口测试是指通过直接检测被测应用的接口来确定接口是否在功能、可靠性、性能和安全方面达到预期，本节着重是指对接口功能逻辑正确性的测试。

在当今微服务和多应用的系统架构（如图 5-7 所示）背景下，接口通常是指客户端调用服务端（HTTP 接口）和服务器中各服务之间相互调用（RPC 接口）的通道。前后端开发人员在制定相互对接的接口定义后，可以依据接口定义规则各自开发自己的功能，此时测试人员可以依据接口定义和服务端接口设计方案，针对性地编写接口测试用例。在服务端开发完成后，即可通过接口测试用例来验证接口的逻辑正确性。

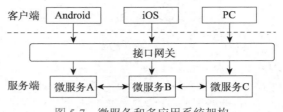

客户端 Android iOS PC

接口网关

服务端 微服务A ⟷ 微服务B ⟷ 微服务C

图 5-7　微服务和多应用系统架构

1．接口自动化测试框架

接口测试可以借助 cURL、Postman 等工具，根据设计好的用例输入接口请求参数传递，发送接口请求，再检查请求返回值，来验证接口的功能正确性。

但这种方式不利于测试用例的维护和协作，手工执行和检查结果的成本也比较高，无法达到测试自动化的要求。因此，面向各类编程语言的接口自动化测试框架应运而生，TestNG 是面向 Java 语言的一个功能强大且应用广泛的测试框架，除了能支持单元测试，也可以通过结合 HttpClient 进行接口测试。相较于 cURL、Postman 等工具，TestNG 提供了丰富的注解，可以通过 XML 文件维护用例和执行顺序，并支持参数传递、用例分组、依赖测试、忽略测试、异常测试等能力。TestNG 在测试执行完成后，提供默认 HTML 格式的测试报告，也支持自定义测试报告，测试结果的呈现相对友好。此外，TestNG 可以方便地集成到 Jenkins，以支持持续集成和持续交付。

例如，通过学号获取学生基本信息的简单接口定义文档如表 5-2 所示，依据接口定义，可以设计输入传参正确的学号，校验返回的 code 是否为 200，以及返回值 name、age、gender 等响应参数是否正确。设计输入错误的学号，校验返回的 code 是否为 400，以及返回值 name、age、gender 等响应参数是否不返回。本例通过正向和反向的测试用例设计验证接口逻辑正确性。

表 5-2　获取学生基本信息的接口定义

接口路径	api/student/info	
请求类型	GET	
请求信息示例	studentId=20220001	// 必传参数

响应信息示例	{
	　　"code" : 200,
	　　"name" : "Zhang San",
	　　"age" : 20,
	　　"gender" : "male"
	}
		// 传参正确返回 200，传参错误返回 400
		// 传参错误不返回
		// 传参错误不返回
		// 传参错误不返回

下面以表 5-2 的接口定义为例，使用 TestNG 结合 HttpClient 的方式，编写正向和反向接口测试用例。

```
public class GetStudentInfoTest {
    private CloseableHttpClient client;
    private CloseableHttpResponse response;

    @BeforeClass
    public void init() {
        client = HttpClients.createDefault();
```

```java
    }

    @Test
    public void testCase1() {
        Assert.assertEquals("{\"code\":200,\"name\":\"Zhang San\", \"age\":20,
                             \"gender\":\"male\"}", sendHttpGetRequest(client, "20220001"));
    }

    @Test
    public void testCase2() {
        Assert.assertEquals("{\"code\":400}", sendHttpGetRequest(client, "20220000"));
    }

    @AfterClass
    public void clear() {
        try {
            response.close();
            client.close();
        }
        catch (Exception e) {
            e.printStackTrace();
        }
    }

    private String sendHttpGetRequest(CloseableHttpClient client, String model) {
        String  result = null;
        try {
            URI uri = new URIBuilder().setScheme("http").
                        setHost("localhost").setPort(8080).
                        setPath("api/student/info").setParameter("model", model).
                        build();
            response = client.execute(new HttpGet(uri));
            result = EntityUtils.toString(response.getEntity());
        }
        catch (Exception e) {
            e.printStackTrace();
        }
        return result;
    }
}
```

2．接口自动化测试平台

虽然接口测试框架已经提供了强大的测试能力，但随着一个产品业务的发展，系统和服务
会变得越来越复杂，接口数量和用例数量在不断增加。当接口用例数量从几百、几千变为以万
计的时候，用 XML 的方式维护用例成本变得很高。同时，由于测试框架和接口文档并不直接
关联，接口定义的变更不能及时同步给测试人员，接口用例覆盖和变更及时性也因此受到影响。
此外，维护用例的测试人员或开发人员测试代码风格并不统一，相互协作和维护测试代码的成
本也会变得非常高。面对以上种种问题，一站式的接口自动化测试平台登上舞台。

接口测试平台的首页（如图 5-8 所示）展示了如下信息：平台承载维护的接口总数，用例总数，场景用例总数，用例执行集总数，定时调度任务总数，用例、场景和执行集的执行次数，失败用例情况等。

图 5-8　接口测试平台的首页

接口测试平台的管理界面（如图 5-9 所示）左侧栏包含接口定义、接口测试、场景测试、执行集、资源管理、执行历史记录等主要功能选项。

图 5-9　接口测试平台的管理界面

接口测试平台的编写接口用例界面（如图 5-10 所示）中可以快速输入传参和校验值，一键执行测试并校验结果。

除了以上基本功能，接口测试平台需要提供丰富的测试和管理能力，如图 5-11 所示。

① 支持多种接口协议，并不断扩展新的接口协议。

② 支持多种接口导入方式，降低接口新增和迁移成本。

③ 支持接口和用例统一管理，产品、功能、应用多维度划分，责任划分，优先级划分；在接口和用例发生变更时，及时通知相关人。

④ 支持单接口用例、场景用例、用例集等用例类型和载体，方便用例组织和管理。

⑤ 支持数据库访问、通用数据构造、数据 Mock 等数据服务能力，提升测试数据构造和校验效率。

⑥ 支持丰富的校验方式，包括等值校验、非空校验、范围校验、正则校验、JsonPath 语法校验等，以保障断言足够精准有效。

图 5-10　接口测试平台的编写接口用例界面

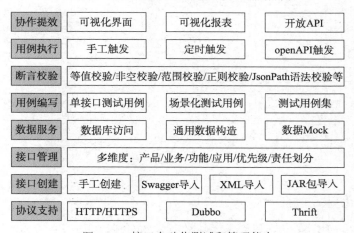

图 5-11　接口自动化测试和管理能力

⑦ 支持手工触发、定时触发、openAPI 触发等测试触发方式，应对不同的接口测试使用场景。

⑧ 提供丰富的数据报表功能，及时掌握接口测试状态。

⑨ 提供可视化界面完成所有测试工作，脱离接口测试代码，使得用例编写、维护、执行和人员协作的更加规范和高效。

⑩ 提供 openAPI 接口，方便外部系统调度和持续集成。

接口测试平台的系统架构如图 5-12 所示，采用微服务架构设计，所有平台操作的流量统一从网关集群入口进入，认证鉴权后分发到后端服务集群，后端各服务负责各自具体的业务逻辑，服务间的调用通过注册中心相互发现，实现调用。

执行器与业务逻辑解耦，可单独部署。执行器是平台建设的核心，可以通过提供多机房网络主机注册到 Kubernetes 服务，将执行器运行在 Docker 容器中。每个执行器对应一个 Docker 容器，进行动态创建，如图 5-13 所示。当用例并发执行时，任务被下发到各 Docker 容器中执行，最后将任务执行数据汇总到平台。不同产品可以私有化部署各自的执行器，使不同产品之间的用例执行能有效隔离。

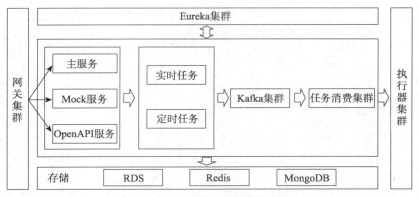

图 5-12　接口测试平台的系统架构

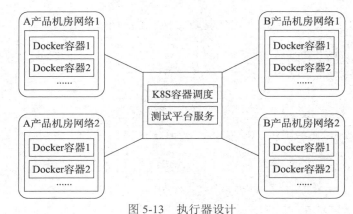

图 5-13　执行器设计

3．接口自动化测试实施

在研发流程中，接口测试相关的工作几乎贯穿全流程，如图 5-14 所示。

图 5-14　接口自动化测试实施

（1）开发阶段

服务端开发人员需要先完成接口的定义，录入接口文档并发起接口评审会议。相关开发和测试人员评审通过接口定义和设计方案后，开发人员开始编码实现业务逻辑，测试人员开始设计接口测试用例。

（2）测试阶段

在进入测试阶段前，开发提测时需要先通过接口用例持续集成（CI）回归测试，验证本次代码分支变更部署后，没有影响已有的接口功能。提测后，测试人员再对新增的接口进行针对性的测试。同时，测试阶段开发的每次代码修改部署都需要通过新增接口用例和历史接口用例的持续集成（CI）回归测试。接口持续集成（CI）回归测试由 DevOps 系统集成接口测试框架或接口测试平台后自动触发。

（3）发布阶段

在应用代码发布前，待发布的代码分支一定是在测试环境、回归环境、预发环境经过接口持续集成（CI）回归测试验证的，如果接口持续集成（CI）验证不通过，DevOps 系统就可以设置卡点不允许发布。应用代码发布完成后，会自动触发线上接口用例持续部署（CD）回归测试。线上接口用例和线下接口用例设计上基本一致，主要差别是数据不同，并且线上接口用例编写及运行的时候需要特别注意避免影响线上用户真实数据，避免产生脏数据，做好测试数据隔离。

（4）线上运行阶段

测试人员可以利用已有的线上接口用例，定时调度执行，从而巡检监控线上接口服务的正确性。

持续集成/持续部署（CI/CD）回归测试的流程如图 5-15 所示。

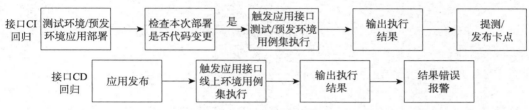

图 5-15　接口 CI/CD 回归测试的流程

接口持续集成（CI）回归测试的策略是在测试环境或预发环境应用部署完成后，先检查本次部署是否有代码变更，如对比本次部署和前一次部署的代码分支版本号，若有变更，则 DevOps 系统自动触发执行该应用测试环境或预发环境接口用例集，输出执行结果。在提测前触发的 CI 回归测试失败时，会激活提测卡点，阻止开发人员对接口测试失败的应用代码分支进行提测。同理，在发布前触发的持续集成（CI）回归测试失败，会激活发布卡点，阻止接口测试失败的应用代码发布上线。

接口持续部署（CD）回归测试的策略是在应用发布完成后，立即触发执行该应用线上环境接口用例集，输出执行结果。如果结果出错，就立即报警，通知相关的开发和测试人员，及时处理问题。

在接口自动化测试实施过程中，可以统计度量接口覆盖率、代码覆盖率、用例执行时间、持续集成/持续部署（CI/CD）成功失败次数、用例成功失败次数、问题发现数量、问题漏测数量等实施过程和实施结果数据。通过对这些数据的分析复盘，不断优化接口测试实施规范和接口测试相关平台能力。当前，为了使接口测试工作更加高效，智能用例生成、引流回放测试、精准测试等更加智能化的方案正被进一步探索和实践。

5.1.5　UI 自动化测试

1. 客户端 UI 自动化与 DevOps

在移动互联网大行其道的今天，手机成为我们日常接触最多的终端。在移动互联网的下半场，除了功能代码量的不断累计，混合技术、小程序、跨端语言的使用也对产品的迭代成熟度提出更高要求。一个成熟的 DevOps 系统，从需求到发布，需要在全流程的不同阶段分别进行团队协同和质量管控，作为其中的一环，高质高效的用户界面（UI）自动化能力至关重要。

在 DevOps 工作流中，用户界面自动化需要在多个环节具有持续集成的能力，开发冒烟阶段、集成测试阶段和回归阶段，这些能力的建设不但能帮助我们减轻测试用例手工回归的负担，而且能在夜间无人值守时定时触发并执行任务，提升工作效率。

（1）冒烟阶段

冒烟阶段是指在开发功能提测时，必须满足最基础功能的正确，新变更的代码不能影响旧模块的正常使用。在冒烟阶段，往往通过单测和测试人员提供的用户界面交互测试用例来保障，整个测试集尽量做到小而全，验证的触发时机在开发调试和提测前，也可以配置流水线任务，通过追踪代码行的提交触发对应的用户界面自动用例化的执行，Android 的 Espresso、iOS 的 XCUItest 都可作为该类工程的测试框架。

（2）集成测试阶段

测试人员进行新功能测试时，对于相关联的旧有功能，可使用用户界面自动化进行辅助测试，而人工测试主要关注在新功能上。在新环境部署、新服务上线后，前后端集成需要更加全面、细致的检查，在不同服务环境下使用自动化进行历史模块的验证，能节约测试人员的大量重复性工作。

（3）回归测试阶段

回归测试通常会在夜间和发版前进行，测试范围包括整个应用的所有高级别的用例。在 DevOps 的最后环节，即应用发布上线前的最后一刻，原则上，要求回归用例必须全部执行成功，并得到人工二次确认无误后，才可以执行最终的发布流程。全回归的用户界面自动化工程需要较为频繁的维护，确保功能变更时自动化测试用例也能及时更新，在确保用例的准确率后，可以根据项目进度和特性，以一定周期（如每两天运行一次）执行，并可安排在夜间作业；第二天收集测试报告，分析失败原因后，以邮件等方式通知当前阶段的项目质量。

用户界面自动化的单测部分通常由对应开发人员编写，而集成测试用例通常由测试人员编写，测试用例尽量涵盖高优先级用例，对应用的基础功能使用用户界面自动化反复校验，杜绝产品迭代过程中的疏漏，规避上线风险。

2．客户端 UI 自动化的难点和解决策略

对于移动端产品来说，多样的终端系统、复杂的交互操作、快速的研发迭代、无法回退的线上发布等特征都对质量的保障工程提出挑战，欲高质高效地维护移动端用户界面自动化工程，困难重重，主要包括以下方面：

① 移动端应用技术没有统一。Android 和 iOS 两套流行系统各成一派，不同的技术栈导致用例编写和流程规范必须寻找最大公约数，尽量求同，同时无可避免地存异。典型的例子包括，在部署持续方案时，代码检查、单测运行、执行环境部署、执行用例编写等均需要针对各自系统准备独立的一套方案，很难做到事半功倍。

② 移动端自动化需要自建机房。对于创业型公司来说，全面、完善的云端机房建设成本不低，而且设备调度、用例分发策略等需要长期维护，投入较大。

③ 移动端自动化对测试人员技术有一定要求，且维护门槛高，需要及时更新，来适应新的功能代码变更。

④ 移动端用户界面自动化本身框架特性决定了自己的稳定性欠佳，无论是元素查找、操

作等待还是环境控制，都让断言变得困难，执行成功率低，而高误报往往让工程很难持续。

⑤ 新的业务特性导致很多场景没办法很好自动化，尤其是内容个性化分发的应用，页面的同一位置不同时间呈现的内容往往不同，导致无法精准断言。而展示内容的变更、类型的多样也无法在一次用例编写中囊括，需要遍历所有可能。

针对以上问题，在准备一套移动端用户界面自动化的方案时，需要逐个击破，实现 DevOps 的可行性。在多端系统协同上，通过建立交互平台，把用户的使用流程进行统一，用交互操作的方式协同，而把各自系统的实际功能操作封装成模块供后台调度执行；在机房搭建上，可以借用云端机房方案实现设备的覆盖，也可以通过 CI/CD 调度服务器（如 Jenkins 服务运行托管程序）的方式调度手机，实现简易的设备阵列；在降低测试人员编写维护用例的门槛方面，可以使用录制用例并回放的方案来实现提效；而对于移动端用户界面自动化工程稳定性的提升和构造自动化场景，可以通过白黑盒结合集成 SDK 和 Mock 协议来解决。

在实际业务使用过程中，需要根据自身业务特点和人员结构，灵活调研并调整方案，克服自动化难点来实现 DevOps 的低门槛和高效接入。

3．客户端 UI 自动化未来趋势

移动客户端用户界面（UI）自动化的未来将在多端统一、智能化和云服务上继续探索可能。

在移动端应用推出的早期，各系统提供了对应的测试框架来支持自动化的测试，如 Android 的 UIautomator、Espresso、iOS 的 XCUItest、Kif 等。随着测试技术的发展、开源社区的活跃等，基于 Selenium 演化的以 C/S 模型调用 WebDriver 驱动执行用例的模式逐渐成为主流，Appium、Macaca 均属此类。这种模式体现了跨系统编程的思想，将原生语言框架赋予的系统 API 能力和 Web 服务功能封装在一起，打包成一个应用，在执行前推送或安装到待测试的手机设备上，启动服务后接受客户端的请求。客户端是实际编写的执行代码，用户可任选一种擅长的语言（如 Python、Java、Node.js 等），通过接口调用的方式，与设备的服务端通信，完成用例编码的跨端统一。这种通过前后端请求通信执行用例的方式也会带来消息传输的性能消耗，未来用户界面自动化将在执行性能、稳定性、兼容性方面寻找破局；而在多终端方面，会持续探索跨端的低门槛实现，如黑白盒结合测试、系统内置执行环境、语法转换等未来方向。

在用户界面自动化的发展道路上，智能化将扮演越来越重要的角色。从元素的识别查找、文本的语义分析，到用例智能分发、测试步骤智能识别和编写等，一切接近于人的操作行为，都是智能化要模拟实现的范畴。目前，市面上已经有一些工具平台提供了初步的智能化能力，如网易的 SmartAuto、百度的 MTC 等，越来越多的框架内置了图片模板匹配、文本 OCR、语义分析比较的功能，辅助进行元素查询、结果断言等。对于归类后的应用，提取具有代表性的功能页，通过大量的图片素材训练使程序自动分析出每页、每个区域、每个图标（icon）的含义，在强化学习后，不需要通过元素查找，就能智能判断用户操作的元素对象和相应区域，在自动化用例执行时事半功倍。而通过对用户语义分析、自然语言的处理，提取关键词、归纳出语义内容，将其理解为自动化的执行步骤，也是智能化编写用例的一种，不仅能降低自动化工程的建设门槛，还能多端统一，一举多得。

云服务会以用例分发、设备调度为基础，不断扩展功能边界，集用例执行、调试、设备管理、策略制定等功能为一体，为用户界面自动化做一站式综合服务。不论是兼容性、全面性的

覆盖，还是执行结果的自动分析，都会在云端能力上做自我完善，最终在执行策略、执行过程、执行全面性和结果闭环上达到用户满意。目前，云服务以提供兼容性测试、稳定性测试、探索测试为主，未来则会对用户行为数据做系统分析，根据权重自动上下线用例，实现精准模拟。

用户界面自动化的未来发展依然会在提效和保质两个方向上进行可行性探索。

5.1.6 客户端性能测试

1. 常用的性能指标及收集方法

客户端性能包含哪些方面呢？比如，App 的启动速度快不快，点击一个图标或者发送一个请求的响应是否及时，在页面滑动或者反复使用的过程中是不是流畅，观看视频是不是存在卡顿，长时间使用 App 手机是不是有发热、发烫的现象，或者在户外使用时是否容易出现数据流量消耗过大的情况等，这些都与 App 的性能息息相关。

那么，客户端 App 性能测试主要的关注点是什么呢？

结合用户使用场景和业务场景，性能测试指标分为常规性能和专项性能。常规性能指标主要包含 CPU、内存、耗电量、流量、流畅度。专项性能指标包括启动速度、点击响应速度等，根据具体业务场景的需要，侧重点不同。

对很多 App 而言，内存泄漏也是性能测试的一个重要方面。一般，应用程序启动后系统会为应用分配内存，应用内的对象也会占据内存，当某些对象不再被使用时却没有释放，就会发生内存泄漏。App 在使用过程中，如果应用内这些对象被反复创建和使用，随着泄漏的内存累积，会导致应用程序的内存空间不够用，性能变差，甚至发生崩溃。内存泄漏可能发生在任何程序和平台上，在 Android 应用中尤为普遍。

在移动客户端的测试环节中，性能测试是比较重要的一部分，主要包括：

① 性能测试需求梳理，明确性能测试的范围及指标，以及熟悉待测试目标。

② 性能测试方案设计，通过既定的测试场景完成对应指标的测试覆盖，然后准备测试工具，包括比较通用的测试工具或者测试脚本。

③ 测试执行，设计性能测试场景，通过性能测试工具或者脚本收集性能数据，给出性能分析报告。常用的性能测试工具如表 5-3 所示。

表 5-3　性能测试常用工具

工具名称	使用阶段	平　台	结果查看	供应商
Xcode-Instruments	开发	iOS	通过 Xcode-Instruments 界面查看	Apple
Android Monitor	开发	Android	通过 Android Monitor 界面查看	Google
Emmagee	测试	Android	有界面查看，可以生成 CSV 文件	网易
Soloπ	测试	Android	有界面可以在手机端配置和查看	支付宝
Testin	测试	iOS/Android	云平台	Testin
Perfdog	测试	iOS/Android	客户端检测性能数据，云平台可以查看历史数据	腾讯

2. 自动化性能数据收集

为提升测试效率，可以考虑性能测试自动化来减少人力方面的支出。移动端设备主流操作系统为 iOS 和 Android，由于 iOS 系统的封闭性，性能测试自动化主要以 Android 系统为例，同时受限于测试工具等，目前比较适合做自动化的指标主要有内存、CPU 和启动速度。

（1）内存

一般，通过

```
adb shell dumpsys meminfo <package_name>
```

或　　　　`dumpsys meminfo`

命令查看内存使用情况，如图 5-16 所示，主要关注 Pss Total、Native 和 Dalvik 的使用情况。

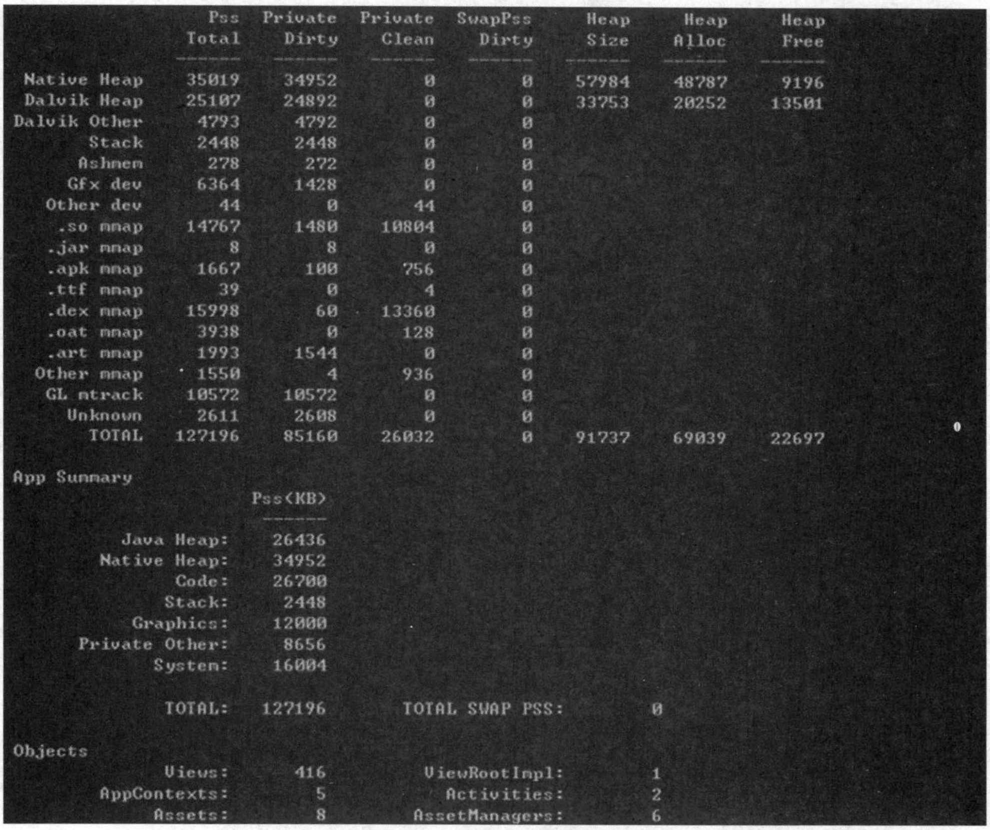

	Pss Total	Private Dirty	Private Clean	SwapPss Dirty	Heap Size	Heap Alloc	Heap Free
Native Heap	35019	34952	0	0	57984	48787	9196
Dalvik Heap	25107	24892	0	0	33753	20252	13501
Dalvik Other	4793	4792	0	0			
Stack	2448	2448	0	0			
Ashmem	278	272	0	0			
Gfx dev	6364	1428	0	0			
Other dev	44	0	44	0			
.so mmap	14767	1480	10804	0			
.jar mmap	8	8	0	0			
.apk mmap	1667	100	756	0			
.ttf mmap	39	0	4	0			
.dex mmap	15998	60	13360	0			
.oat mmap	3938	0	128	0			
.art mmap	1993	1544	0	0			
Other mmap	1550	4	936	0			
GL mtrack	10572	10572	0	0			
Unknown	2611	2608	0	0			
TOTAL	127196	85160	26032	0	91737	69039	22697

```
App Summary
                      Pss(KB)
         Java Heap:    26436
       Native Heap:    34952
              Code:    26700
             Stack:     2448
          Graphics:    12000
     Private Other:     8656
            System:    16004

             TOTAL:   127196       TOTAL SWAP PSS:          0

Objects
             Views:      416          ViewRootImpl:          1
       AppContexts:        5            Activities:          2
            Assets:        8         AssetManagers:          6
```

图 5-16　命令行获取内存信息

① Native/Dalvik 的 Heap 信息中的 Alloc。图 5-16 的第一行和第二行分别给出的是 JNI 层和 Java 层的内存分配情况，若该值一直增长，则代表程序可能出现了内存泄漏。

② Total 的 PSS 信息。该值就是 App 真正占据的内存大小，从而轻松判别手机中哪些程序占内存比较大了。

（2）CPU

通过命令行获取 CPU 信息的命令如下：

```
adb shell top -m 10 -s cpu
```

其中，-t 显示进程名称，-s 是指按指定行排序，-n 是指在退出前刷新的次数，-d 是指刷新间隔，-m 显示最大数量。结果如图 5-17 所示。

PID：progress identification，应用程序 ID。

```
User 30%, System 18%, IOW 0%, IRQ 0%
User 9 + Nice 1 + Sys 6 + Idle 17 + IOW 0 + IRQ 0 + SIRQ 0 = 33

  PID USER     PR  NI CPU% S  #THR     VSS     RSS PCY Name
 2677 shell    20   0  24% R     1   9244K   2020K  fg top
 8433 u0_a323  14  -6  12% S   186 2082220K 207824K  fg com.baidu.browser.apps
 4518 root     20   0   3% S     1      0K      0K  fg kworker/u8:11
 2220 shell    20   0   3% S     6  21876K   1180K  fg /sbin/adbd
  580 system   12  -8   3% S    12 177200K  25956K  fg /system/bin/surfaceflinger
```

图 5-17　命令行获取 CPU 信息

S：进程的状态，其中 S 表示休眠，R 表示正在运行，Z 表示僵死状态，N 表示该进程优先值是负数。

THR：程序当前所用的线程数。

VSS：Virtual Set Size，虚拟耗用内存（包含共享库占用的内存）。

RSS：Resident Set Size，实际使用物理内存（包含共享库占用的内存）。

UID：User Identification，用户身份 ID。

Name：应用程序名称。

（3）启动速度

Android 通过如下命令统计启动时间：

```
adb shell am start -W packagename/MainActivity
```

其中，adb shell am start -W 的实现在 frameworks\base\cmds\am\src\com\android\commands\am\Am.java 文件中。其实就是跨 Binder 调用 ActivityManagerService.startActivityAndWait( )接口（Activity Manager Service，AMS）。

对于 WaitTime=endTime-startTime，startTime 记录的刚准备调用 startActivityAndWait( )的时间点，endTime 记录的是 startActivityAndWait( )函数调用返回的时间点，WaitTime 是 startActivityAndWait( )调用耗时。

ThisTime、TotalTime 的计算在 frameworks\base\services\core\java\com\android\server\am\ActivityRecord.java 文件的 reportLaunchTimeLocked( )函数中。

```
private void reportLaunchTimeLocked(final long curTime) {
    final ActivityStack stack = task.stack;
    final long thisTime = curTime - displayStartTime;
    final long totalTime = stack.mLaunchStartTime != 0 ?
                         (curTime - stack.mLaunchStartTime) : thisTime;
```

其中，curTime 表示该函数调用的时间点；displayStartTime 表示一连串启动 Activity 中的最后一个 Activity 的启动时间点；mLaunchStartTime 表示一连串启动 Activity 中第一个 Activity 的启动时间点。

正常情况下，点击桌面图标，只启动一个有界面的 Activity，此时 displayStartTime 与 mLaunchStartTime 指向同一时间点，则 ThisTime=TotalTime。另一种情况是，点击桌面图标应用会先启动一个无界面的 Activity，进行逻辑处理，接着启动一个有界面的 Activity，此时 displayStartTime 便指向最后一个 Activity 的开始启动时间点，mLaunchStartTime 指向第一个无界面 Activity 的开始启动时间点，则 ThisTime!=TotalTime，如图 5-18 所示。

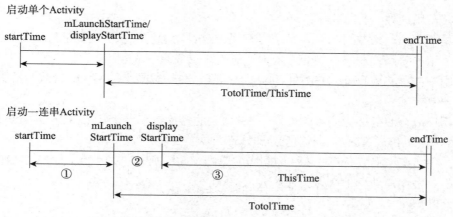

图 5-18　应用启动时间计算方式

WaitTime 就是总耗时，包括前一个应用 Activity pause 的时间和新应用启动的时间；ThisTime 表示一连串启动 Activity 的最后一个 Activity 的启动耗时；TotalTime 表示新应用启动的耗时，包括新进程的启动和 Activity 的启动，但不包括前一个应用 Activity Pause 的耗时。也就是说，开发者一般只关心 TotalTime 即可，这个时间才是自己应用真正启动的耗时。此测试方法简单，记录点击 icon 到首屏首帧的时间。

当然，除了上述借助工具实现性能测试自动化的方法，还有一种是通过应用内置性能收集 SDK 的方法。在应用启动后，SDK 同步收集应用的性能数据，适合线下测试且不利于评估应用的性能情况，因为 SDK 本身也会存在资源消耗情况。

5.1.7　服务器性能测试

服务器的系统响应快慢直接影响了用户体验，性能测试就是为了发现系统并发瓶颈、量化响应及时性而开展的测试活动，并为技术团队提供容量运维依据。

1．性能测试介绍

性能是衡量系统响应及时性的一组指标，性能测试是这一组指标的度量工作。衡量性能的主要指标如下。

（1）响应时间

传统的响应时间是指客户端发起一个请求开始，到客户端接收到从服务器端返回的最后一字节结束，这个过程所耗费的时间，通常称为 TTLB（Time To Last Byte）。

延伸到分布式系统、微服务框架下，响应时间指代一次 HTTP 或一次 RPC 请求过程的耗费时间，称为 RT（Response Time）。

响应时间常规度量方式有 MRT、90RT、MAX RT。

① MRT：平均响应时间（Mean Response Time），衡量一段时间系统所有成功请求的响应时间平均值。

② 90RT：90%的响应时间小于该值。在性能测试过程中，只看平均响应时间是不科学的，要保证绝大多数的用户其响应时间都是非常快的，所以一般使用 90RT 或者 95RT 为标准。

③ MAX RT：响应时间最大值，是系统成功请求中的最长响应时间，反映长尾恶化情况。

（2）并发用户数

并发是指同一时刻做同一件事情，强调对系统的请求操作是完全相同的。对大型系统而言，并发也指多用户对系统发出不同的请求，不限制对系统的请求操作。

并发用户数反映了系统的并发处理能力，指同一时刻做同一件事情的人数。并发数是指同一时刻系统支持的请求数。

并发用户数与业务指标的 UV 对应，并发数与业务指标的 PV 对应。UV 即 Unique Visitor，独立访客。PV 即 Page View，浏览量或点击量。

比如，同时在线人数有 100 人，访问请求量为 1000，则 UV 为 100 人，PV 为 1000，此时系统支持的并发用户数为 100 人，并发数为 1000。

（3）吞吐量

吞吐量是指系统在每单位时间内能处理多少个事务、请求等。吞吐量的大小由负载（如用户数量）或行为方式来决定。

吞吐量的定义比较灵活，在不同的场景下有不同的诠释。比如，数据库的吞吐量指的是单位时间内 SQL 语句的执行数量，而网络的吞吐量指的是单位时间内在网络上传输的数据流量。

常用吞吐量指标有 TPS、RPS、QPS、HPS、IOPS。

❖ TPS：Transaction Per Second，每秒处理的事务数量。

❖ RPS：Request Per Second，每秒执行的请求数量。

❖ QPS：Query Per Second，每秒执行的查询请求数量。

❖ HPS：Hit Per Second，每秒的点击量。

❖ IOPS：I/O Per Second，每秒处理的 IO 操作。

吞吐量指标可以体现系统处理能力的稳定性。比如，观察 TPS 的表现轨迹和标准差，TPS 有明显的大幅度波动时，说明系统不稳定，可能存在性能瓶颈；TPS 标准差越小，说明波动越小，系统越稳定，标准差越大，说明波动越大，系统越不稳定。

（4）成功率

成功率反映了系统处理能力的正确性，指一段时间内成功请求数在总请求数的占比。

$$成功率 = 成功的请求数/总请求数 \times 100\%$$

对成功请求的判断非常严格，除了正常拿到请求返回，也需要校验返回内容。

常见的失败原因如下：

❖ 服务器存在错误信息，包含应用服务器、数据库服务器、代理服务器等。

❖ 请求响应码没有返回 200，缺少数据、字段或者期望的结果。

❖ 得到的响应数据中包含 Error 或者 Exception 字段，或者不是期望的结果。

2．性能测试过程

性能测试过程分为测试需求分析、测试计划、测试准备、测试分析、测试总结。

（1）测试需求分析

从业务、系统、架构等层面分析需求，为制定测试计划做准备。

① 性能测试目标

从业务层面确定响应时间要求：核心业务操作在一定的压力下或者并发一定的用户下，响应时间是多少，是否符合用户要求或预期。

从系统层面分析容量规划：线上应用部署是否能支撑目标用户群体。

在未来产品战略周期：预计增长的目标用户数，系统是否能支撑扩容达成。

② 性能测试方案

了解产品架构、业务类型、数据规模等，设计性能测试方案。

性能测试方案主要覆盖的用例点，需要根据产品架构、业务类型进行设计，尽可能覆盖核心业务，尽可能覆盖系统架构中的核心模块。

业务的抽取除了基于产品设计文档，也可以根据线上日志统计获取，如抽取请求量前 20% 的业务或接口进行覆盖。但只抽取这些不一定够，还需要根据具体的业务重要程度进行补充。

针对抽取出的性能测试点，在测试执行上通常会采取先进行单场景测试，然后组合场景测试，最后为整个产品建立测试模型，进行整体性能评估。

单场景测试，是指针对单个性能测试点，如测试接口或业务，构建一个性能测试场景进行一系列性能测试过程。单场景测试适用于发现单个核心业务或接口的性能拐点、瓶颈点，提早发现单场景情况下隐藏的性能问题，及早解决。

组合场景测试是针对具有一定先后顺序或逻辑关系的业务进行特定场景的覆盖。

通常情况下，系统的业务逻辑是比较复杂的，业务和业务之间存在先后顺序或某种关系，或串行或并行，此时用组合场景测试。

线上系统的用户类型、操作分布、请求到达率都是实时变动的，如果进行精确的建模，将是一个非常复杂且困难的事情。因此，我们用混合场景去对系统进行特定切面的覆盖。基于线上用户操作进行数据统计，为被测系统建立测试模型，接近真实的来模拟线上实际情况。混合场景往往能暴露更多应用层、数据库层的性能问题或风险。

（2）测试计划

测试计划包括被测系统说明、测试目标、测试内容，并确定性能测试工具选型、性能测试环境部署、性能测试标准、测试过程评价标准、进度安排等。

① 性能通过标准

性能测试计划必须制定明确的性能测试通过标准，是指导性能测试什么时候结束、是否能通过的准则。如果没有明确的标准，那么性能测试什么时候终止、是否满足预期是不明确的，会导致一些无用功，而且进度会不可控制。

性能测试通过标准是需要根据经验并与产品方相互沟通约定的结果，不是一个或几个指标决定的。通过标准和测试目标相结合，根据事实数据作为支撑，并需要取得大家一致认可，共同遵守的。

通常，性能测试通过标准的制定可以有 4 种来源。

<1> 竞品数据。参考同类产品发布的性能数据，或者经过基准测试出的数据，作为自己产品的性能通过标准参考，是比较常见的做法。

<2> 线上数据统计。对于已上线产品，我们可以统计该产品的线上性能数据，包括吞吐量、响应时间、并发用户数等，作为线下性能测试的通过标准。当然，需要有一定的加权，加权值需要根据不同类型的产品进行具体制定。加权至少满足线上峰值的 20%～30%。

<3> 性能基线管理。性能基线的管理和维护是产品性能测试是否通过的参考标准。针对功能相对稳定的产品，抽取性能回归用例，并进行性能基准测试，维护性能基线变化，这样每

次版本迭代都以基线为依据，衡量性能变化情况。通常会允许一定的波动，但是波动需要有具体产品的波动模型，如向下波动不超过 5%，如果超过，就说明性能下降不可接受，有性能风险。

<4> 性能预估。针对未上线产品且没有一些竞品可参考的情况，只能通过非精确预估的方式来确定性能通过标准。预估需要产品方的支撑，对产品上线后的预估，如注册用户数、典型业务的 PV 数、响应时间等。然后使用典型产品的预估方式，计算最大并发用户数，根据 80/20 原则计算最大吞吐量等。对响应时间的要求可以参考已有经验制定的通过标准。

总之，通过标准是需要根据经验不断积累总结的，是有章可循的。另外，标准也不是一成不变的，需要根据具体的产品或情况进行具体考虑。最重要的是，标准制定要有真实的数据支撑或理论支撑。

② 测试过程评价标准

测试过程评价标准包括如下。

<1> 测试准入标准

❖ 评审性能测试需求，审阅相关文档，如开发工程师提交性能测试文档、文档齐备且无影响测试进行的问题。

❖ 服务器代码版本稳定，且开发工程师内部测试后无严重阻碍测试进行的问题。

❖ 测试环境相关资源已到位，包括软件和硬件资源等。

❖ 测试计划编写完成且评审通过。

❖ 测试用例完备且评审通过。

<2> 测试准出标准

❖ 按测试计划完成所有测试内容；或部分计划内容因某些原因未完成，需说明原因，且经过三方确认，一致通过后方可结束。

❖ 被测产品满足预期性能指标；或被测产品不满足预期性能指标，但性能指标在可接受的范围内，且经过三方确认，一致通过后方可结束。

❖ 被测产品不存在性能瓶颈等；或被测产品存在性能瓶颈，但影响较小，暂时没有调优空间，且经过三方确认，一致通过后方可结束。

进度安排需要详细说明性能测试中的各环节要完成的测试内容和结果，以及花费的工时（人/天）预估。时间安排要有一定的缓冲，考虑到性能测试过程中一些问题定位分析的代价会比较大。

进度安排要有明确的测试阶段、各测试阶段的时间节点，合理控制进度，保障整个测试过程不会因为某些原因产生较大的进度风险，或质量风险。

进度安排包括测试阶段、测试内容、测试人员、进度负责人、时间安排等，也可以进一步细化。

（3）测试准备

测试准备主要包括测试环境准备、测试工具和测试脚本准备、测试数据准备、测试监控准备等工作。

① 测试环境

测试环境准备是性能测试中的一个重要环节，测试结果数据是否准确，是否有效往往受到环境的较大影响，包括硬件环境、软件环境、环境配置、网络状况等。在性能测试环境部署时要尽可能要求与真实的环境一致。

线上的服务往往是一个集群,如何更真实的模拟呢? 我们通常搭建一套线上环境的最小集环境,根据线上环境配置的比例进行模拟,或者测试单节点的性能、单台机器的性能进行模拟,然后根据一定的权值进行计算。

对测试环境的要求如下:

❖ 硬件配置,尽量与线上服务器硬件配置一致,如果不一致,也需要同等比例缩小。

❖ 软件配置,包括操作系统、依赖的系统环境配置(如 TCP 参数)等,必须与线上配置一致。

❖ 服务配置,必须与线上环境一致,如 Tomcat、Nginx、Java App 的一些参数配置等。

❖ 性能测试环境要求稳定,可重复使用。在整个性能测试过程中不要出现环境的变动,如更换服务器(除非有性能对比需求)或者升级操作系统等。保证整个测试过程中的数据是有对比性的。

❖ 网络环境,部署服务的各服务器要尽量在同一个网络环境下,不要出现同一服务的不同服务器网络跨地区等,否则受到网络状况的影响会导致数据失真。

② 测试工具

准备过程中需要进行测试工具选型,并完成相应的测试脚本。测试工具的选型要根据不同被测服务的特性、不同协议进行选择。

常规的选型建议如下:

❖ 对于单场景,HTTP 协议,可以选择 Web 性能测试工具 Apache ab、Http load、Siege、Webbench 等工具,优点是轻量级,容易上手,缺点是不能模拟较为复杂的测试场景。

❖ 对于组合场景或复杂场景,HTTP/HTTPS/SMTP/POP3 等协议,可以选择 LoadRunner、Jmeter、Grinder 等工具。

❖ 在工具的选择上要注意工具本身不要成为性能瓶颈,否则只能通过增加测试客户端的数量来保证测试的正确性。

③ 测试脚本

测试脚本与选择的测试工具相关,但需要注意:

❖ 合理设置思考时间 Think Time。从业务角度,这个时间指用户进行操作时每个请求之间的时间间隔,而在性能测试时,为了模拟这样的时间间隔,引入思考时间的概念,来更加真实的模拟用户操作。

❖ 设置检查点。检查点的作用是保证测试的正确性,在统计性能测试指标 TPS 时关注的是服务端正确处理的请求数,如果结果返回值出错了,那么表示服务端存在性能问题,测试结果 TPS 并不能真正表示服务端的处理能力。

④ 测试数据

测试数据包括参数化数据和业务数据。

参数化数据通常使用预先在数据库中激活生成。生成的数量级应与性能预估的数量级一致。

业务数据推荐从镜像库中导入真实数据,可以避免人为生成数据的麻烦。但是导入数据最大的缺点是垃圾数据会比较多,要注意数据的质量和数量。

(4)测试分析

测试分析是根据测试数据去判断被测服务是否存在性能问题、性能瓶颈,并对这些问题进行定位、跟踪、解决，提高产品性能。

① 测试分析标准

判断被测服务是否存在并发问题。在性能测试过程中，是否出错、错误返回、拒绝服务、长时间无反应、服务超时等情况。若出现，则说明服务在并发测试下存在 Bug。

判断被测服务是否存在性能瓶颈。根据木桶原理，某方面的资源会成为短板，进而暴露性能瓶颈点。权衡性能瓶颈点的影响范围，是否有调优的必要性，调优后被测服务整体性能的提升指标等。

判断被测服务是否满足预期。如果满足预期，那么测试通过。如果不满足预期，那么找出性能瓶颈点，并定位、分析、调优、回归。如果在软件上无法达到预期指标，那么在硬件上说明需要什么样的硬件部署才能满足预期性能指标。

② 测试分析范围

分析范围主要围绕几方面的数据：业务性能指标，资源使用情况，被测服务日志，其他第三方工具监控数据，Nginx、Tomcat 等日志或监控数据。

分析服务日志：分析被测服务的日志，包括被测服务所依赖的底层服务，如数据库、缓存等。根据业务进行判断，是否有重复调用、底层返回失败等；日志是否存在异常比较容易判断，但是日志数据是否存在异常比较难判断，需要充分了解被测服务的实现机制、工作原理、调用关系等。

如果存在错误或异常，就可能存在性能类 Bug，需与相关开发人员一起定位解决。

分析业务指标：包括吞吐量 TPS、响应时间、失败率、错误率等。

❖ 关注 TPS 和响应时间的波动。一类是 TPS 波动幅度较大，不稳定，如 TPS 缓慢上升、TPS 上升后骤降、TPS 缓慢下降，或者是有规律的波动或者无规律的波动。这些情况都说明存在性能问题。需要进行定位和解决。另一类是 TPS 波动比较平稳。如果在稳定性测试中始终保持波动不明显，就说明被测服务比较平稳。如果波动区间比较大，也可能存在性能瓶颈。

❖ 关注响应时间。对响应时间的分析要充分了解平均响应时间、50%响应时间、90%响应时间、标准差等数值。这些数值比较有说明意义。标准差越小越好，标准差较大，说明响应时间的波动较大，被测服务可能不够稳定。如果平均响应时间满足预期但 70%的响应时间超过预期，就说明 30%的用户请求是超出预期的，在某些情况下也是不可接受的。

❖ 关注失败率和错误率。在高并发下，服务处理失败，也可能是被测服务器负载较高出现超时、重试、服务无法响应等错误情况。失败率和错误率都要在可接受范围之内。

分析资源情况：分析被测服务器的 CPU、内存、磁盘 I/O、网络等资源使用率、变化趋势图等，是否存在异常情况。

❖ 关注 CPU 使用率。CPU 使用率大于 50%，说明负载较高；大于 70%，说明满负荷；大于 90%，说明超负荷，可能无法服务。

❖ 关注内存使用率。若内存使用率线性增长趋势，则有可能存在性能问题，最典型的是内存泄漏问题，也可能是代码实现问题。

❖ 关注磁盘 I/O。使用 iostat、vmstat、iotop 等监控磁盘 I/O 使用情况。磁盘 I/O 性能指标包括每秒 I/O 数（IOPS/TPS）、每秒读写数据量（MBps）、磁盘活动时间百分比%util

等。通常，%util 大于 90% 以上，磁盘 I/O 压力很大，基本是满负荷。当然，也要综合考虑其他指标，如服务时间（Service Time）、I/O 等待队列长度等。

❖ 关注网络使用率。通过 sar、netstat 等工具关注网络 I/O 情况，包括网络带宽、网络带宽占用率、网络延迟、丢包率、错误率等。通常，非网络性能测试的情况关注网络带宽占用率不高于 90%，高于 90% 时，网络负载很高，会出现较大的网络延迟、服务响应慢，或无响应等情况。特别要关注 TCP 连接数、连接状态，可以通过 netstat 观察是否有 TCP 连接数过多，可以优化为连接复用、连接池等；是否有大量异常状态的连接，可能存在连接未关闭等情况。

总之，在测试分析过程中要关注测试环节中的各项指标，基于数据进行分析，以小看大、由表及里地看待问题。

（5）测试总结

性能测试完成后要进行全面数据分析、整理和总结，汇总一份性能测试报告。

测试报告需要注意如下：

❖ 明确性能测试是否通过。是否达到预期测试目标。

❖ 测试通过，则从资源角度、业务角度等方面描述测试结果。

❖ 测试通过但存在一定的风险，则需要强调和指出性能风险，尽量给出风险规避建议。

❖ 测试未通过，说明测试未通过的原因及解决建议。

❖ 若整个性能测试过程中有性能调优、配置调优、系统调整等，则需要给出分析和说明。

总之，测试报告要突出性能测试目标是否达到、性能测试结果、风险点等。

3．性能测试类型

根据测试目标、加压方式、关注指标、测试注意点，测试类型可以分为性能指标测试、负载测试、压力测试、容量测试。

（1）性能指标测试

① 性能指标测试目标

性能指标测试是以性能指标预期为前提，对系统进行施压，验证系统在无资源瓶颈的情况下是否能达到预期目标。按照上面的描述可知，性能指标测试至少可以实现两个目的：

❖ 验证系统的性能是否达到了预期指标，如果达到预期，测试就结束。

❖ 在系统施压过程中，如果性能表现未达到预期，就可以通过记录资源使用状态、系统表现等数据，为性能调优提供支撑。

除此之外，性能指标测试还可以应用在其他场合：

❖ 基准值测试。通过对当前产品的性能测试，确定产品具体的性能指标，建立性能指标基准。基准值可以作为新版本发布的性能参考（在新版本中，性能指标要求只升不降）或与竞争对手产品比较的参考。

❖ 容量规划测试。通过不断测试，确定所需的硬件配置（内存、CPU、网络等）、软件配置，以满足性能指标要求。这种测试对于软件系统的部署非常有意义，也可以进一步了解硬件参数、软件参数对系统性能的影响程度，从而保证系统具有很好的扩充性或事先制定较好的系统增容计划。

性能指标测试需要确定系统的性能指标。性能指标一般应在产品需求文档中有明确定义，

有 3 种形式描述软件系统的性能指标:

❖ 给出产品性能的主要指标,常用的指标有吞吐率(每秒事务数)和响应时间指标,通常用"系统每秒处理事务数不低于 XX 秒"和"响应时间不大于 XX 秒"等来表述(如在 10 万条记录中查询一个特定数据的时间小于 0.5 秒),它们是测试或优化终止的条件。描述性能指标时,有时需要附加上资源条件,如"CPU 利用率不超过 70%"。

❖ 以某个已发布的版本为基线,如比上一个版本的性能提高 30%~50%。

❖ 与竞争对手的同类产品比较。

② 加压方式

系统负载可以通过修改并发用户数来调整,并发用户数越高,系统承受的负载越大。根据测试场景,设计每个虚拟用户所执行的操作序列,通过改变同时执行操作的用户数量,可以达到向系统施加不同负载的目的。

除了并发用户数,还可以通过调整思考时间达到调整压力的目的。思考时间是用户执行两次操作之间的间隔时间,思考时间越小,对系统的压力越大。

根据加压策略的不同,性能测试的加压方式主要包括:

❖ 稳定压力加载,一次性将负载加到某个水平,持续一段时间,也称为"flat"测试。

❖ 逐渐加载或交替加载到某个负载水平,也称为"ramp-up"测试。

❖ 峰谷测试,确定从系统高峰时间的负载转为几乎空闲、再攀升到高负载这样峰值交替情况下的系统性能状态/指标,兼有容量测试的特点或属于容量测试的一部分。

③ 关注的指标

性能指标测试需要获得一定特定条件下(如 100、200、500、1000 个实时的连接)的系统占用资源(CPU、内存等)数据或系统行为表现,还要依靠测试工具或软件系统记录下这些指标变化的数据结果。

例如,如果对一个 B/S 结构的网络实时在线培训系统软件进行测试,系统性能焦点是在不同数量的并发连接下,服务器的 CPU、内存占用率、客户端的响应时间等。

除此之外,还可以测试 TCP、HTTPS 等不同连接方式下的数据来进行比较,可以清楚知道系统的性能状况,以及什么样的条件下系统性能达到最佳状况、什么地方是性能瓶颈。

④ 测试注意点

测试过程中,并发连接的不断增加在系统性能上的表现会越来越明显。在系统性能测试的加载过程中,每到一个测试点,就必须让系统平稳运行一段时间后再获取数据,以消除不同测试点的相互影响。所以,尽量模拟不同的加载方式来进行系统的性能测试。

性能指标测试要求测试环境应尽量与产品运行环境保持一致,应单独运行,尽量避免与其他软件同时使用。

(2)负载测试

① 测试目标

负载测试是在一定测试环境和测试场景下,通过不断增加系统负载,直到性能指标(如响应时间)超过预期指标或者某项计算资源(如 CPU、内存等)达到饱和状态,从而确定系统在各种工作负载下的性能容量、处理能力和持续正常运行的能力。这种测试方法主要可以实现如下目的:

❖ 确保系统在超出最大预期性能指标的情况下仍能正常运行,系统具有在高负载下持续正常运行的能力。

❖ 可以评估出系统处理能力的极限，为系统的扩容计划提供强有力的依据。因此，负载测试也可以作为性能规划测试的一种手段。

❖ 系统在高负载下，更容易暴露出潜在的性能缺陷，负载测试可以为性能调优提供数据。

② 加压方式

负载测试主要使用 ramp-up 加压方式。由于负载测试所需的压力比性能测试更高，通常可以选择一个较大的压力作为初始压力。如果已完成性能测试，就可以直接从达到预期性能指标的压力开始施压，逐步加压，直到性能指标超过预期指标或者某项计算资源达到饱和状态。

③ 关注的指标

与性能指标测试一样，负载测试在加压过程中也需要关注并记录系统的各项资源指标（CPU、内存、磁盘 I/O 等），以及系统的性能指标（客户端的响应时间、TPS 等）。通过记录和比较不同负载下资源指标和性能指标的变化趋势，评估系统处理能力的上限，并为性能调优提供参考。

❖ 由于系统在高负载下极有可能出现各类异常状态，负载测试还需要重点关注系统日志（包括正常业务日志和错误日志）、观察和校验客户端的返回值，以确定系统仍处于正常的运行状态。需要强调的是，错误率也是一个非常重要的性能指标，任何产品对错误率都有容忍上限。

❖ 高负载下，除了前面提到的 CPU、内存等大家熟知的系统资源指标，还需要重点关注 TCP 连接数、文件句柄数、线程数等相对"冷门"的指标。有些性能缺陷，如句柄泄露等，往往在系统压力不大时隐藏得很好，但是在高负载下就会暴露。

④ 测试注意点

高负载下服务器很可能出现异常，注意检查服务端日志（可以借助关键字实时监控或者离线的日志分析手段），同时在测试脚本中必须有完善的正确性校验环节。

随着并发用户数的增加，测试机（运行测试脚本产生压力的机器）的性能可能先达到瓶颈，因此需要监控测试机的资源使用状态、检查脚本日志。如有瓶颈，需要通过测试代码调优或者增加测试机等手段解除，以免产生不了足够的压力，影响测试执行。

（3）压力测试

① 测试目标

压力测试是确定在什么负载条件下系统性能处于失效状态，找出因资源不足或者资源争用的错误，通过确定一个系统的瓶颈或者不能接受的性能点，来获得系统能提供的最大服务级别的测试。对于有过载保护和服务降级的系统，压力测试可以检测系统在过载下是否按照设计对系统进行保护，如拒绝部分请求后，核心的业务服务能否正常运行，系统的表现是否符合预期。

② 加压方式

加压方式可以分为两种：被动受压和主动加压。被动受压主要通过增加并发用户数等手段达到增加负载的目的，使负载超过系统的临界值，被测系统处于一种被动受压的状态。有时单纯的增加并发达不到系统的临界值，或者测试客户端的性能受限导致无法达到临界值，这时就需要采用主动加压的方式。主动加压是指通过人为限制资源数量和大小，使被测系统出现资源争用的状态，如修改连接池的大小、有界队列的大小，限制进程的内存和 CPU 资源等。

③ 关注的指标

压力测试过程中需要关注以下性能指标：

❖ 系统并发、TPS、各类资源的使用情况。通过响应时间和 TPS 来判断系统是否已经临界点，通过资源的监控判断系统是否处于资源争用的状态。

❖ 系统的错误率，系统的日志是否有错误，系统是否已经失效或者出现故障，对于有过载保护的系统，出现过载后系统的表现是否符合预期。

❖ 若系统出现了故障，如宕机或者进程挂掉，是否保存了出故障的状态，如 dump 文件、core 文件等。

④ 测试注意点

压力测试需要先明确系统的瓶颈、系统性能的临界点。采取合适的加压方式，主动加压或者被动受压，使系统出现资源争用的状态。

压力测试过程关注系统的整体状态，关注过载保护和服务降级是否有效。

（4）容量测试

① 测试目标

一般，容量测试和容量规划紧密联系，是为了评估在当前软/硬件条件下，系统能承受的最大容量，得到容量最大值，当线上实际容量变化时，指导其进行集群扩容或缩减。

在这样的目标下，我们最好选择线上真实环境进行测试，否则由于软/硬件的差异会造成较大的偏差，不利于进行后续规划。

容量测试的目标还包括发现系统的性能瓶颈，进行迭代测试和优化。

② 加压方式

一般，我们以线上目标服务的单位节点为测试对象，测试其容量，再根据线性扩展的假设评估系统整个集群的容量。

由于是在线上真实环境进行测试，整体上采用梯度加压的方式，当服务指标或者安全指标达到预先设定的阈值后停止压测，并把此时容量指标对应的数值作为该服务单位节点的容量。

线上测试的流量可以是模拟流量，也可以采用真实流量。

若采用模拟方式，需要对线上流量进行分析和统计，建立压力模型，能够方便地把压力施加到一个节点，但缺点是不够真实。

当采用真实流量时，通过人为增大分流到目标机器的流量比例来到达测试目的。改变流量比例的方式是把线上真实流量缓慢导到一个节点上，压力完全真实，但受限于线上整体流量。

这两种方式各有优缺点，需要根据应用的业务规模和测试需求进行选择。

③ 关注的指标

容量指标：通过该指标衡量系统的容量，一般为 TPS，存储类产品可以选择网络吞吐量作为容量指标。

服务指标：目标应用对外服务的关键指标，包括业务、资源、应用指标等，如响应时间、进程 CPU 利用率、进程内繁忙的线程数、GC 指标。

安全指标：主要针对系统中压测路径上的非目标应用的资源指标进行设置，包括 CPU、内存、磁盘和网络。

④ 测试注意点

实时监控是线上容量测试时必不可少的一环，有了全面的监控体系，使系统健康状况完整的展现，我们才有底气对线上真实环境进行加压，否则造成线上故障，对用户和应用都会造成极大的损害。

应急预案是在线上压测出现异常情况时所采取的规避风险的措施。当压力增大时，我们无法完全预期系统的行为，故应急预案并不是可有可无的。

当出现紧急情况时，我们首先要做的是切断人为加入的测试压力，如果采用的是修改线上负载均衡系数，在系统中并无人为压力时，要把压力恢复到正常状态。

当压力恢复正常后，如果某些服务器还是无法恢复正常，就必须采用下线、启用备机、重启异常节点、重新上线的流程。

最后对所出现的异常情况进行分析，找出事件的原因并定位系统中存在的相关问题。

5.1.8 兼容性测试

1．兼容性测试介绍

兼容性测试是指在不同的硬件平台、不同的操作系统等使用前提下，软件能否良好支持用户操作的相关测试。针对用户在不同终端上的使用情况，企业会相应提供不同的终端产品。常见需要开展兼容性测试的终端产品包含：Web 网页、HTML5 页面（简称 H5 页面）、Android 终端和 iOS 终端。虽然终端类型多种多样，但其核心的兼容性测试方案大同小异。常见的兼容性测试方案需从以下几个方向进行开展：屏幕尺寸与分辨率测试、操作系统兼容性测试、应用设备兼容性测试、浏览器兼容性测试。

（1）屏幕尺寸与分辨率测试

因市场上手机屏幕分辨率不一、计算机屏幕尺寸不同，无法确认用户可能的使用设备。需预先对用户可能访问的设备进行梳理，提前模拟用户行为访问界面，并查看不同设备尺寸下的界面展示是否正常，用户行为是否能够继续。在对 Web 页面进行兼容性测试过程中，需要考虑常见的台式机和笔记本的尺寸分辨率，以及潜在的可能通过人为调节的浏览器缩放的比例等情况。在对移动端应用和 H5 页面进行兼容性测试过程中，需要考虑常见移动设备的不同尺寸分辨率和不同的硬件情况，包括"刘海屏""曲面屏""屏上指纹"等特殊屏幕。在此类测试过程中，常常遇到 UI 展示型缺陷（如预期在页面顶部中间位置展示的组件，跟随分辨率的变化后，变为在页面右侧展示，造成重叠展示）、功能型缺陷（如预期点击按钮唤起浮层的功能，在某些分辨率和屏幕尺寸的情况下，点击按钮没有任何反应）等问题。

（2）操作系统兼容性测试

随着 Android、iOS 系统版本的持续迭代，用户的可选择性更新范围为 Android 4.0～13.0、iOS 9～16。截至 2022 年 2 月，参考 Android Studio 对国外安卓的存量版本统计：31%的用户设备操作系统低于安卓 9.0 及其以上版本，iOS 系统低版本的使用人数较少。App Store 公开数据显示：iOS 15 使用用户占 72%，iOS 14 的占 26%，仅有 2%的用户使用 iOS 其他版本。操作系统的版本迭代更新，容易出现开发人员用了新系统才支持的方法，老系统无任何响应，甚至引发应用崩溃的现象。因此为了保证用户体验，测试人员需对高市场使用率的系统版本进行兼容性测试，开发人员需向下兼容，解决版本相关的问题。

（3）应用设备兼容性测试

设备兼容性测试需要保障应用在不同设备上的表现。例如，Web 应用需要测试网页在 Windows、Mac 的不同表现，HTML5 应用、Android 应用和 iOS 应用则需要覆盖当前市场上的主流设备，测试其在主流设备上的功能表现。Android 设备常见的兼容性更多因为国内大部分厂商会定制自己的 ROM，如小米的 MIUI、华为的 EMUI 等，这些 ROM 和 Android 的原生 ROM 存有差异，且具有一些品牌特性，造成开发测试人员需要兼容不同的厂商手机特性，来保障功能。iOS 系统的设备兼容性，则更多来自屏幕尺寸分辨率和系统版本。

（4）浏览器兼容性测试

浏览器兼容性测试的核心在于浏览器内核，不同的浏览器内核对网页的语法解释不同，故测试人员需针对不同内核的浏览器进行兼容性测试。常见的浏览器内核包括 Edge 浏览器内核、Chrome 浏览器内核、Safari 浏览器内核、Firefox 浏览器内核。除了内核，如有较大变动的内核版本同样需纳入测试。例如，在 Web 页面测试过程中，针对浏览器兼容性测试，测试人员可能选择 Chrome、Firefox、Safari、Edge 等浏览器进行测试。又如，测试人员在 IE、Chrome 上测试没发现问题，则采用 IE+Chrome 双内核的 QQ 浏览器，可以认为不会产生浏览器兼容性问题。

从上述兼容性考虑条件分析，进行兼容性测试在理论上应尽量多的覆盖市场上现存设备、操作系统以及浏览器和各种类型的应用。面对大量的测试机器，兼容性测试的工作不会轻松。因为纯手工的兼容性测试意味着测试人员需要付出大量的时间在不同的机器上进行简单重复度高的验证，所以为了给测试流程提速、降低测试过程中的时间成本和人力成本，自动化兼容性测试的工作协作具有一定的必要性。

2．兼容性自动化测试方法

兼容性自动化测试的流程主要包括兼容性机型的选择和兼容性测试步骤的设计。关于兼容性支持情况，在 DevOps 敏捷开发模式中也常常是需求的一部分。通过对项目既有市场的分析，技术和产品相互沟通，要求最低使用的系统版本，甚至要求仅限某些浏览器上使用。例如，经常见到 H5 相关的活动页面，用户通过非移动端打开 H5 页面时，页面会自动跳转到特定二维码页面，提示用户通过移动端扫码打开。或者在页面打开和下载某应用时，出现当前设备不支持、当前操作系统不支持、当前浏览器不支持、仅限某些浏览器打开等提示，通过限制低版本系统的访问，减少了兼容性相关的维护成本，更快、更好地保障了产品的快速迭代和可用性。

对于具体兼容性机器的选择，企业级项目在进行兼容性测试过程中，一般会至少保障产品大部分的用户使用机型或者市场占有率较高的机型的覆盖。选择机型后，按照用户常见的设备配置进行操作，操作通常包括重置机器的操作系统、安装指定应用或者浏览器。实际上，总体执行兼容性测试的设备池的数量并不会特别多，对市场上现存大部分应用来讲，往往几十台移动设备、几台 PC 设备即可轻松覆盖。大量机器需要进行统一的自动管理，也就是通过机器池的功能实现。机器池需要支持在线的调试、持久的供电、稳定的数据传输口、稳定的网络支撑，甚至需要考虑环境温度等。

自动化测试验证步骤设计方案可以分为全自动化兼容性测试、半自动化兼容性测试两种。

全自动化兼容性测试不需人工，自动检查页面是否有兼容性问题，主要通过模拟用户的行为操作，智能判断操作后的页面是否有兼容性问题，如图 5-19 所示。模拟用户操作可通过自动遍历待检测页面或者应用上所有可点击的组件并实施点击。智能判断页面是否正常，可通过点击行为后自动对页面进行截图，并将设备截图上报服务端。服务端通过算法判断设备图片是否存在文字重叠、分析不同设备的截图间相似度、分析设备截图与白图等错误存档图间的相似度等，并将检测后的结果产出自动化兼容性报告发送给触发检测的人员。

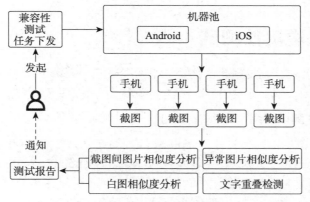

图 5-19 全自动化兼容性测试流程

可惜的是，目前市场上的全自动化兼容性测试仅支持简单交互的页面，对于复杂页面不能提供太大的帮助。一方面，由于智能点击后的图片识别的智能算法和异常图片相似度对比等检测方案存在一定的误差，并不能召回界面展示类的兼容性缺陷；另一方面，一些隐藏较深的兼容性缺陷，需要结合用户复杂操作的行为或特定的元素点击顺序才能发现。这就需要用户介入半自动化兼容性测试，根据需求人工定制编辑测试脚本，覆盖需求核心场景。人工编辑脚本即使面对复杂的交互场景，也能够深入测试细节发现更深层次的兼容性问题。开发人员编辑测试脚本与用户界面自动化流程的测试脚本相似，可通过已有开源平台提供的封装好的脚本或自动化测试平台辅助编辑，为降低自动化脚本运维成本，可用自然语言编写脚本，如图 5-20所示。测试脚本编辑完成后，可提交给机器池进行批量执行和结果上报，完成兼容性测试的自动化流程。

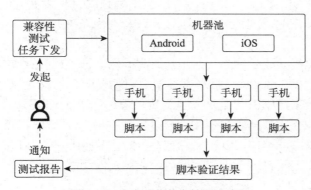

图 5-20 半自动化兼容性测试流程

在 DevOps 敏捷开发模式中，需根据项目的实际情况，采用不同的兼容性测试手段。比较而言，当项目需求简单、开发排期紧张时，全自动化兼容性测试不需人工介入，支持快速产出结论，是持续集成（CI）测试流程中常见的配置。如项目排期宽裕，可采用第二种半自动化兼容性测试方案，测试人员针对业务编辑兼容性测试脚本到机器池进行批量测试，可以更具重点性，更深入地发现一些兼容性问题。

5.1.9　客户端稳定性测试

客户端质量不仅要关注功能逻辑，也要关注用户在使用应用过程中的稳定性，不会因为崩溃或无响应而无法使用。本节主要介绍的是客户端稳定性测试及其原理、方法和探索方向。

1．客户端稳定性测试介绍

客户端稳定性是指手机上的应用（Application，简称 App）可以长时间正常使用，不会或者很少出现崩溃（Crash）或无响应（Application Not Responding，ANR）。

不同于服务器关注多用户并发压力，客户端稳定性测试是在手机上模拟单用户连续操作 App，通过几小时以上长时间运行，观察 App 是否出现崩溃或无响应，记录出现的次数、出现的频率，优化解决进而减少 App 上线后的稳定性问题。

稳定性是衡量 App 质量的重要指标之一。如果 App 在使用过程中容易崩溃或无响应，就会阻塞用户连续使用，给用户的体验极差，甚至造成大量的用户流失影响产品发展。除了功能测试、兼容性测试、回归测试等常规测试，稳定性测试已经成为 App 版本测试的必要测试类型，可以有效预防线上稳定性问题。

2．客户端稳定性测试方法

在 App 使用过程中出现崩溃或者无响应问题的常见原因为：
① 内存泄漏、内存溢出、手机可用内存过低。
② 代码逻辑错误，如空指针、堆栈溢出、数组越界等。
③ CPU 被其他进程占用，频繁读写操作、大量耗时访问。
④ 线程使用不当，主线程被锁、其他线程阻塞主线程。

稳定性问题分为必现、偶现，一般情况下，在常规测试时能够发现大部分必现崩溃或无响应，而偶现问题没有非常明确的特定操作路径，或者与性能有关（如内存、CPU），需要长时间操作才能触发。

不知道哪些操作路径会导致崩溃，人工长时间操作 App 来测试稳定性，成本太大，转而使用自动化随机测试，也叫 monkey 测试（猴子测试，像猴子在计算机前乱按乱点键盘在测试），通过自动化向手机系统发送随机的操作事件，如按键输入、触摸屏输入、手势输入等来模拟用户的按键、触摸屏幕、上下左右滑动不同操作，能自主操作 App，随机点击界面的任意元素进入页面，层层深入，长时间操作，以达到稳定性压测，节省测试人力和时间。基于这个原理，我们需要支持随机测试的工具或者脚本完成自动化稳定性测试。

下面针对 Android 客户端、iOS 客户端来分别介绍测试方法。

（1）Android 客户端稳定性测试

Android 客户端可以使用稳定性测试工具 Maxim[8]。谷歌公司提供了原生的随机测试工具 monkey，是 Android 系统自带的程序，可以自动随机点击手机屏幕，用来测试 App 稳定性。Maxim 是基于 monkey 工具的二次开发，兼容多个 Android 版本，支持 Android 5～11 真机及模拟器；可自定义 App 页面 activity 黑白名单和执行时长；支持多种随机模式，除了保留原始的 monkey 工具中的随机测试模式，还支持 monkey +控件识别随机测试、深度遍历测试、按照控件优先级进行遍历测试；支持图形化界面直观操作。

Android 客户端稳定性测试不需要植入 App 代码，且更加智能、方便。通过官方文档 Maxim

Github 地址下载项目，把其中的 monkey.jar、framework.jar 包推送到手机，执行测试命令即可。PC 端与 Android 手机进行交互需要 ADB（Android Debug Bridge）工具，是连接 Android 手机与 PC 端的桥梁，可以管理、操作模拟器和设备，如图 5-21 所示。

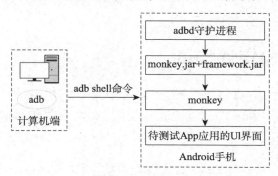

图 5-21　Android 端随机测试工作原理

（2）iOS 客户端稳定性测试

iOS 端可以使用稳定性测试工具 sjk_swiftmonkey[9]来测试。苹果公司没有提供原生的随机测试工具，sjk_swiftmonkey 是基于 swiftmonkey 的二次开发。原先 swiftmonkey 是用 Swift 语言编写的，基于 XCTest 测试框架，调用 iOS 系统私有 API 接口不断生成随机事件，类似 Android 的 monkey 测试，自动随机点击手机屏幕来测试 App 稳定性。后来，苹果公司关闭了私有 API 接口，sjk_swiftmonkey 把原来调用的苹果公司的私有 API 接口换成 XCTest 的 API 接口，支持 Xcode 11 和 iOS 13 及以上，无需植入 App 代码，配置好环境，修改 bundleID 就能运行，可以稳定、方便地执行稳定性测试。

（3）客户端稳定性监控

线下通过自动化随机测试稳定性，到了线上，大量用户使用后，稳定性到底如何呢？这就需要进行线上稳定性监控。

大量用户使用产生的崩溃信息非常多，为了监控线上稳定性，App 一般会接入 crash 插件，自动收集 crash 信息，同时上报给稳定性监控平台。比如，谷歌公司提供的 Firebase 平台，在 App 接入 Crashlytics 插件后可实时收集日志到 Firebase 平台上展示。稳定性监控平台再根据上报的信息进行用户手机机型、系统和 App 版本的分类，解析崩溃原因，并生成各种趋势图等。

线上稳定性的通用衡量指标主要是 crash 率（crash 影响用户数/使用用户数），每个产品会根据实际情况制定稳定性基线，如 crash 率基线是 0.05%，表示 1 万台设备中只能有 5 个出现崩溃。

当 crash 率超过稳定性基线时，代表 App 的稳定性低于预期。稳定性监控平台一般会有报警功能，通过监控及时发现 crash 率指标异常，自动发送短信或者电话通知研发人员，方便及时查看和解决，避免影响扩大。

3．客户端稳定性测试探索

通过随机测试来检验客户端稳定性，可以节省人力和时间，但是它的点击是随机的、不可控的。在项目持续迭代过程中，有时需要结合业务场景，控制对页面或控件类型的选择、操作时机等，更深入定制压测某功能的稳定性。比如，翻页需要不断向上滑动屏幕，持续加载下一页；视频播放需要不断滑动查看播放不同的视频。

因此，为了更有效地发现稳定性问题，可以结合用户界面和业务场景，在随机测试过程中增加用户界面自动化场景测试，提升遍历测试效果，以达到更贴近用户使用场景的稳定性测试。另外，可以多台手机并行稳定性测试，覆盖多种手机机型和系统，给客户端的稳定性带来更好的保障。

5.1.10　服务器稳定性测试

随着微服务、云原生架构普及，系统链路越加复杂，单点故障容易引发连锁反应、雪球效应，导致系统整体不可用。稳定性测试就是保障系统高可用性的有效手段。

1．稳定性测试介绍

稳定性测试是衡量系统可用性的验证工作。相对于性能测试在容量安全范围内的度量，稳定性测试则是在容量过载、系统故障、系统恢复等情况下开展验证活动，保障系统高可用性、异常报警能力、自动恢复能力等。

系统可用性如何衡量呢？可用性的定义是任意时刻系统工作正常的概率。所谓"工作正常"，是指系统能达到它许诺的服务质量，因此请求超时也可认为工作不正常。由此可见，可用性是衡量系统服务质量的重要指标。

可用性的计算公式如下：

$$可用性 = MTBF / (MTBF + MTTR)$$

其中，MTBF（Mean Time Between Failure）是平均无故障时间，MTTR（Mean Time To Repair）是平均修复时间。

高可用系统通常使用几个"9"来衡量可用性，常见可用性和允许宕机时间如表 5-4 所示。比如，某系统保证的可用性为 99.99%（4 个 9），那么 1 年中最多可以容忍 52 分钟不可用。

表 5-4　可用性宕机时间

可用性	允许宕机时间/年
90%（1 个 9）	36.5 天
99%（2 个 9）	3.65 天
99.9%（3 个 9）	8.76 小时
99.99%（4 个 9）	52 分钟
99.999%（5 个 9）	5 分钟
99.9999%（6 个 9）	31 秒

2．稳定性测试开展的条件

在大型系统中，应用、磁盘、服务器等软/硬件故障是常态，可用性应该作为一个系统特性，在设计之初就要充分考虑。打造高可用系统的关键是增强系统容错能力。

所以，稳定性测试的前提是系统经过可用性设计、多节点部署。如果本身是单体系统，或者没有容错手段，稳定性测试对系统是毁灭式打击，并不具备开展条件。

3．稳定性测试类型

针对系统可用性设计，稳定性测试大致分为隔离测试、依赖治理、降级演练、故障演练。

（1）隔离测试

应用内隔离：隔离业务核心接口与非核心接口，通过限流非核心接口，观察应用服务运行情况。如果在限流情况下运行正常，就说明隔离性验收通过。

资源隔离性：隔离核心资源与非核心资源，用核心场景、非核心场景定义对应资源级别，资源层无混用情况，则隔离性验收通过。常用资源包括数据库、缓存、中间件、网关等。

（2）依赖治理

当依赖节点出现问题时，对系统核心业务数据、可用性产生影响，该依赖即为强依赖，反之为弱依赖。

① 治理目的

依赖治理通常用于整改不合理强依赖关系，提升系统健壮性；验证弱依赖降级策略，提升系统自愈能力；完善依赖关系拓扑，帮助诊断故障根因、容量变化趋势。

根据依赖治理对象的不同，依赖治理分为服务强弱依赖、场景强弱依赖。服务强弱依赖是指梳理服务上下游之间的强弱依赖关系，推动依赖关系治理，提高服务稳定性。场景强弱依赖是指梳理场景与服务间的强弱依赖关系，明确业务影响范围，推动客户端/服务端稳定性保障。

② 验证方式

验证常用手段为注入故障、变慢、超时等，观察上游调用表现。

❖ 依赖异常：通过故障注入，对依赖方注入异常，观察客户端表现。

❖ 依赖变慢、超时：通过背景流量加压和故障注入延迟（参考值为1秒）。

验收标准：

❖ 高级别应用不允许强依赖低级别应用，低级别资源层/中间件不允许被强依赖。

❖ 弱依赖异常，业务核心场景的用户体验不影响。

❖ 弱依赖变慢、超时，降级自动触发，降级后，业务核心场景的用户体验不影响。

❖ 弱依赖能及时有效降级（1分钟内自愈），故障不会进一步扩大，不会引起级联故障。

（3）降级演练

演练目的：验证系统降级预案有效性，是否符合预期，对用户体验影响等。常用降级手段包括限流、静态化、数据降级等。

演练方式：行业主流方式是通过网关和中间件提供降级组件，实现统一的降级预案。部分产品也会在业务代码实现降级预案，但是这种方式不利于管理和下发。

所以，演练方式主要包括网关层降级、应用层降级。此处只介绍具备通用性的网关层降级演练方式。

① 限流演练：全链路压测梯度加压，直至压测值超过限流阈值5%～10%，观察是否满足以下标准。

❖ 全局QPS限流生效，超过限流阈值流量被限流，服务器在限流阈值内运行正常。

❖ 配置了静态化的接口，限流后，静态化生效。

❖ 限流组件容量充裕。

② 静态化演练

静态化是指网关层收到客户端的请求后并不转发给服务器，而是直接返回静态数据或静态资源，是一种网关层对下游服务的保护措施。

静态化演练的执行非常简单，只要在网关层打开静态化开关即可。演练时，需要观察是否满足以下标准。

❖ 用户体验：静态化后，可能造成用户体验下降，但是业务核心场景的用户体验不影响。

❖ 权限风险：静态化后，存在内容合规性风险，不建议配置静态化。

❖ 核心功能：静态化易对核心功能口碑造成影响，建议与产品、运营等多方确认后实施。

❖ 时效性：对于用户敏感数据，实施前评估时效性，不能被用户明显感知，或造成不一致的问题。

③ 数据降级演练

数据降级演练是指全链路压测梯度加压，直至触发数据降级。测试时，需要观察是否满足以下标准。

❖ 触发数据降级后，验证返回结果数据的完整性可以满足服务预期。

❖ 正常预期下，非核心功能数据降级后，对用户无体验影响；核心功能数据降级后，依旧提供基础功能，体验有损，但是在可接受范围内。

（4）故障演练

故障演练是为提高系统可用性和训练人员应急处置能力，根据故障用例和故障恢复预案进行演习的过程。在用例设计上，故障演练需要在系统或模块施加性能测试流量，模拟系统真实运行状态，如图 5-22 所示。

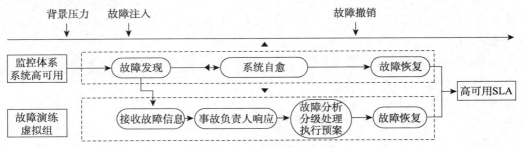

图 5-22　故障演练

模拟注入故障通常包括代码级别、系统级别、机房级别，如图 5-23 所示。

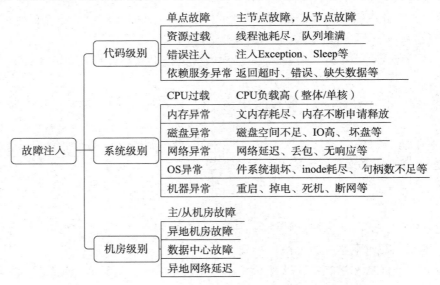

图 5-23　模拟注入故障

验收指标根据故障发现恢复过程，包括 SLO（Service Level Objective，服务等级目标）、发现时间、止血时间、故障影响范围、业务影响范围、故障恢复等，如表 5-5 所示。

表 5-5　故障演练验收标准

验收指标项	验收标准
SLO	故障演练实施后，达到 99.99%
发现时间	故障发现到人员响应，15 分钟内
止血时间	应用层：自愈时间 15 秒；无状态中间件：自愈时间 15 秒；有状态中间件：上游预案自愈时间 15 秒，中间件自愈 60 秒
故障影响范围	应用层：调用链路双向不影响；无状态中间件：不允许出现全局性影响；有状态中间件：要求自愈
业务影响范围	模块不可用用户不超过 10%，资损影响用户不超过 5%
故障恢复	恢复效果：业务恢复、容量恢复、数据恢复如初；恢复时间：30 分钟

5.2　线上监控体系

应用发布后如何能够第一时间感知到应用的线上质量状况，也是 DevOps 能成功落地的重要组成部分。在快速迭代周期外，发生一些线上问题如何能第一时间感知到并通知相关测试工程师和开发工程师去处理将是不小的难题。

本章将从接口自动化巡检、UI 自动化监控、用户反馈监控、资源监控、业务质量指标监控等多层级、多手段，阐述如何高效地建设一套线上业务监控体系。

5.2.1　接口自动化巡检

接口自动化巡检通过高频持续调用线上接口测试用例来验证线上服务接口是否正确返回数据，是一种针对线上服务接口可用性和正确性的监控方式。

接口测试框架或接口测试平台提供了编写和维护自动化接口测试用例，以及批量调度、执行和验证用例正确性的能力。因此，不论是基于接口测试框架还是基于接口测试平台，都可以实现线上接口测试用例的组织、调度和测试执行。接口自动化巡检，即对线上服务接口组织相应的用例，采用定时任务调度的方式，针对接口的重要度，采取不同的定时任务频率来主动请求线上接口的返回值，通过接口返回值校验来验证接口可用性和正确性。当接口返回校验失败时，通过实时的告警策略，对负责接口维护的开发和测试人员发出相应的告警信息，告知相关人员及时发现和处理线上服务接口问题。

1．接口巡检监控策略

基于接口测试平台可以设计灵活完备的接口巡检监控策略，如图 5-24 所示。

根据不同类型、不同优先级的线上接口，编写和维护其对应的线上用例执行集；根据接口优先级，设置不同频率的定时执行任务，优先级高的接口高频执行，优先级低的接口相对低频执行，保证接口用例调度执行的频率在可接受范围内。

为了区分接口服务的实时稳定性状况，针对执行用例后验证失败的接口，设计失败立即重试执行的机制，并定义报警升级策略。如第一次执行用例验证失败但重试执行验证成功时，定义为低报警级别 L1，当多次重试执行验证失败时，报警级别升级为 L2、L3。L3 意味着当前接口验证完全失败。

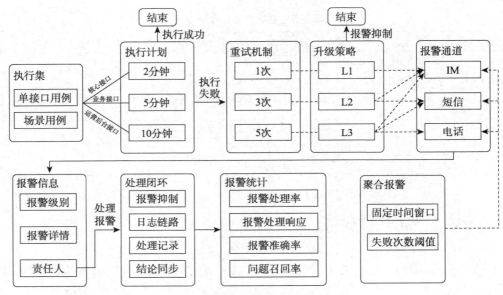

图 5-24　接口巡检监控策略

不同级别的报警可以灵活设置报警触达方式,如对于 L1 级别的报警设置即时通信(Instant Messaging,IM)报警通道,对于 L2 级别的报警设置即时通信和短信报警通道,对于 L3 级别的报警设置即时通信、短信和电话报警通道,从而逐级提升报警敏感度。

针对一段时间范围内失败次数较多但非连续性重试执行失败的接口,可以设计聚合报警策略,配置时间窗口和时间窗口内的失败次数阈值,当一个接口在时间窗口范围内的失败次数达到失败次数阈值后,发出一个多通道高敏感度的报警信息,使这类接口能在一定时间范围内被开发和测试人员有效感知。

在接口巡检平台的设计上,除了设计报警信息触达的能力,也需要设计报警处理的能力,便于相关报警接收人协同处理报警信息,并记录报警处理结论。在报警处理能力上,平台可以增加报警抑制能力,即当有人处理报警后,同一个报警可抑制一段时间不再继续发出,直到超出抑制时间后再次发送报警。处理报警时,平台可以通过提供接口日志链路信息等方式,帮助排查接口失败问题,提升定位和处理问题的效率。接口问题修复和报警处理完成后,可以在平台上记录问题信息,同步处理结论。至此,监控报警信息才算闭环处理完成。

基于平台记录报警时间、报警级别、报警信息、报警处理信息、问题结论等有效信息,可以提供相关数据统计信息,以便后续复盘。

2.接口巡检监控度量

接口巡检监控的统计度量主要指标包括报警处理率、报警处理响应、报警准确率、问题召回率。

① 报警处理率:已处理的报警/所有需要处理的报警。所有需要处理的报警可以按业务需求定义为 L3 级别的报警或全量报警,一般定义完全失败的 L3 级别报警作为需要处理的报警。报警处理率可以衡量报警接收人对报警的处理状况。

② 报警处理响应:通过"报警处理时间-报警发出时间"衡量报警的响应速度。

③ 报警准确率:有效报警/所有报警。有效报警包括处理结论为接口 Bug、系统异常、业

务变更的报警，无效报警包括处理结论为平台误报、用例问题的报警。通过报警准确率的度量，特别是针对平台误报和用例问题类型的无效报警分析，可以复盘改进巡检平台的能力和用例编写的有效性。报警准确率是监控系统的重要指标。

④ 问题召回率：接口巡检发现的问题数/接口巡检可以发现的问题数，衡量接口巡检整体发现问题的状况。如果有监控可发现而未发现的的问题，就需要重点复盘，针对问题来优化平台能力或提升接口用例覆盖率及校验有效性。问题召回率也是监控系统的重要指标。

5.2.2　UI 自动化巡检

移动客户端 UI 自动化巡检需要较为完善的设备池，在应用上线后持续执行自动化用例，巡查线上操作是否存在缺陷，同时保证有快速的响应通道，以便及时处理。作为线上监控的一种，UI 自动化巡检更接近用户真实的使用场景，可以与接口监控、舆情监控互为补充，达到良好的快速止损效果。

在应用上线后，线上执行环境并不是一成不变的，服务端变更下发信息、更改配置、变换内容策略甚至机房服务切换等都可能产生未知风险，而用户的实际使用场景直接承接变更后的结果，UI 自动化巡检在用户的主要功能场景上进行覆盖，并根据用户行为的上下文，拓展用例拓扑，梳理出行为操作的优先级，在不同时间段针对性执行不同用例，重点巡查用户常用机型，实现常态化监控。线上巡检对于用例的执行准确性有较高要求，需尽量避免误报，而在执行成功率上也需要尽量做到最高，避免问题排查的冗余和低效。线上巡检的关键依然是线下用例的精确维护，以及结果跟进机制的健全。

简易的线上巡检可借助 Jenkins 服务进行任务分发，将线下的执行应用替换为线上的版本，沿用已有的稳定测试用例，将设备接入 Jenkins，接受指令调度执行。不同业务有不同的关注重点，可根据实际需要灵活安排测试设备、巡检场景、巡检数据和专用账号等，与人工的线上常规走查互补，关注执行结果和失败原因分析。

UI 自动化巡检在持续交付流程中属于最末端，需要不断完善满足测试右移的可靠性。目前，巡检在产品灰度上线、不同策略场景下有不错的应用，未来将更加全面地支撑线上场景。

5.2.3　用户反馈监控

1．舆情监控的价值及目的

移动互联网时代，用户规模千万甚至过亿的应用非常多，不同用户使用场景、网络环境千差万别，日常使用过程中会产生各种各样的问题和反馈，如由于测试人员或者产品人员的疏忽导致的 Bug、产品兼容性问题、交互或者设计的问题。

一般，我们把用户反馈的渠道分为内部渠道和外部渠道。内部渠道是 App 设置项中提供用户反馈或者在线客服的入口，用户可以就产品使用的一些问题或者功能建议提交反馈。外部渠道是指 App 之外的平台反馈甚至吐槽产品问题，如微博，贴吧，应用商店等。按照用户内部渠道 1‰～0.1‰反馈比率（经验值），内部渠道的问题反馈数量在几千至几万条不等，外部渠道数量一般不太固定，内容也比较分散，尤其是在一些热点问题或者热门活动发布时，用户反馈的量级一般是内部渠道的好几倍。

内部渠道反馈的问题指向性比较明确，如使用问题咨询、产品体验问题、使用建议等。外部渠道反馈的一般是针对产品整体体验的反馈，有积极正向的，也有负面的，更多的是介于两者之间，没有明确的指向性，偏中性。用户反馈主要处理方式是人工，一般由专门的客服查看、回复用户，客服解决不了的问题或者产品的问题转给技术团队去定位。对产品而言，用户反馈是针对不同的业务模块，对于其中有价值的反馈（产品 bug 或者是建议），需要定期归纳整理。这会带来两个问题：第一，人工查看存在不及时，影响用户反馈问题响应和收敛速度；第二，归纳整理同时需要耗费大量的人力。

用户反馈是产品技术团队从千千万万用户获取产品使用体验的最有效也是最直接的渠道，尤其是一些产品质量问题，如何做好线上用户反馈监控和闭环对于提升产品线上质量的重要性不言而喻。

2. 用户反馈监控实施方案及难点

用户反馈监控最重要的两方面如下：

一是及时性。用户反馈的时效性决定了及时监控的重要性，如何能第一时间获知用户反馈，并迅速跟进形成闭环，是优秀用户反馈监控解决方案的先决条件。

二是准确性。用户反馈监控不是简单地根据几个单独的词语，就能筛选出有价值的内容。需要能把追踪的信息从上万条信息分门别类、抽丝剥茧，并能聚焦到具体的业务模块，做到真正的价值热点识别。

显然，通过人工处理的方式在时效性上会大打折扣，通过人工筛选的方式从大量的用户反馈中提取和业务相关的有效信息效率很低。

首先，需要解决时效性问题。根据不同的信息渠道来源，采取不同的信息收集方式，如图 5-25 所示，内部渠道的用户反馈采用 Flink 实时大数据服务处理，为防止信息量过载，可以考虑消息队列的方式，保证数据获取服务的稳定性。外部渠道的数据内容分布在不同的外部平台，可以采用爬虫的方式，为防止遗漏信息，采用关键词白名单加黑名单的方式，对爬取的信息进行初筛，提升用户反馈的有效性。

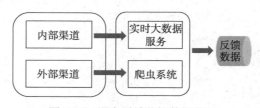

图 5-25 用户反馈监控数据获取

针对准确性问题，首先从业务模块出发，根据业务的划分，将用户反馈设定不同聚类，这样保证用户反馈更好地服务于业务。那么，如何做到准确的业务聚类划分呢？聚类划分最简单的手段是关键词聚类，不过该方法会引入一个新问题，一条用户反馈如果包含多个聚类的关键词，那么会被归属到不同的聚类，造成信息冗余。如果能够模拟人理解用户反馈的语义，那么聚类的准确性将得到大大提升。结合业务场景、部署环境，采用 CNN 模型，对开源数据集机器学习的模型语义识别的准确率如表 5-6 所示。

用户反馈问题闭环处理也是重要的环节。要实现良好的闭环，首先，需要将反馈分发给对应业务开发人员；其次，如果能提供尽可能多的相关信息，可以方便开发人员定位问题；最后，用户反馈处理状态同步，可以帮助相关人员及时了解问题处理和解决状态。

综上所述，为方便用户反馈信息汇总及查询，解决方案是提供一站式平台。可以查看聚类统计数据、详情数据，并提供配置中心，方便个性化消息推送。平台设计思路如下。

① 数据大盘：查看各聚类的实时数量变化趋势和不同时间范围内反馈集中的聚类。

② 聚类详情：了解用户具体反馈的问题以及跟用户反馈相关的数据，如设备、网络状况等。

表 5-6　模型语义识别的准确率

模　型	准确率	备　注
TextCnn	91.22	kim2014 经典的 CNN 文本分类
TextRnn	91.12	BiLSTM
TextRnn_Att	90.90	BiLSTM+Attention
TextRCnn	91.54	BiLSTM+池化
FastText	92.23	Bow+Bigram+Trigram
DPCnn	91.25	深层金字塔 CNN
Transformer	89.91	效果较差
bert	94.83	Bert+FC
ERNIE	94.61	略差于 Bert

③ 消息定制配置页面：每个人根据自己的需要定制不同聚类、关键词的消息订阅和告警。

用户反馈经过聚类分析和垃圾数据清洗后，存入数据库，平台提供聚类、详情数据的查看，通过在平台定制消息订阅策略，以电话/短信或者邮件的方式推送到各业务线，在平台创建的问题单和内部 Bug 平台联通，并实现处理状态同步，如图 5-26 所示。

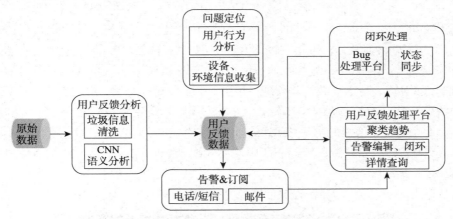

图 5-26　用户反馈监控体系

单一的定制消息无法满足不同角色的需求，如开发和测试人员对线上问题比较敏感，而产品经理对建议类问题比较感兴趣。提升舆情分类信息推送的有效性方法是基于聚类和关键词的消息订阅+监控告警。

方案之一是采取订阅和告警两种定制方式，订阅主要用于了解各业务线/模块下日常反馈。告警主要用于监控线上普遍问题反馈。为了增强及时性，采用滑动时间窗口机制。同时，采用同比、环比趋势变化作为告警判断依据。

为帮助开发人员提升用户反馈问题分析定位的效率，根据各业务模块特征提供辅助定位信息融合，如会员、网络日志、反垃圾信息、崩溃等。

3．用户反馈监控未来发展方向

精细化监控：随着业务的不断迭代，业务人员需要聚焦的是某个单一功能，因此会需要更加精准、划分更细的聚类划分，如通过多层模型实现多级聚类划分。

多媒体监控：随着多媒体业务的发展，未来的用户反馈监控将不再停留于文本内容，而会拓展至多媒体，如图片、视频、音频等，实现文本和多媒体数据的结构化监控。

竞品监控：对行业、竞品用户反馈实时监测，通过平台内设置行业或竞品为监测指标，后台服务实时推送所处行业相关的产业动态、法律法规、行业政策、竞品舆论、营销动态等相关信息。

5.2.4　资源监控

1. 主机系统监控

主机资源监控一般包含 CPU、内存、磁盘、网卡等维度，用于监控服务器的基本运行情况。

常用的监控指标有 CPU 使用率、CPU 平均负载、内存使用率、磁盘使用率、iNode 使用率、IOPS、磁盘吞吐、网卡速率、网卡流量。

CPU 使用率是对一个时间段内 CPU 使用状况的统计，可以呈现某时间段内 CPU 被占用的情况。在监控中若发现某时间段内 CPU 使用率暴增，则需要定位到是哪个程序进程占用的 CPU 较高。程序可能存在内存泄漏问题或代码存在死循环这类情况。

内存利用率可反映主机的内存利用状况和性能。内存是主机中重要的部件之一，是与 CPU 进行沟通的桥梁，因此内存的大小和性能对系统的影响比较大。程序运行时的数据加载、线程并发、I/O 缓冲等都依赖内存，可用内存的大小决定了程序是否能正常运行和运行性能。

CPU 平均负载一般称为 CPU Load，是单位时间内系统处于可运行状态和不可中断状态的平均进程数，即平均活跃进程数，与 CPU 使用率并没有直接关系。平均负载在理想状况下应该等于 CPU 核心数，所以在判断平均负载大小时，需要先确定系统有几个 CPU 核心。平均负载比 CPU 核心个数多时，就说明系统出现了过载。

Linux 系统 CPU 和内存情况的监控可以使用 top 命令：

```
$ top
```

top 命令的监控数据输出如图 5-27 所示。

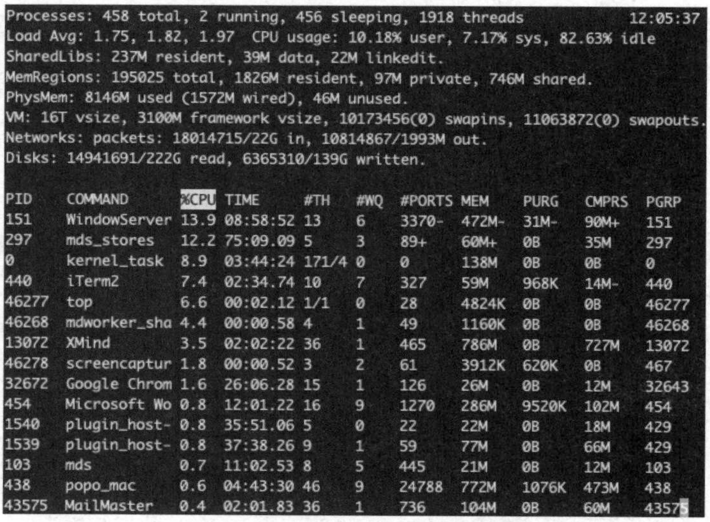

图 5-27　Linux 主机监控信息

对于 Linux 系统来说，磁盘使用率一般为 SWAP 使用量。系统在物理内存不足的情况下会启用磁盘 SWAP 分区，将一段时间内不用的内存页交换至 SWAP 分区，从而为应用释放内存空间。因为磁盘读写较内存读写的速度慢很多，如果 SWAP 分区使用量过大，必然会影响系统性能，所以通过监控 SWAP 使用情况可以对性能风险进行预警。

iNode 使用率是指监控 Linux 文件系统的 iNode 号码使用情况。在 Linux 系统中，文件是通过 iNode 号码来识别的，找到 iNode 信息，进而找到文件数据在磁盘上的块。由于每个文件都必须分配一个 iNode 号码，因此可能出现 iNode 号码用完而磁盘空间没有使用完的情况，导致文件无法在磁盘上创建。

每秒的输入输出量（Input/Output Per Second，IOPS），也称为读写次数，是衡量磁盘性能的指标之一。IOPS 是指单位时间内系统能处理的 I/O 请求数量，一般以每秒处理的 I/O 请求数量为单位，I/O 请求通常为读或写数据操作请求。

磁盘吞吐（Throughput）是指磁盘传输数据流的速度，单位是 MBps，传输数据为读出数据和写入数据的和，有些主机监控体系中也称为磁盘读写量。当程序的应用场景需要经常传输大块不连续的数据时，这个监控指标有较强的参考意义。这个指标可以与 IOPS 结合起来看。

网卡速率一般以性能指标 PPS 来进行监控。PPS（Packet Per Second，包每秒）表示的是网卡的包转发能力，即单位时间内能够处理多少个包。

网卡流量以 bps 指标来进行监控，指示网卡每秒传输多少位，也叫端口速率，一般会区分为下行（in）和上行（out）来分别监控。

网卡速率和网卡流量这两个指标会有一定的关联，端口在满负载的情况下，对帧进行无差错的转发。以太网帧最小长度为 64 字节，根据端口速度计算最大速率：100 Mbps 的端口，最大 PPS 为 148810；1 Gbps 的端口，最大 PPS 为 1488100。

主机系统的监控是资源监控体系中最为基础的部分，因为计算机系统承载了所有程序应用的正常运行，与之相关的监控告警也尤为重要。

2. 存储监控

存储监控主要指的是数据库方面的监控。数据库监控包含以下两方面：一是承载数据库运行的主机的监控，与主机系统监控基本相同；二是数据库应用的监控，对不同的数据库产品会有一些差别，重点抽取一些数据库应用的通用监控内容来讲。

数据库基本信息包括主库地址、复制状态、复制延时、端口、版本、启动时间、数据库大小和 binlog 大小等。这些指标主要用来标识数据库的健康度，通常会比较关注数据库大小和 binlog 大小，根据指标来调整运维。数据库基本信息监控示例如图 5-28 所示。

MySQL信息			MySQL健康信息				
主库地址	复制状态	复制延时	端口	版本	启动时间	数据库大小	binlog大小
10.10.10.10	repl ok	0	4331	5.7.26-29-log	5554843328	20G	6.6G

图 5-28　数据库基本信息监控示例

引擎是 MySQL 数据库存储、处理和保护数据的核心服务。数据库引擎的监控指标通常有缓存命中率、每秒的增删改查数、读写量等，如图 5-29 所示。

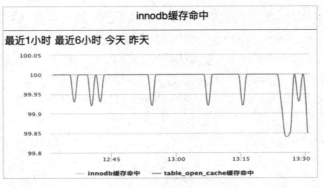

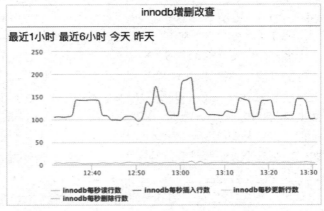

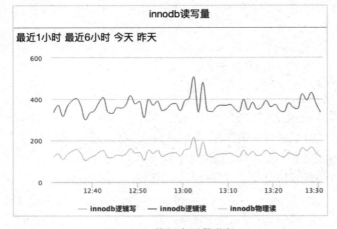

图 5-29　数据库引擎监控

　　数据库应用监控的指标通常包含数据库连接数、QPS、索引使用量、全表扫描量等。

　　每个数据库客户端都需要一个固定的连接通道与数据库进行通信，通过连接来提交数据库操作请求。由于在多线程应用中，每个线程需要独立占用一个数据库连接，而数据库连接的数量是有限的，因此数据库剩余可用连接数是需要持续监控的，如图 5-30 所示。

　　数据库的执行效率可以通过索引使用量和全表扫描量来指示出来，当建表索引设置不合理或应用 SQL 编写有问题时，会造成这两个指标的异常，从而帮助我们发现索引问题或 SQL 编写问题。数据库索引使用和全表扫描量监控如图 5-31 所示。

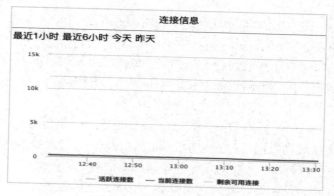

图 5-30　数据库连接数监控

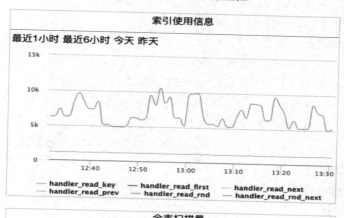

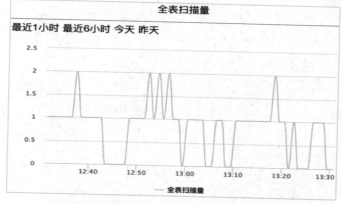

图 5-31　数据库索引使用和扫描量监控

3．网络监控

　　网络监控包含一般的网络性能指标如丢包率、包传输时延、TCP 重传率和无序数据包占比等，也会包含网络设备、网络接口和链路的监控。

　　网络性能监控中有以下基础指标。

　　① 速率：数据率或称数据传输率或比特率，是表示连接在计算机网络上的主机在数字信道上传输数据位数的速率，就是 1 秒能够传输多少位（0 或 1）。

② 带宽：表示通信线路传送数据的能力，通常是指单位时间内从网络的某一点到另一点所能通过的最高数据率，单位是：bps（比特每秒）。

③ 时延：数据（报文/分组/比特流）从网络（或链路）的一端传送到另一端所需的时间。

发送时延是指主机或路由器发送数据帧所需的时间，也就是从发送数据帧的第一位算起到该帧的最后一位发送完毕所需的时间。计算公式为：

$$发送时延 = 数据帧长度 / 发送速率（信道带宽）$$

传播时延是指电磁波在信道中传输一定距离所需的时间。计算公式为：

$$传播时延 = 信道长度 / 电磁波在信道上的传播速率$$

处理时延是指主机或路由器收到分组时所需的时间（处理数据）。

排队时延就是分组进入路由器等待处理（转入）和转出所需的时间。

由此可以得到整个端到端链路的时延为：

$$总时延 = 发送时延 + 传播时延 + 处理时延 + 排队时延$$

④ 往返时延（RTT）：指从发送方发送数据开始，到发送方收到接收方的确认（接收方收到数据后立即发送确认）总共经历的时延。RTT 越大，在收到确认之前，可以发送的数据越多。RTT 包括两部分：往返传播时延，即传播时延的 2 倍，以及末端处理时间。

可以利用 iperf 等网络测试工具来获得速率、带宽、时延等信息，然后通过可视化软件以实时图表的形式展示出来。iperf 工具的使用方式可以参见官网，这里以 UDP 模式持续 30 秒测试发送速率 100 Mbps 时网络的情况为例子。

iperf 工具测试命令服务端：

```
$ iperf -u -s
```

iperf 工具测试命令客户端：

```
$ iperf -u -c ip 地址 -b 100M -t 30
```

网络性能监控指标如图 5-32 所示。

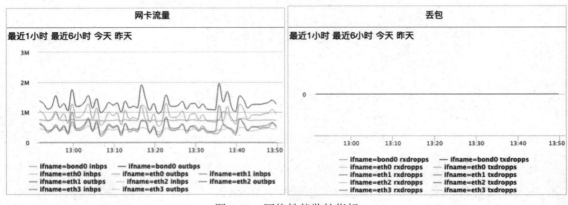

图 5-32　网络性能监控指标

网络设备如路由器、交换机和防火墙的监控和计算机主机系统监控比较类似，也是对网络设备的 CPU 负载、内存利用率等系统指标进行监控，以此来观察网络设备的负载和性能。

5.2.5　业务质量指标监控

业务质量指标是真实反映一个业务场景或者业务功能在当前或一段时间内质量状况的指标数据。比如，一个商品下单场景的指标包括下单总数、下单成功数、下单失败数、下单成功率等，这些指标都可以作为业务质量指标进行监控，当指标出现波动时发出告警，及时发现线上问题。

业务质量指标监控系统一般包括以下功能：指标数据埋点和采集，指标数据可视化，指标数据监控报警，如图 5-33 所示。

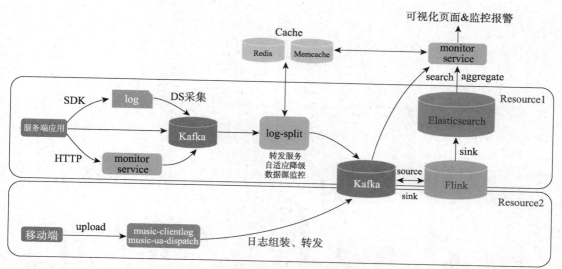

图 5-33　业务质量指标监控系统架构

1. 业务质量指标埋点和采集

指标的埋点和采集可以通过日志 SDK、HTTP 上传、Kafka 上传等方式，把需要记录的一次业务信息组装成格式化数据上报到指标监控平台。指标监控平台对原始的日志数据进行进一步的数据处理，形成我们需要的业务质量指标数据，再进行可视化展示和监控。

日志 SDK 埋点采集的方式是较常用的方式，通过日志组件用标准化的格式，将业务信息组装成一条业务日志数据，统一输出日志文件，再由监控平台对日志文件进行自动检测采集。当遇到数据量比较大的场景时，可以先对数据进行内存预聚合，再输出聚合后的数据到日志文件，减少 I/O。HTTP 上传的方式即通过 HTTP 接口直接上报格式化的业务信息数据，可以单条数据上报也可以批量数据上报。Kafka 上传的方式即直接将业务信息数据格式化上报 Kafka。

监控平台获取到格式化业务数据后，可以对数据进行进一步的处理，包括：

- ❖ 预处理：使用 groovy 脚本，灵活进行预处理。
- ❖ 字段过滤：筛选满足条件的埋点数据参与计算。
- ❖ 聚合计算：SUM、COUNT 等聚合函数计算，以及对聚合数值的二次四则运算。
- ❖ 分组聚合：类似 SQL 中的 GROUP BY 操作、分组聚合统计。

原始指标数据经过数据处理后，便可得到各类聚合或者细分的指标数据，用于可视化展示和监控。

2．业务质量指标可视化

业务质量指标需要以友好的形式呈现给关注指标的人，包括业务相关的产品经理、开发人员、测试人员等。常用的可视化形式有趋势图、柱状图、饼图、占比趋势、总览等，如图 5-34 所示。

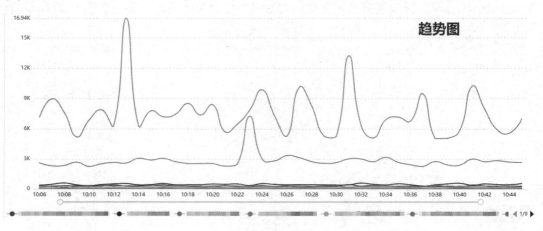

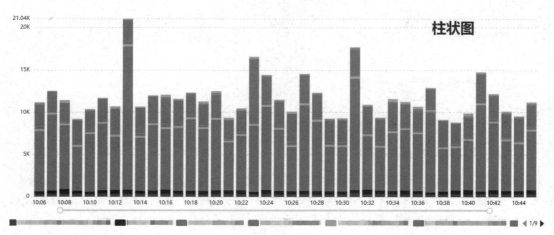

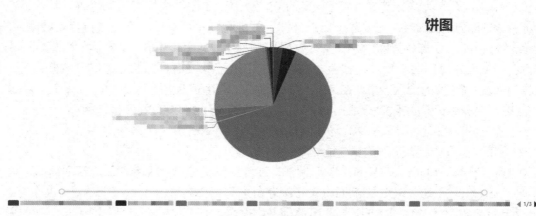

图 5-34　可视化图表

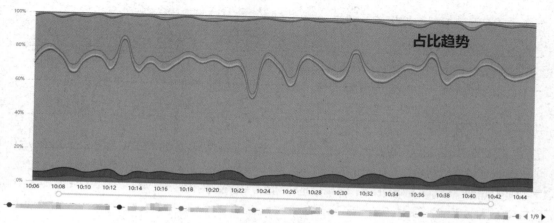

总览表格

维度	实际非虚拟成功支付订单数量						营销金额				
	sum ⇅	avg ⇅	avg (> 0) ⇅	max ⇅	min ⇅	last ⇅	sum ⇅	avg ⇅	avg (> 0) ⇅	max ⇅	min ⇅
android											
ipad											
iphone											
pc											
web											

图 5-34 可视化图表（续）

在用于监控时，一般采用折线图的方式进行展示，可以明显地看到指标在当前的数据状况和一定时间范围内的波动状况。基于业务场景将相关的业务质量指标放在同一个场景页面下呈现，从而更容易直观看到场景的业务质量数据状况。同时，由于同一业务场景下的指标一般关联度较高，基于场景聚合，在场景维度发出监控报警，可以避免线上发生问题时，大量业务指标同时发出报警引起报警风暴，也便于利用错误指标间的关联性定位问题。

在可视化建设方案上，可以自行设计开发前端展示页面，也可以通过 Grafana 或 Kibana 等开源的可视化工具来进行自定义的展示，如图 5-35 所示。

图 5-35 开发前端展示页面

3．业务质量指标监控策略

业务质量指标监控策略一般根据业务质量要求来设置合理的报警阈值。常用的报警阈值条件包括固定值、环比、日同比、周同比。

① 固定值：即一个固定的报警阈值，如下单成功数小于 1。

② 环比：当前时间窗口与上一时间窗口指标数据值比，如 1 月 30 日 10:01−10:02 下单成功数和 1 月 30 日 10:00−10:01 下单成功数对比。

③ 日同比：当前时间窗口和昨日当前时间窗口指标数据值比，如 1 月 30 日 10:01−10:02 下单成功数和 1 月 29 日 10:01−10:02 下单成功数对比。

④ 周同比：当前时间窗口和上周当前时间窗口指标数据值比，如 1 月 30 日 10:01−10:02 下单成功数和 1 月 23 日 10:01−10:02 下单成功数对比。

在设置报警阈值时可以对以上不同阈值条件进行自定义组合，使报警更加精准，如下单总数大于 10 且周同比小于 60%，则报警下单总数异常。因为当指标数值非常小时，日同比、周同比这类比值型的结果波动会比较大，造成误报干扰。

针对数值量小的指标，在分钟级的指标趋势上会出现指标波动比较大的问题，可以通过拉长时间窗口聚合的方式来降低指标的波动，从而提升报警的准确性。例如，对于商品下单场景，平均每分钟下单量为 2，就很难通过设置固定值或环比、同比值来监控下单总数的指标状况，因为很可能一分钟实际业务上就没有用户下单，因此可以拉长时间窗口聚合，聚合 5 分钟的下单总数，设置报警阈值为 0，出现 5 分钟下单总数为 0 则报警；凌晨时间段，可能 5 分钟没有人下单也是正常业务状况，那么针对凌晨时间段，可以聚合 30 分钟或 1 小时的下单总数来设置阈值。总而言之，在系统提供了不同的报警阈值配置能力后，实际应用监控系统时，需要仔细分析业务实际状况来设置合理的报警阈值，并不断观察和优化报警阈值策略，使业务质量指标监控更加准确有效。

5.3 质量标准化与可视化

质量管理工作应站在研发团队与产品的整体视角，核心是两方面：研发过程质量、产品线上质量，并由此延伸出对应的质量治理方法与实践。本节将重点阐述研发过程质量的管理思路，结合管理案例，阐述质量管理标准化方法论与落地方法。

研发过程包括产品 DevOps 过程的各环节（需求、开发、提测、测试、发布、运维等），是一套可标准化的流程，各技术团队通常通过 CI/CD 平台能力落地执行。但针对研发过程的质量管理，往往容易局限在较后置的测试执行环节，先进的研发过程质量管理同样可通过标准化驱动。质量管理标准化机制的核心是建立一套权威性、可量化、可审计、可驱动改进的机制。

质量标准化管理四要素：权威性、可量化、可审计、可驱动改进，下文逐项阐述。

5.3.1 质量标准化管理

1．规则规范权威性

权威性是因为质量标准化与基线的建设需要自上而下的共识，既来自上层组织的宣导，又来自质量治理方法自身的规范科学，指标合理，数据准确。对团队来说，可执行可落地的标准才是好的标准。

① 自上而下：结合行业内实践建议由 CTO 发布自上而下执行，或建立质量主题委员会组织，并通过质量委员会制定和发布规范。

② 由点及面：规范制定过程先选取部分业务试点验证，调整优化策略后逐步推广至全员。建立共识并保证规范的权威性和适用性是质量管理工作的重中之重。

2. 规范落地方法

流程规范的标准化需要跳出传统测试执行环节，质量控制左移并建立标准化的全研发流程，确定每环节的交付产物与准入准出标准。某项规范的落地初期可能需要较多人工的宣导与管理，随着执行接受度变高可通过平台卡点来强制执行，只要解决接受度的问题，选择合适的时机通过平台规则卡点是最高效的落地方式。高效的管理是通过平台的卡点能力将不符合规范的行为阻断，根本上避免了不合规行为发生。管理方向上，应该尽量通过平台卡点能力来规范标准化，将管理精力更多投入在需要宣导和逐步改变质量意识来提升的开放性环节。

行业实践通过 DevOps 管控平台能力来落地标准化流程，通过平台卡点提升各环节流转准入准出效率，过程数据收集并可量化分析。

3. 提取指标量化

有了执行规范，如何审计是接下来需要解决的问题。提取规范执行环节中的各项有价值指标，提取并获得量化数据，作为规范执行与质量结果审计的输入，并可分析作为后续改进决策依据。指标的设计方向应该可相互印证，相互审计，通过指标组合快速获得实际状态与趋势，是高效率的管理方式。① 引领性指标：对在完成目标过程中起关键作用行动的衡量指标，预测未来的结果。② 事后性指标：对目标完成结果的衡量指标，反应过去的表现。

从目标到行动的聚焦点应该是推动引领性指标，这是推动事后性指标提升的关键点。执行中能够直接推动改进的是引领性指标的执行动作，事后性指标是一系列引领性指标动作执行后所自然获得的结果收益。对质量管理来说，流程上游的指标可以认为是引领性指标，流程下游指标相对作为事后性指标，整体线上质量的表现就是研发过程管理的事后性指标，前序环节的一系列引领性指标达成情况最终体现为线上质量结果指标的表现。

在质量管理工作中需要特别注意，在实际执行中容易混淆两类指标的定位，导致单纯地制定结果性指标如 Bug 数为关键绩效指标（Key Performance Indicator，KPI）目标，这样会导致无从下手，而且单纯为追求 KPI 达成而动作变形，难以获得结果。正确的思路是根据研发团队实际状态，合理制定前序引领性质量指标目标，以驱动达成最终质量目标。

线上质量这项结果指标，可以向前逐环节分解为监控质量、发布质量、测试质量、提测质量、单测质量、代码评审（Code Review）质量、代码编写质量等，通过指标之间的相互印证并提升前置的各项指标，来提升下一环节指标。

质量指标集案例的可视化如图 5-36 所示，研发团队比较共性的核心质量指标如表 5-7 所示，可作为质量评价参考。

4. 基于量化指标可视化管理

可视化是个经典话题，可视化的形式多样，核心是配合管理与标准化需求，是对管理的一种赋能。管理是核心，图表数据作为管理的辅助。对可视化的图例的要求包括：简单、直观、

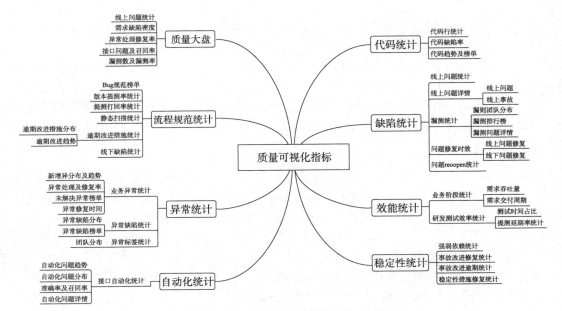

图 5-36　质量指标集案例的可视化

表 5-7　研发团队比较共性的核心质量指标

指　　标	计算公式	优先级
线上 Bug 数，线上 Bug 率	线上 Bug 数/线上线下 Bug 总数	P0
线上 Bug 修复时长	Bug 修复时间 － Bug 创建时间	P0
Bug Reopen 率	Reopen Bug 数 / 有效 Bug 数	P0
漏测率	漏测数 / 线下 Bug 数	P0
需求 Bug 率	需求产生的 Bug 数 / 需求总量	P0
提测打回率/成功率	提测打回次数/提测数量	P0
代码覆盖率	统计整体覆盖率，包括单测、手工、接口、引流等	P1
线下 Bug 修复时长	Bug 修复时间 － Bug 创建时间	P1
静态代码	静态扫描出现的问题级别、数量、趋势	P1
版本提测率	提测版本数量/需提测已上线版本数	P1
接口 Bug 召回率	接口用例发现线上 Bug 数 / 可通过接口用例发现线上 Bug 数	P1
代码 Bug 率	Bug 数 / (提交的代码行数/1000)	P2

数据可靠、可细化分解到子团队到人。完成以上几点，管理者可从大盘数据透视至具体问题，做到可审计且有抓手可驱动改进，团队成员可实时了解质量基线目标与达成情况。

实现质量可视化的方式有很多，可以根据团队需求保持灵活，根据实现成本，大致分为以下几类方式：Excel 表格与图表呈现、Grafana 图表平台导入数据配置图表、基于开源前端组件如 ECharts 自建可视化平台、前后端完全自建平台。以上实现方式越深度自建，可配置性越高，图表的形态也越可深度定制，同时可衍生出更多类似"上下游平台联动""即时通信提醒"和"管理监督"等有利于管理提效的功能。当然，即使是最简单的表格，以上功能也可以通过管理行为实现，质量可视化本质上是管理的辅助，目标是一致的：为了更好地管理质量。

研发质量可视化的分层如下：

❖ CTO 视角：展现全局质量、质量大盘。产品整体线上问题总数趋势，线下问题/需求数趋势，两项指标综合可体现研发终端的质量状况与基线水平，分析各类问题的发生趋势，通过问题原因分类相应制定治理优先级。各项子业务技术团队横向对比。

❖ 技术主管视角：子团队质量大盘与基线目标，包含上述指标在负责团队中的数据，帮助分析解决问题。团队中每位成员的数据横向对比。

❖ 个人视角：个人质量数据可视化集合，按时间趋势，问题分类。

5. 指标基线管理

质量基线是质量管理的核心工作，基于质量指标与可视化数据建立基线目标后，质量管理实质的推进方向是持续提升质量基线水平，提升产品质量。可视化的质量基线可让全员直观地了解目标达成情况，提升管理效率，执行量化目标管理。

在日常研发过程中，持续获取并监控各项质量指标，若实际质量数据已有偏离基线风险，需设立预警机制，防止劣化。具体执行思路可根据偏离程度由下自上逐层上升报警，提升重视程度与执行压力，并充分利用团队间争先与自驱氛围，定期公示数据，帮助落后的团队改进优化。

综上所述，研发过程质量的管理思路包括：权威性，规范制定，指标体系，可视化审计，基线标准，驱动改进。质量管理是一项可标准化的工作，并随着团队成熟度的提升，可持续提升对应的质量水平。

5.3.2　质量标准化和可视化实施

1. 标准化流程卡点建设

基于质量标准化管理的方法论，研发团队自上而下制定研发规则规范后，需要通过平台卡点能力来高效管理研发各环节的准入准出。自测完成提测和测试完成发布是研发流程中两个最重要的质量管控节点。这两个节点的卡点实施通常依赖 DevOps 系统的 CI 能力，将自动化测试和质量检测持续集成，并将 CI 执行的结果作为卡点项，配置相应的阈值来管控提测和发布的准入准出。

在大研发团队背景下，各业务的质量现状和质量要求往往也并不一致，因此在建设卡点能力的时候，既需要支持全局的卡点阈值配置，也需要支持不同的业务团队面向各自团队的卡点阈值配置。以服务端研发流程的发布卡点为例，可以包含应用 CI、接口回归 CI、测试报告、任务单状态、发布 Checklist 等卡点项；针对每个卡点项，可以选择应用到所有团队或部分团队，保证卡点项面向不同团队可以灵活开启或关闭。DevOps 管控平台针对不同卡点项的管理页面如图 5-37 所示。

除了卡点开关可以针对不同团队灵活启停，每个卡点项也可以对不同团队做灵活的配置和管理。以应用 CI 为例，在 Devops 平台管理时，可以面向全局、团队、应用三个维度配置 CI 流程节点和节点阈值。

全局配置是最基础的，是所有团队都必须遵守实施的流程和阈值要求。团队配置和应用配置则赋予团队管理者和应用管理者可配置高于全局配置的流程节点和阈值要求，以面向团队和应用维度做更高的质量要求。多维度的 CI 流程和阈值配置设计也便于新的规范要求先行在部分团队或应用范围内做试点，再由点及面地推广落地。最终，使全局配置的流程和要求也逐步优化提升。DevOps 管控平台针对服务端 Java 应用的 CI 管理页面如图 5-38 所示，应用 CI

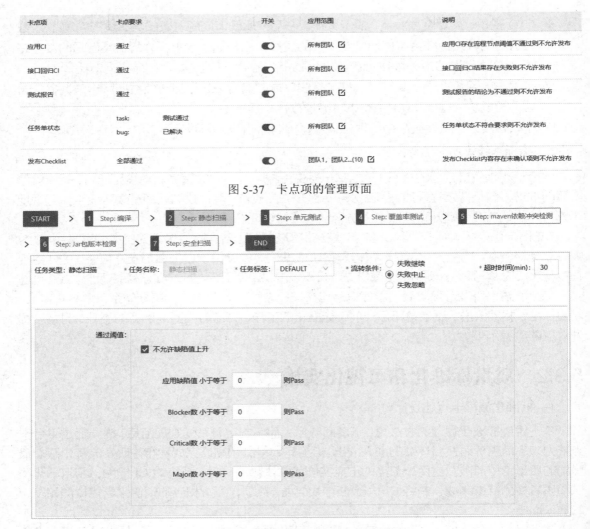

图 5-37　卡点项的管理页面

图 5-38　服务端 Java 应用 CI 管理页面

流程配置了编译、静态扫描、单元测试、覆盖率测试、maven 依赖冲突检测、JAR 包版本检测、安全扫描等自动化测试和质量检测的流程节点，其中静态扫描流程节点的通过阈值为不允许缺陷值上升，Blocker 数、Critical 数、Major 数、应用缺陷值全部为 0。

2. 质量可视化平台建设

质量可视化平台建设的目标是直观、清晰地呈现质量数据，为质量管理赋能。在大研发团队背景下，自建质量可视化平台可以多维度多视角呈现质量数据，深度定制质量数据图表，提供灵活高效的质量数据管理。

质量可视化平台系统架构如图 5-39 所示，数据源主要为 DevOps 平台的研发流转数据，如任务数据、代码数据、提测数据、测试数据、缺陷数据、发布数据等，以及日志系统、监控系统等研发基础设施平台的一些相关数据。通过实时或定时采集的方式，所需的数据存储到可视化平台系统，再通过实时或离线的方式对数据进行处理，最终在平台提供可视化页面展示。

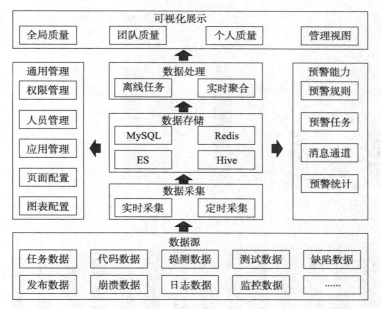

图 5-39　质量可视化平台系统架构

质量可视化平台主要从全局质量、团队质量、个人质量三个维度进行可视化展示和管理。

全局质量是 CTO 视角的整个研发团队的质量数据呈现，图 5-40 为全局质量数据可视化示例，展示了全局线上问题数、需求缺陷密度的数据和趋势。

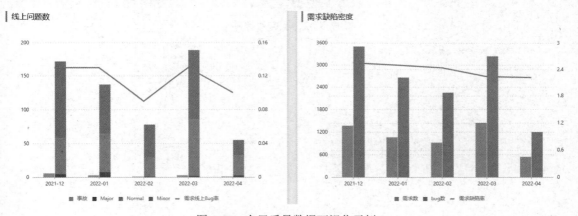

图 5-40　全局质量数据可视化示例

团队质量是每个业务团队的质量数据聚合呈现，既可以呈现某团队的纵向质量数据趋势，也可以呈现多个团队的横向质量数据对比，同时可以对一个团队的核心质量指标聚合，形成管理视图，方便团队研发主管进行质量管理。

图 5-41 是某团队线上问题数和线上问题修复时长的纵向趋势图。

图 5-42 是各团队业务日志异常处理率和修复率的横向对比图。

图 5-43 是团队质量管理视图示例。

个人质量是具体某位研发人员的质量数据呈现，可以通过某团队数据拆解呈现，也可以通过个人质量数据页面聚合呈现。

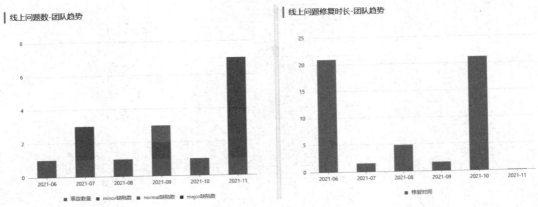

图 5-41 纵向趋势图

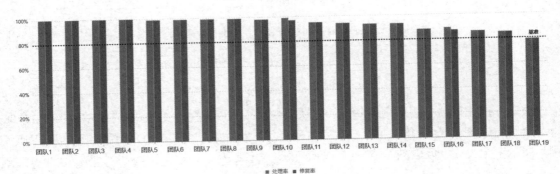

图 5-42 横向对比图

图 5-43 团队质量管理视图示例

图 5-44 是某团队未处理的业务异常数据拆解，通过团队业务异常处理率指标数据入口，可以看到具体未处理的异常和责任人情况。图 5-45 是个人质量数据页面示例。

团队	应用名	负责人	异常个数	状态
团队1	team-application-a	张三	5	未处理
团队1	team-application-b	李四	3	未处理
团队1	team-application-c	李四	2	未处理
团队1	team-application-d	王五	2	未处理
团队1	team-application-e	张三	1	未处理
团队1	team-application-f	王五	1	未处理

图 5-44　团队成员质量数据拆解示例

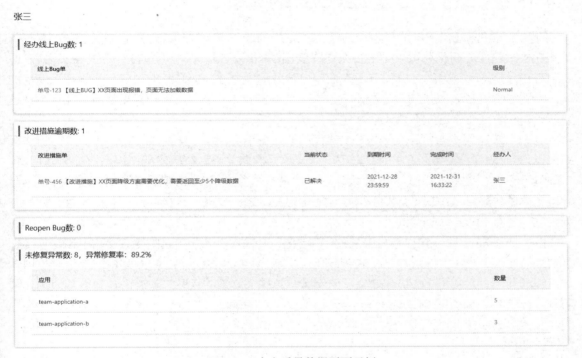

图 5-45　个人质量数据页面示例

质量可视化平台除了提供质量数据的可视化展示，也提供了质量预警能力，通过建设通用的预警任务、预警规则、预警通道等，方便团队和个人快速配置质量预警，以提醒和驱动质量改进。同样，质量预警也面向全局、团队、个人三个维度触达。

图 5-46 是线上问题未修复的质量预警，在全局、团队、个人维度定时发送未修复的线上问题信息，推进线上问题的快速解决。

图 5-46　质量预警示例

5.4　测试智能化

5.4.1　测试智能化与 DevOps 的关系

测试自动化和测试平台化解决的是"怎么测"问题，将一些测试方法和流程进行加工提炼并固化到平台中，简化测试人力的投入和降低出错概率。测试智能化包含"测什么"和"怎么测"两部分，并且将测试对象和范围等细节封装成黑盒，进一步降低测试平台的学习和使用成本，以便达到或者近似达到人工测试的效果，使得构建、测试、发布软件更加高效和可靠。这与 DevOps 的自动化目标不谋而合。

以编写接口用例为例，先学习等价类划分、边界值分析法、因果图方法、正交表分析法等用例设计方法，复杂点的还要用数据工厂完成数据构造，最后在接口测试平台沉淀编写用例。如果这一套流程让开发来做，开发肯定"掀桌子不干了"。因此，测试智能化就是将测试平台做得更简单，并且从用户（开发工程师）视角出发，进一步提升平台易用性和稳定性，为后续测试左移打基础。

以接口测试为例，要实现从自动化到平台化，只需将自动化工具的输入、输出和交互挪到平台即可实现，但要实现从平台化到智能化的下一代接口测试平台，就需要将前面提到接口测试可能涉及测试数据准备、场景定义、用例拆解等环节实现无人化，能否搭建一个不依赖人工用例设计经验和编写用例的测试平台呢？我们引入了精准测试技术、引流测试技术，与传统的接口测试自动化平台共同配合完成接口测试，实现测试人员专注异常用例设计，回归用例完全实现自动化。

5.4.2　精准测试

精准测试是指在软件研发流程中，由代码覆盖率监控分析、代码差异对比、变更代码覆盖率分析及测试用例推荐等功能组成的系统覆盖软件需求范围，提升研发质量和效率。

1．精准测试背景

互联网软件研发测试模式功能需求量大，产品迭代速度快，上线影响用户面广，对产品业务的质量与效率带来了更高挑战。在常见的质量保障流程中，通常是产品运营设计需求方案，开发人员根据产品方案做出技术方案，测试人员根据需求方案设计并准备测试用例。

在测试用例设计的过程中，需要测试人员深入理解功能需求及逻辑，过程中由于人员理解的差异，可能存在用例评估的缺失或放大，加大了质量和效率风险；另外，开发人员需求开发、代码变更可能影响其他功能，如何选取功能的回归范围存在较大挑战。因此，需要一种精准评估、精准测试及精准回归的测试模式，解决以上研发质量和效率挑战。

2．精准测试方案

在研发测试过程中，如何根据变动代码精确评估影响的上游服务存在较大挑战。传统的方式为根据静态代码分析，进行上游调用的回溯，找出受影响的接口服务；采用该方式主要有两个问题：① 基于代码方法（函数）进行回溯，部分代码行、分支的变动不一定影响所有的上游调用，造成影响范围评估的扩大；② 采用静态分析的方式，部分动态类的调用无法纳入评估范围，造成影响范围评估的缺失。

传统的精准评估、测试方式会造成测试范围的放大或缺失，进而影响上线质量及测试效率，存在以下技术难点：① 如何建立测试用例与应用服务之间的关系；② 如何根据代码变更，精准推荐关联用例。为了解决以上问题，可采用实时代码调用链路分析的方式，建立测试用例与代码服务的映射关系，在测试阶段根据变更代码进行用例范围的精确评估与筛选。对于常见互联网产品，用例层级如图 5-47 所示。

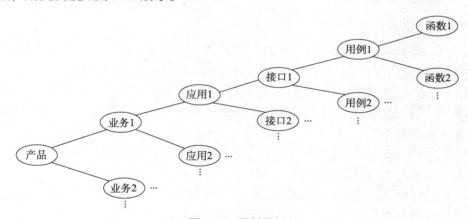

图 5-47　用例层级

相比传统调用静态分析方式，精准测试流程如图 5-48 所示。

① 发起原子化测试用例调用，并分别生成原子调用的覆盖率报告，获取原子化用例覆盖到的方法（函数）列表。

② 建立起原子化用例与代码方法（函数）之间的映射关系。

③ 在测试阶段，根据代码变更的方法（函数）列表，精确搜索第②步关联的原子化用例。

④ 根据精准筛选的原子化用例列表，进行针对性测试。

⑤ 根据精确测试后的结果，进行代码覆盖率的分析，验证变更代码的覆盖情况是否符合预期。

3．精准测试效果

基于以上技术方案建设精准测试系统，在需求测试阶段，可以根据代码变更，精准评估影

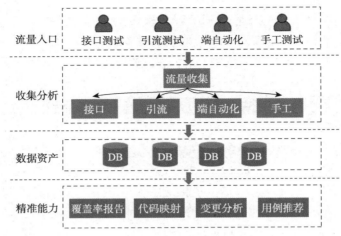

图 5-48　精准测试流程

响到的接口及范围，进行精准测试，根据代码覆盖率评估测试覆盖情况；在测试回归阶段，可以精准检索出代码关联的测试用例，进行功能精准回归。

5.4.3　引流测试

1．引流测试优势

引流测试是近年受热捧的新测试方法，录制接口访问流量数据，可以是测试环境的，也可以是线上环境的，然后在测试回归阶段回放录制的流量，达到利用流量录制服务于测试的目的。实践证明，引流测试能显著降低自动化编写成本、增加测试覆盖率、有效降低漏测概率。

引流测试之所以受推崇，是因为传统服务端测试能力不足且很难解决，具体有如下问题。

（1）测试覆盖度不足

设计测试用例，依赖于设计文档或者开发口述的改动项，但由于文档内容不全、沟通遗漏等人为因素，很难保证用例场景覆盖度 100%。

人工设计测试用例，受个人经验影响较大，初中级工程师较难设计出完整的用例。

（2）自动化编写难度大

接口参数复杂，人工构造测试数据难度大。

接口返回字段多，人工编写校验脚本工作量大。

（3）测试阶段数据不能在回归阶段复用

测试阶段数据难以复用，主要因为上线时间紧，在有限的测试周期内，很难开发完成可以稳定使用的自动化脚本，经常出现测试阶段手工执行一遍，回归阶段再手工执行一遍。

（4）偶现问题难复现

当发现线上偶现问题后，由于原因不清楚，很难找到稳定复现的路径，只能靠猜测可能的原因不断尝试去设计测试用例来复现，可能最后复现了但时间也过去了很久。

（5）非接口无法自动化

传统用于回归测试的自动化工具是针对接口的，对于非接口的如消息消费、定时任务、核心底层算法等无法直接编写自动化，但这些非接口方法也有自动化的需要。

传统测试手段缺点日益明显，无法满足快速迭代的要求，迫切需要新的测试方法弥补不足，引流测试应运而生，它的优点如下。

（1）覆盖度更全

线上接口全，可以完整录制所有接口，不会出现遗漏。

线上场景全，可以录制到所有业务场景，补充传统方式遗漏的测试场景。

（2）编写成本低

接口参数被录制下来，不需要构造参数。

接口返回字段，在回放时全部与录制字段值比对，不需要额外编写验证脚本。

（3）测试数据容易复用

录制动作不需人工值守，在测试阶段的手工测试中产生的接口流量数据被自动录制，在回归阶段被回放，不用额外花时间写自动化，轻易做到测试数据复用。

（4）增加偶现问题复现概率

对于出现的线上偶现问题，可以开启录制任务大量的录制线上流量，可能录到了问题流量，加大了复现概率。

（5）非接口实现自动化

引流的对象是方法，非接口方法轻松实现录制和回放，解决了非接口的自动化测试。

2．引流核心技术点以及原理解析

引流技术的两个核心能力为：① 录制回放对 HTTP、RPC 接口与普通 Java 方法无差别；② 外部依赖服务解耦，需要 Mock 能力。市面上有不少成功的引流方案，如 Tcpcopy、Goreplay、Diffy 等，但这些都是针对 HTTP 接口的录制回放，且不具备 Mock 能力，因此不满足要求。

下面介绍一种能力强大的用在 Java 上的引流技术方案，核心原理是利用 AOP 技术实现录制、回放、Mock。AOP（Aspect Oriented Programming，面向切面编程）技术能拦截方法调用，并在方法执行前后添加干预代码，实现引流。录制、回放、Mock 代码可以作为干预代码，分别在被拦截方法之前和之后插入。如在方法执行前录制参数，在方法结束之前录制返回值，在方法执行前直接返回，而不做代码执行来实现 Mock 能力。如下伪代码示意了这种干预机制。

```
void foo() {
    // BEFORE-EVENT, 参数录制 Mock 方法直接返回
    try {
        ...
        a();
        return;                    // RETURN-EVENT, 返回值录制
    }
    catch (Throwable cause) {       // THROWS-EVENT, 异常信息录制
    }
}
```

下面以一个实际的例子来介绍引流测试模式，如图 5-49 所示。

听歌请求接口做引流测试，听歌请求过程一部分代码被 Mock，另一部分真实执行。真实执行的"用户是否会员和用户设备组装参数"和"歌曲、歌词组装响应值返回"是听歌请求的核心，而被 Mock 部分为核心逻辑提供参数，起辅助作用。引流测试就是被测服务核心代码真实执行和辅助代码 Mock 执行的一种测试模式。

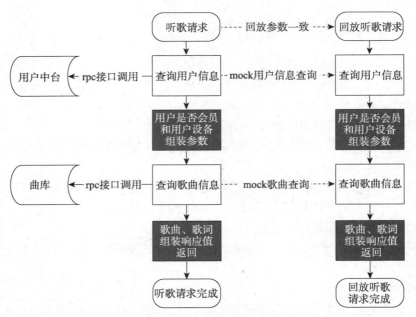

图 5-49　引流测试模式示例

引流测试是将历史流量数据作为参数和比对验证依据，重复回放，以适应频繁回归测试。由于回放环境和录制不同、录制数据过期等因素，为了在回放时顺利走完核心代码，需要对决定代码分支走向的方法做 Mock，同时为了不产生脏数据也需要对存储代码做 Mock。

部分被 Mock 方法未真实执行，那么引流测试结论还可信吗？引流虽对部分辅助代码做了 Mock，但并不是不做任何验证，这些被 Mock 方法的参数会与被录制的参数做比对，如果参数一致，就认为方法返回也一致。被 Mock 方法暂时赋予绝对信任，参数一致就会得到相同的结果。被 Mock 的方法一般是中间件、RPC 接口方法、存储层方法等，这些方法对被测服务来说相当于基础设施起辅助作用，变动概率不大。若 RPC 接口方法基于约定的契约提供服务，契约不变，则 RPC 接口返回定义也不会变。因此，这种辅助代码 Mock 的测试方式可以起到测试核心逻辑的作用，测试结论可以信任。

引流测试需要与传统的测试方式相结合，跨应用多链路的测试场景依靠传统测试方式保障，复杂场景、边界值等依靠引流保障。引流测试覆盖大部分场景用例，传统测试脚本编写成本大但只需覆盖较少的用例，两者结合既做到了测试不遗漏又提高了效率。

所以，引流测试模式的特点如下。

❖ 目标：专注于被测应用自身代码的测试，核心代码真实执行和辅助代码 Mock 执行。

❖ 特点：不产生脏数据、不依赖外部服务；不支持跨应用多链路测试，无法完全代替传统测试。

❖ 使用姿势：录制足够的流量，实现场景全覆盖；少量传统跨应用多链路用例配合大量引流用例，两者结合使用保障质量。

引流测试落地要解决如下问题。

（1）用例去重

引流录制较多的是线上流量，利用线上丰富的流量、广泛的业务场景来补充人工设计测试用例的不足。线上录制往往由于流量太大，重复的用例会比较多，如果不及时的去重，日积月累，用例量越来越大，维护成本也将是巨大的。

用例去重有三种方式。

① 利用接口参数不同来去重，如相同接口两条流量参数字段（全部或者指定字段）值都相同，则只保留一条，这种方式会在录制时先筛选掉一批重复用例。

② 回放时，利用代码行覆盖率报告来去重，如果同一接口两次回放走过的代码行是一样的，那么产生的覆盖率报告就会相同，只保留一条用例，经过覆盖率报告筛选的用例能最大程度做到去重。

③ 覆盖率报告筛选掉的用例，可能属于某些必要的业务场景，不同业务场景的用例有可能走过的代码是一样的，虽然行覆盖相同，但测试意义还在，因此用例去重还要结合场景。将录制的用例关联上场景，基于场景去重，可与覆盖率报告去重相结合。

（2）自动 Mock

引流测试模式的许多方法会被 Mock 掉，如校验类代码、本地缓存、过期判断、随机数、加解密、配置类代码、RPC、公共缓存（Redis、Memcache）、数据库（Mybatis）等。

RPC、Redis、Mybatis 等都是中间件，找到写入和读出的方法做 Mock，由于中间件高度抽象适用范围广，变动频率小，因此已找到的 Mock 方法不会经常调整，一次寻找长期受益。

其他非中间件方法，如基于当前时间判断是否过期、本地缓存查询、应用配置查询等，由于录制和回放环境不同、执行时间不同，导致回放时代码提前结束不会走到要测的核心代码，达不到引流测试的目的，因此部分非中间件方法也需要 Mock。由于不具备高度抽象特性，方法使用千差万别，且应用迭代优化过程中变化频繁，导致寻找难度巨大。实践中，非中间件 Mock 方法寻找和维护是引流测试成本最多的一环。

这里介绍一种成本较低的自动扫描 Mock 方法的方案，步骤如下。

① 总结人工找到的 Mock 方法，发现大部分 Mock 方法来自应用外，以 JAR 包依赖方式服务于被测应用。这也很好理解，微服务时代会把功能细分形成一个个微服务或者工具包，目的是避免重复编码。规律：非中间件 Mock 方法中外部方法占绝大部分；配置查询方法需要被 Mock；部分带有当前时间戳的方法需要被 Mock。

② 进一步总结代码：当前时间戳会调用 System.currentTimeMillis()；配置查询方法有特定注解修饰；应用内不会出现外部方法的定义代码，且适合 Mock 的方法不会出现在数据承载类（Model 类）、公共开源组件（Spring 和 Apache）、Exception、链路追踪等。

③ 利用代码语义分析工具，对第②步总结的代码规律进行扫描获取，找到想要的方法。代码语义分析技术很多，推荐 Bcel，它是 Apache 组织开源的一种字节码分析技术，效率高。

（3）线上录制敏感数据脱敏

出于对真实用户隐私的保护，线上录制的数据需要对敏感字段做加密脱敏处理，防止隐私信息泄露。推荐方案：加密存储、控制查看权限、敏感字段页面脱敏。

3. 引流测试与持续集成的结合

引流测试模式应用于日常软件测试，持续带来价值，需要纳入测试流程规范化执行，如图5-50 所示。

开启线下录制：提测后开启线下录制，录制测试阶段的流量数据，如手工测试产生的接口数据。

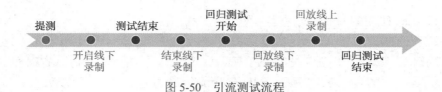

图 5-50　引流测试流程

结束线下录制：测试完成结束线下录制。

回放线下录制：回归测试开始，自动回放测试阶段录制的流量数据，这样回归阶段不需要再执行手工测试。

回放线上录制：回归测试阶段，针对当前提测版本改动项的线下录制回放完成后，还需要再回归历史保留的线上录制用例，目的是防止本次迭代改动项带来其他未预料的问题，做到功能回归全覆盖。

由于现在软件测试流程普遍借助 CI 实现了自动化，因此引流测试也可以实现自动触发，这里介绍比较合适的触发时机，如表 5-8 所示。

表 5-8　触发时机

触发事件	引流动作
提测版本代码分支部署测试环境	开启线下录制任务
提测版本代码合并 Mater 环境	结束线下录制任务
代码部署回归环境	先开启线下回放任务，再开启线上回放任务

5.4.4　契约测试

1. 契约和契约测试介绍

微服务是一种软件架构组织方法，是以专注于单一责任与功能的小型功能区块（Small Building Blocks）为基础，利用模块化的方式，组合出复杂的大型应用程序，各功能区块使用与语言无关的 API 集相互通信。

为了上下游服务解耦和提升研发效率，微服务架构日趋流行，已经逐步被企业采用，相应的质量保障也出现了一些新的挑战：

① 拆分后服务数量变多，功能测试和回归工作量变大。

② 服务调用链路变长，性能和系统稳定性测试变得复杂，传统测试方式不再满足微服务架构下质量保障的高要求。

③ 大量服务重复部署，运维复杂。为了快速交付，多个微服务并行研发交付，自动部署，自动化测试成为持续集成和交付的瓶颈。

④ 开发自测的难度增大。敏捷团队提倡构建质量，测试前移落地开发自测流程，但团队基于需求故事场景设计的测试用例，给微服务的开发自测的数据和环境准备都带来了难度。

⑤ 微服务架构中的部分需求开发周期比较短，上线时间紧急，但是前后端开发排期比较难契合。传统的"服务器先发布客户端再发布"的研发模式在一些急需上线的需求中有了瓶颈，因此需要一种能让前后端开发分离的新研发模式。

⑥ 前后端联调成本非常高。接口定义后，需求变更后未及时同步到上下游，传统的接口定义平台不能及时更新，问题遗漏到联调阶段，导致前后端开发联调效率低，极大地影响了整

个研发效率。

⑦ 前后端并行开发需求，很依赖 Mock 数据构造，传统上依赖 mock.js 或者人肉抓包构造，存在构造的数据无法使用以及成本巨大的问题。

综上，传统敏捷研发模式中开发和测试碰到的核心问题是：前后端开发排期不是所有需求都能完美契合，一些紧急需求必须前端先上线；接口契约制定不够全面，研发过程中契约变更后未及时同步到上下游，Mock 数据依赖契约定义，前后端联调成本高，契约联调/测试解耦比较难落地，影响了整个研发效率。

（1）契约的定义

传统理念中非常重视接口定义、入参和出参，但只关注这些还远远不够。接口有效性和实时性如何保证？接口设计的完备性以及客户端的兼容性如何保证？这里我们提出几个设想：接口不再是人工编写而是自动生成，接口用例部分必须包含 Mock 用例，接口校验必须能通过正则或者其他方式表达出来。为了体现与以前的接口定义、接口评审等的区别，我们给"契约"赋予了新概念：

契约 = 自动生成的接口定义 + 接口测试用例 + Mock 数据用例 + 接口校验

（2）契约测试研发模式

契约测试研发模式，全称是基于契约的前后端解耦测试的研发模式，主要包含新增契约和契约测试用例评审、契约测试用例可执行且前置于冒烟阶段、联调阶段弱化等部分。下面我们通过问题来逐步剖析新研发模式带来的改变和挑战。

契约测试研发模式与敏捷开发流程有什么不同？基于契约的研发模式是在传统敏捷开发的流程基础上加入接口定义自动生成、契约制定和评审的三方握手协定，契约测试用例前置，前后端分离开发等环节，更关注这几个环节的交付内容。在实际落地的过程中，可以总结出来，契约研发模式的核心要素主要有以下 5 点：

① 代码具备自动解析成接口文档能力。

② 接口契约的制定和评审、契约用例评审规范化，具备方便快捷地进行契约三方握手工具和平台。

③ 契约用例的准备需要前置，在开发工程师进入开发中后期阶段，提供契约用例给开发工程师用于自测。这就对测试数据准备的效率提出了一定要求，为了提升测试数据构造的效率，也需要将数据工厂的造数和数据池等能力和契约用例设计能力进行绑定和打通。

④ 冒烟用例要从传统的文本用例转变为可执行用例，并集成到 DevOps 流程中作为提测卡点。

⑤ 从落地结果来看，核心是完成前后端解耦开发。

综上所述，在传统敏捷开发模式中，完成以上要素改造后，可以通过图 5-51 来理解契约测试研发模式与传统敏捷开发模式的区别。

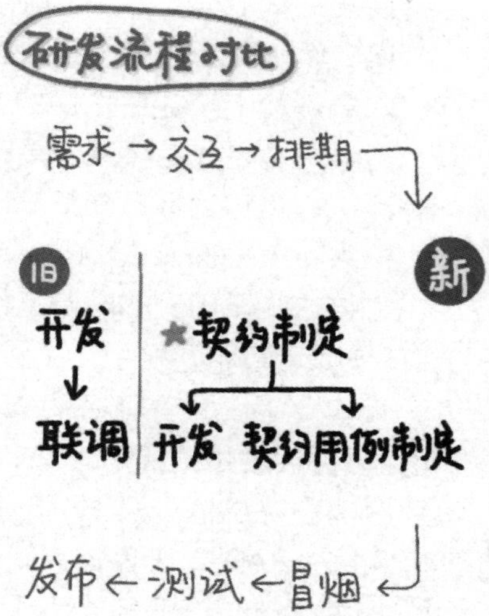

图 5-51 理解契约测试研发模式

2．契约测试研发模式的价值

在企业中推行契约测试研发模式时，曾对研发环节的效率和满意度做了一次问卷调查，结果显示：在开发和测试阶段存在着一些痛点，各角色互倒"苦水"，觉得对方影响自己的效率，大致可分为以下几点。

① 排期对齐问题：前后端开发时间点互相依赖，无法并行工作，排期难，沟通成本比较高。

② 契约变更同步问题：接口定义存在前期沟通不充分问题，导致后期不断变更，且变更未能及时同步到前端和测试工程师。

③ 后端冒烟用例一般都是文本用例为主，开发工程师提测前需要先了解用例，然后利用Postman等工具在本地完成冒烟测试，有一些接口测试用例的设计完成时间未做硬性要求，大概率会后置到功能测试后完成，因而接口测试用例无法给开发复用。

在实际项目中落地契约测试研发模式后，通过设计问题和项目复盘等手段，总结契约测试研发模式的优势主要如下。

① 通过接口契约制定将原来串行和互相依赖的阶段拆解成可以并行的，提升了项目管理中的排期的灵活性。

② 前后端解耦开发让前端开发和测试时间更加灵活，完全不需要依赖服务端契约的开发实现，开发过程中完全基于契约约定开发，消灭了痛苦的联调过程，极大提升了开发效率。

③ 测试工程师有更多的精力和时间聚焦在契约用例的测试数据构造上，通过数据工厂和一键生成Mock数据等工具，极大地降低了契约用例准备时间。

④ 由于引入了代码自动解析技术，契约变更时可自动通知上下游开发和测试，使得契约定义更加精准，测试过程中减少了很多由于接口契约定义没对齐而引起的Bug。

3．契约测试研发模式实施的难点

基于契约的研发模式中，各角色最大的挑战和难点并不在于事情本身难度，而在于"研发只顾埋头开发，反正测试兜底"这种旧思想和旧习惯的转变，具体表现如下。

❖ 后端开发工程师：基于接口定义生成平台完成契约代码编写并提交生成接口契约的初稿，然后发起并主导契约评审，在契约评审通过后再开展实现代码的开发。

❖ 前端开发：契约评审中提供Response数据的不同端特性和校验建议，并且不需要等待后端开发完成，可基于接口契约的Mock数据进行开发。

❖ 测试。在契约评审前根据需求提前设计契约用例，在契约评审过程中多思考 Request请求 ＋Response 返回的映射关系、不同场景下的校验条件；主导完成 Mock 数据用例和接口测试用例的准备工作。

具体实操环节中，角色分工和合作流程如下：

① 接口定义使用接口定义生成平台，后端开发根据契约的规范先写接口 Controller 代码，提交平台后会自动生成接口定义、出参和入参，在接口定义生成平台上完善接口文档和契约规则。后端开发、后端测试工程师、前端开发、前端测试工程师基于接口定义生成平台的契约文档进行评审，记录评审问题。

② 根据评审结论服务端开发修改代码，平台会根据接口定义解析规则自动解析完成标准的接口契约信息。完成修改后的接口定义经过后端开发、后端测试工程师、前端开发、前端测试工程师各方确认后，标记为评审通过后形成正式契约。

③ 后端开发基于契约开展后端开发工作，后端测试工程师同时并行提供契约测试用例。后端开发后期可以使用测试工程师的测试用例完成自测后再提交代码到代码库中。

④ 接口契约平台会根据契约自动生成 Mock 数据，前端开发可以基于这份数据与后端开发解耦进行并行开发，同时前端测试工程师基于契约提供前端的契约 Mock 用例，提供给前端开发做冒烟准入用。

⑤ 前端、后端开发的代码均通过契约接口用例和契约 Mock 用例校验后，再提交给测试工程师做集成测试，测试通过后即可发起上线流程。

4. 契约测试研发模式的展望：轻服务端测试模式

基于契约测试的进一步衍生形态会是什么？以一个自动化测试流水线建设比较完备的项目为例，其中 API 自动化测试覆盖率达到 90%以上，但是项目依然需要花费 5 天的开发联调时间，希望通过测试策略的优化，提高研发效能，并将契约测试作为持续交付的回归环节。

实际落地过程中，就需要落地轻服务端测试模式（持续降低服务端测试人力比，从而提高整个开发测试人数比例），通过整理并解决以下问题来达到目标。

① 整体思路是业务驱动，具体的需求如何拆解得更加合理，拆成可验收的故事，并根据故事设计单测用例、契约用例。

② 如何加强单元测试，流程上，覆盖率衡量，利用代码覆盖率进行部署卡点；提效上，建设 Mock 基础设施，提高 Mock 用例编写效率。

③ 接口定义不严格，不能构成契约关系，如何引入契约测试，即自动的测试和强有力的约束。以此提高微服务间并行研发质量（包括冒烟）和效率。

④ 不断完善 API 自动化和 UI 自动化，结合最少的手工测试和有价值的探索式测试保障整体质量。

团队的质量文化依赖团队各成员的共同构建，可以与开发协作确定好团队对质量的分工，无论分工如何，明确大家共同对质量负责，这时明确好团队对哪个环节的质量负责，并根据实际情况制定好每个小目标，进行持续改进再优化。比如，提倡业务驱动测试，强调测试工程师从用户角度对产品进行质量保障；提倡测试驱动开发，在持续集成中将单元测试作为集成前的卡点环节；若整个团队质量意识不高，可以先这么做：制定不同服务之间的契约关系，结合接口自动化，完成自测，提高开发工程师自测环节的测试效率、接口测试用例由测试和开发工程师共同维护，也算是开始践行"契约先行"的契约研发模式了。

5.4.5 MLOps 简介

随着机器学习（Machine Learning，ML）相关技术的快速发展，机器学习项目不断证明其价值，越来越多的企业希望使用机器学习实现其业务目标，对于机器学习项目落地愈发重视，对业务的理解、模型应用流程等都做得越来越好，越来越多的模型被部署到真实的业务场景中。但是当业务真实开始使用时，就会对模型有各种各样的需求反馈，算法工程师开始需要不断迭代开发，频繁部署上线。随着业务的发展，模型应用的场景也越来越多，管理和维护这么多模型系统就成了一个切实的挑战。而机器学习操作 MLOps 就是用来解决此类问题。

MLOps 是新兴的技术实践，发展迅速并在业界受到广泛关注，已经逐步成为主流实践。本节首先阐述 MLOps 定义，然后介绍 MLOps 与 DevOps 的联系和区别，最后介绍 MLOps 的步骤。

1．MLOps 的定义

MLOps 是一套旨在在生产中可靠、高效地部署和维护机器学习模型的实践。

MLOps 是一种机器学习（ML）工程文化和做法，旨在统一机器学习系统开发（Dev）和机器学习系统运维（Ops）。实施 MLOps 意味着，将在机器学习系统构建流程的所有步骤（包括集成、测试、发布、部署和基础架构管理）中实现自动化和监控。

2．MLOps 与 DevOps 的联系和区别

DevOps 是开发和运行大规模软件系统的一种常见做法，具有诸多优势，如缩短开发周期、提高部署速度、实现可靠的发布等。机器学习系统是一种软件系统，因此类似的做法有助于确保可靠地大规模构建和运行机器学习系统。

但是，机器学习系统在以下方面与其他软件系统不同。

① 团队技能：在机器学习项目中，团队通常包括数据科学家或机器学习研究人员，他们主要负责探索性数据分析、模型开发和实验。这些成员可能不是经验丰富的、能够构建生产级服务的软件工程师。

② 开发：机器学习在本质上具有实验性，工程师应该尝试不同的特征、算法、建模技术和参数配置，以便尽快找到问题的最佳解决方案。工程师面临的挑战在于跟踪哪些方案有效、哪些方案无效，并在最大程度提高代码重复使用率，同时维持可重现性。

③ 测试：测试机器学习系统比测试其他软件系统更复杂。除了典型的单元测试和集成测试，还需要验证数据、评估经过训练的模型质量。

④ 部署：在机器学习系统中，部署不是将离线训练的机器学习模型部署为预测服务那样简单。机器学习系统可能要求工程师部署多步骤流水线，以自动重新训练和部署模型。此流水线会增加复杂性，并要求工程师自动执行部署之前由数据科学家手动执行的步骤，以训练和验证新模型。

⑤ 生产：机器学习模型的性能可能会下降，不仅因为编码不理想，也因为数据资料在不断演变。换句话说，与传统的软件系统相比，模型可能通过更多方式衰退，而工程师需要考虑这种降级现象。因此，工程师需要跟踪数据的摘要统计信息并监控模型的在线性能，以便系统在与预期不符时发送通知或回滚。

机器学习和其他软件系统在源代码控制的持续集成、单元测试、集成测试和软件模块或软件包的持续交付方面类似。但是，在机器学习中存在如下显著的差异。

❖ CI 不仅测试和验证代码及组件，还会测试和验证数据、数据架构和模型。

❖ CD 不针对单个软件包或服务，而是针对应自动部署其他服务（模型预测服务）的系统（机器学习训练流水线）。

❖ CT 是机器学习系统特有的一个新属性，主要涉及自动重新训练和提供模型。

MLOps 基于 DevOps 原则和实践，可提高工作流效率，如持续集成、交付和部署。MLOps 将这些原则应用到机器学习过程，可更快地试验和开发模型，更快地将模型部署到生产环境，实践和优化质量保证。

3．MLOps 步骤

MLOps 的步骤主要包括如下 3 个（如图 5-52 所示）。

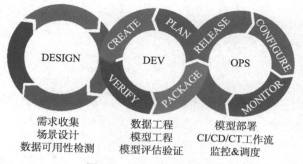

需求收集　　　数据工程　　　模型部署
场景设计　　　模型工程　　CI/CD/CT工作流
数据可用性检测　模型评估验证　监控&调度

图 5-52　MLOps 的步骤

❖ 项目设计，包括需求收集、场景设计、数据可用性检查等。

❖ 模型开发，包括数据工程、模型工程、评估验证等。

❖ 模型运维，包括模型部署、CI/CD/CT 工作流、监控与调度触发等。

DevOps 通过缩短开发部署的时间来更快地迭代软件产品，使得业务不断进化。MLOps 的逻辑也是通过相似的自动化和迭代形式，加快企业从数据到洞察的价值获取速度。

4. MLOps 工作流程

MLOps 工作流程如图 5-53 所示，聚焦在高层控制流和关键输入、输出上。

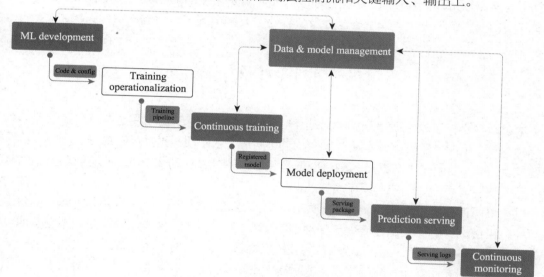

图 5-53　MLOps 工作流程

这不是一个必须顺序地通过所有流程的瀑布式工作流，流程可以跳过，或者流可以重复给定的阶段或流程的子序列。

① 机器学习开发阶段的核心活动是实验。数据科学家和机器学习研究人员主要工作就是搭建模型架构和日常训练，他们创建标记的数据集，并使用特征和其他可复用的机器学习组件，通过数据和模型管理进行管控。这个过程的主要输出是一个形式化的训练过程，包括数据预处理、模型架构和模型训练设置。

② 如果机器学习系统需要持续训练，训练过程将作为训练管道进行操作。这需要一个 CI/CD 例程来构建、测试并将管道部署到目标执行环境。

③ 基于再训练触发器，重复执行连续训练管道，生成模型作为输出。当新的数据可用或者当检测到模型性能衰减时，将重新训练模型。由训练管道产生的其他训练工件和元数据也会被跟踪。如果管道生成了一个成功的候选模型，那么模型管理流程将跟踪该候选模型作为一个注册的模型。

④ 对已注册的模型进行注释、评审和批准，然后将其部署到生产环境中。如果使用无代码解决方案，那么这个过程可能相对不透明，或者可能构建一个自定义 CI/CD 管道来进行渐进交付。

⑤ 已部署模型使用指定的部署模式提供预测，即在线、批处理或流预测。除了提供预测，服务运行时还可以生成模型解释，并捕获持续监控流程所使用的服务日志。

⑥ 连续监控流程监控模型，以获得预测的有效性和服务。有效性性能监测的主要关注点是检测模型衰减，如数据和概念漂移，还可以监视模型部署的效率指标，如延迟、吞吐量、硬件资源利用率和执行错误。

5. MLOps 小结

关于 MLOps，我们从定义、步骤和工作流程做了简要介绍，读者可以基本了解 MLOps。在未来的几年，随着智能化的技术升级，MLOps 将发挥更大的作用，技术体系也将更加成熟。总之，未来 MLOps 的发展将在流水线间的连通性、模型线上自更新、资源伸缩性管理、模型自动调参、模型可解释性、模型安全性及公平性等方面得到进一步的探索和实践。

本章小结

本章重点剖析了软件质量管理的自动化（线下测试能力自动化和线上产品质量监控体系）、可视化、智能化三个质量体系构建过程中的关键阶段。软件质量是产品的血液，软件质量保障想要成功，不仅要覆盖本章提及的测试范围及其对应的测试自动化能力，还要依赖整个团队的两个重要软性素质——创新意识和质量意识。

以质量可视化建设为例，业界建设质量可视化的重点都放在了可视化展示手段上，会更关注可视化平台本身的交互是否合理和便利，而忽略了其他部分。这些业界经验如果在落地过程中直接采用"拿来主义"，而不是采用"引进、消化、吸收、再创新"模式，大概率会失败。这时就要深入思考质量可视化的本质，从而提出创新观点：可视化是工具，质量可视化的重点仍然在团队的质量上，特别要关注和推动管理可视化，这有助于质量标准化的落地。管理可视化就是把一些质量管理相关的核心指标进行梳理总结，然后推动纳入团队的核心 KPI，使得整个研发过程质量变得可度量、可管理、可奖惩。如果质量保障工作中忽视了"再创新"的思考，是很难想到管理可视化这个要点的。

其次，做好质量保障工作，除了从以上涉及的四个方向去思考和规划，还有一项同等重要的因素，就是整个团队的质量意识。特别是在 DevOps 团队中，团队中成员的职责会模糊化，质量保障意识的提高更需要落实到每个成员。在一个成熟的质量保障团队中，一定需要有人能像软件测试架构师那样通盘考虑测试策略的合理性，深思熟虑地考虑如何才能测试成功。在整个研发周期中，需要有人进行如下思考：测试的目标和范围是什么？测试的深度和广度是什么？测试的重点和难点是什么？如何评估测试结果？

这些问题就是一个思考过程，不一定需要有输出。对一个好的质量保障团队来说，最好的情况就是人人都有测试架构师一样的质量意识。

参考文献

[1] JUnit 5 官网.

[2] TestNG 官网.

[3] JMockit 官网.

[4] PowerMock 官网.

[5] AssertJ 官网.

[6] EvoSuite 官网.

[7] 谷歌云架构中心官网.

[8] Maxim 的 Github 官方首页.

[9] sjk_swiftmonkey 的 Github 官方首页.

习 题 5

5-1 单元测试的目的是（　　　　）。（多选）

A．快速检测系统变更影响

B．简化集成与回归测试

C．驱动设计

D．资产沉淀

5-2 降低单元测试的编写和维护成本的方法是（　　　　）。（多选）

A．少写单元测试

B．明确测试框架、测试边界和快速断言

C．测试驱动开发

D．引入智能化单元测试工具

5-3 关于服务端性能测试的描述中，正确的是（　　　　）。（多选）

A．性能是衡量系统响应及时性的一组指标，性能测试是这一组指标的度量工作。

B．性能测试类型包括负载测试、压力测试、容量测试等。

C．性能分析主要围绕业务性能指标、资源使用情况、被测服务日志，以及 Nginx、Tomcat 等日志或监控。

D．MRT（Mean Response Time）平均响应时间是衡量一段时间内系统所有请求的响应时间平均值。

5-4 客户端性能测试的基础指标包括（　　　　）。（多选）

A．CPU

B．内存

C．耗电量

D．流量

5-5 关于兼容性机型选择的逻辑，以下描述中正确的是（　　　　）。（单选）

A．屏幕尺寸不会引发兼容性测试问题

B. 如需求活动仅在 Android 终端上进行推广，则不需选择 iPhone 终端进行覆盖测试

C. 兼容性测试机器选择只需覆盖主流的厂商即可

D. 选择机器进行兼容性测试时，只需从机器中随机选择一款浏览器进行覆盖测试即可

5-6 （　　）UI 自动化框架可以在跨端以及跨多系统的情况下使用。（单选）

A. Espresso

B. XCUITest

C. Appium

D. UIAutomator

5-7 关于服务端稳定性测试，以下描述中正确的是（　　）。（多选）

A. 稳定性测试是衡量系统可用性的验证工作

B. 稳定性测试大致分为隔离测试、依赖治理、降级演练、故障演练等

C. 故障演练主要验证预案的有效性，包括限流、静态化、数据降级等，可以忽略硬件差异

D. 依赖治理通常用于整改不合理强依赖关系，提升系统健壮性，提升系统自愈能力，帮助诊断故障根因、容量变化趋势

5-8 质量保障手段中的舆情监控的目的是（　　）。（多选）

A. 快速获取用户心声、问题反馈和产品建议

B. 加强对用户使用监控

C. 提升用户使用体验

D. 实现线上问题闭环提效

5-9 MLOps 的优势包括（　　）。（多选）

A. 更快地试验和开发模型

B. 更快地将模型部署到生产环境

C. 质量保证和端到端的系统跟踪

D. 更复杂的流程

5-10 精准测试的主要目的是（　　）。（多选）

A. 发现前期未考虑到的功能点，完善功能输入

B. 精确推荐回归测试范围，提升研发测试效率

C. 避免开发过程中原有功能评估遗漏，提升上线质量

D. 结合代码覆盖率评估测试覆盖情况，补充完善测试覆盖

实 践 篇

第 6 章

DevOps

DevOps 基础实践

为了有效地利用 DevOps 自动化软件开发过程，相关实践是绝对必要的。本章以及后续章节将尽可能利用现有的工具围绕团队自己开发的 Demo 项目，展开一系列 DevOps 的实践，旨在帮助初学者，通过近乎实战的场景，切实掌握好 DevOps 基本技能。具体涉及的工具和软件包括了 Docker、Git 以及与 Demo 项目有关的运行时软件环境。

6.1　阿里云容器镜像云基础实践

容器镜像是轻量的、可执行的独立软件包，包含软件运行所需的所有内容：代码、运行时环境、系统工具、系统库和设置。容器化软件保证了软件任何环境中都能够始终如一地运行。容器赋予了软件独立性，使其免受外在环境差异（如开发和测试环境的差异）的影响，从而有助于减少团队间在相同基础设施上运行不同软件时的冲突。

阿里云容器镜像服务（Alibaba Cloud Container Registry，ACR）是托管及高效分发容器镜像的平台。下面讲解如何使用阿里云容器镜像服务。

首先，理解如下概念。

① 实例：指容器镜像服务的实例，可以将容器镜像服务理解为编程中的接口，是实现这个接口的类。有了实例就可以真正地使用容器镜像服务。

② 命名空间：用于区分在实例中不同的镜像仓库的标志，可以简单理解为标签。

③ 镜像仓库：用于保存镜像的仓库。

三者之间的关系如图 6-1 所示。

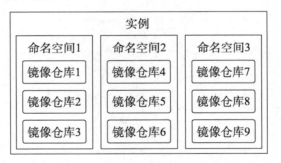

图 6-1　阿里云容器镜像服务的基本概念

6.1.1　实验目的和实验环境

【实验目的】

（1）了解容器镜像概念。

（2）掌握阿里云容器镜像服务的基本使用。

【实验环境】

Chrome 浏览器，阿里云账号。

6.1.2 实验步骤

1.注册并登录阿里云账号

进入阿里云的注册页面，填写注册相关信息，如图 6-2 所示。

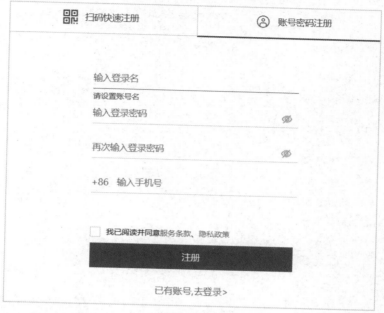

图 6-2 阿里云账号注册

注册完成后，进行登录。

2.创建个人实例

登录成功后，创建容器服务个人实例，如图 6-3 所示。

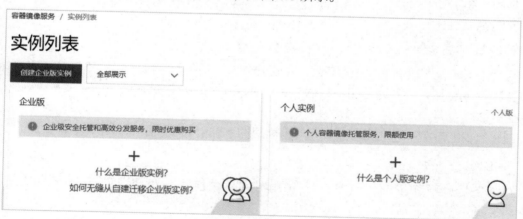

图 6-3 创建容器服务个人实例

选择"个人实例"，在弹出的窗口中单击"创建个人版"，如图 6-4 所示。

图 6-4 创建容器服务的弹出窗口

稍等片刻，个人实例创建成功，在随后弹出的页面中设置注册登录密码，即可开始使用容器镜像服务。

3．创建命名空间

在"个人示例"页面的"仓库管理"中单击"命名空间"，创建命名空间，其名称不可以重复，如图 6-5 所示。作为示例，创建名为"devops-practice"的命名空间，读者可以自行创建不同的命名空间。

创建后，即可在命名空间页面看到刚刚创建的命名空间（如图 6-6 所示）。

4．创建镜像仓库

在"个人示例"页面的"仓库管理"中单击"镜像仓库"，创建镜像仓库，选择上面创建的命名空间，填写必要信息，如图 6-7 所示。

填写完成后，单击"下一步"按钮，出现如图 6-8 所示的页面，在代码源中选择本地仓库，然后单击"创建镜像仓库"按钮。

完成后，就可以看到创建好的镜像仓库。

至此，阿里云容器镜像服务的基本创建流程完毕，创建好的镜像仓库可供后续使用。

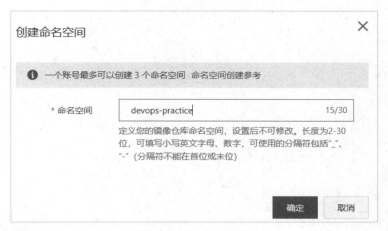

图 6-5　创建命名空间窗口

图 6-6　命名空间列表

图 6-7　填写镜像仓库信息

图 6-8　创建镜像仓库

6.2　Git 基础实践

Git 是一个免费和开源的分布式版本控制系统，旨在以速度和效率处理从小型到大型项目的所有内容。Git 易于学习，占用空间小，性能快如闪电，优于 SCM 工具，如 Subversion、CVS、Perforce 和 ClearCase，采用分布式版本库的方式，不需服务器的软件支持，具有廉价的本地分支、方便的暂存区域和多个工作流等功能。Git 可以不受网络连接的限制，加上其他众多优点，目前已经成为程序开发人员项目版本管理时的首选，非开发人员也可以用 Git 来做自己的文档版本管理工具。Git 流程图示例如图 6-9 所示。

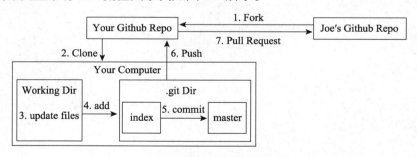

图 6-9　Git 流程图示例

6.2.1　实验目的和实验环境

【实验目的】

（1）了解 Git 的安装方法。

（2）掌握 Git 的基本使用方法。

【实验环境】

（1）操作系统：CentOS 7。

（2）Git：2.36.0 版本及以上。

6.2.2　实验步骤

1．Git 的组成

Git 的组成如图 6-10 所示。

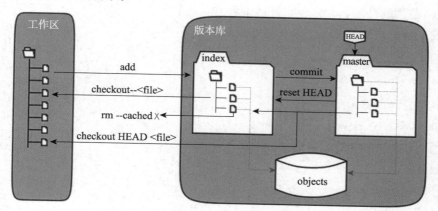

图 6-10　Git 的组成

工作区：在本地能看到的项目目录。

暂存区（stage 或 index）：一般存放在 .git 目录的 index 文件（.git/index）中，所以也被称为索引（index）。

版本库：工作区的隐藏目录 .git，不算工作区，而是 Git 的版本库。

2．Git 的安装

在 CentOS 中，可以通过 yum 命令安装 Git（以 2.36.0 版本为例）：

```
$ yum install curl-devel expat-devel gettext-devel openssl-devel zlib-devel
$ yum -y install git-core
$ git --version
git version 2.36.0
```

或者，可以通过源码安装，最新源码包的下载见 git-scm 网站。

3．Git 的配置

安装完 Git 后，要做的第一件事就是设置用户名和邮件地址。这很重要，因为每个 Git 提交都会使用这些信息，需要写入每次提交，不可更改：

```
git config --global user.name "your username"
git config --global user.email "your email"
```

如果使用了 "--global" 选项，那么该命令只需运行一次，因为之后无论在系统上做任何事情，Git 都会使用那些信息。如果针对特定项目使用不同的用户名称和邮件地址，就可以在那个项目目录下运行没有 "--global" 选项的命令来配置。

4. Git 常用命令

添加文件到暂存区：

```
git add
```

查看仓库当前的状态，显示有变更的文件：

```
git status
```

比较文件的不同，即暂存区和工作区的差异：

```
git diff
```

提交暂存区到本地仓库：

```
git commit
```

回退版本：

```
git reset
```

删除工作区文件：

```
git rm
```

下载远程代码并合并：

```
git pull
```

上传远程代码并合并：

```
git push
```

以上只是列出了常用的 Git 命令，每条命令的具体参数使用可以参考官方文档。

5. Git 提交流程

① 将改动后代码添加至暂存区。

② 提交暂存区至本地仓库。

③ 向远端仓库提交代码：

```
git add .
git commit -a -m "commit message"
git push origin <branch>
```

6.3 GitHub 基础实践

GitHub 是通过 Git 进行版本控制的软件源代码托管服务平台。

Git 是一种分布式版本控制系统（Distributed Version Control System），广义上是分布式协议或者一种文化。目前，支持 Git 的平台有很多，如 GitHub、GitLab、Gitee。狭义的 Git 是指安装在计算机上的任何客户端工具或者终端。Git 的功能主要是实现 Git 协议的种种操作，维系本地仓库和远程仓库之间的协同、同步等。Git 是 DevOps 最基础的技能之一。

GitHub 是一种将 Git 用作其核心技术的云平台，简化了协作处理项目的过程，提供了网络、命令行工具，以及可使开发人员和用户一起工作的总体流程。GitHub 充当 Git 中的"远程存储库"。

6.3.1 实验目的和实验环境

【实验目的】

（1）注册 GitHub 账号。

（2）尝试 GitHub 的 Fork 操作，克隆仓库。

（3）了解 GitHub 的 Pull 操作，拉取仓库。

【实验环境】

（1）Chrome 浏览器（版本 100.0.4896.127 及以上，64 位）。

（2）个人邮箱账号。

6.3.2 实验步骤

1．注册

进入 GitHub 官网，单击右上角的"Sign up"，如果是首次使用 GitHub，还必须按照如图 6-11 所示的步骤进行注册。输入一个未注册过 GitHub 的邮箱，然后单击"Continue"按钮。

图 6-11　GitHub 邮箱注册

2．设置密码

在出现的页面中设置密码。确保密码的复杂度够强，此时显示三条绿杠并显示"Password is strong"（如图 6-12 所示），继续单击"Continue"按钮。

3．设置用户名

设置用户名后，单击"Continue"，出现询问"是否通过邮箱接受 GitHub 产品的更新"的页面（如图 6-13 所示），输入"y"或"n"后，单击"Continue"按钮。

4．验证是否机器人

出现如图 6-14 所示的页面，进行验证，通过后，则出现如图 6-15 所示的页面，单击"Create account"按钮。

5．输入邮箱验证码

出现如图 6-16 所示的页面。前往前面输入的自己的邮箱，查看收到的 GitHub 邮箱验证码。然后输入其中的验证码。

图 6-12 设置密码

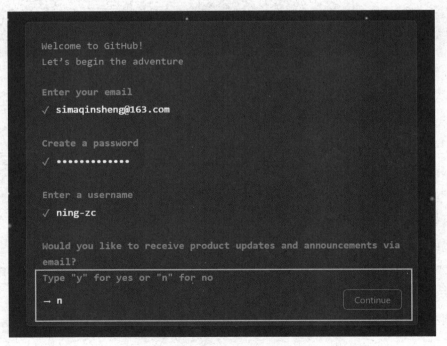

图 6-13 用户名设置

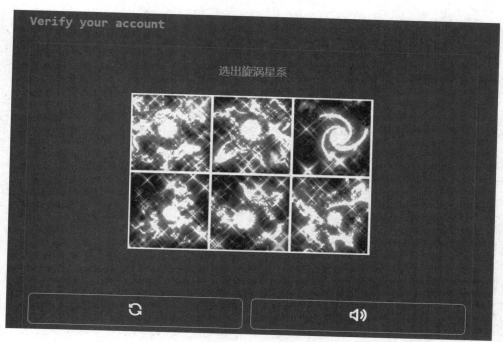

图 6-14　账户验证

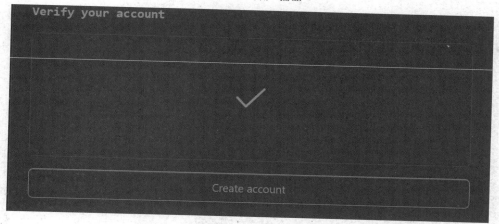

图 6-15　验证成功

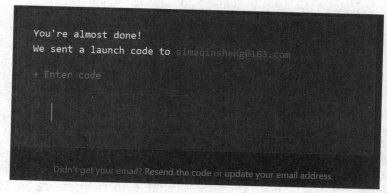

图 6-16　邮箱验证

6. 完善账号

出现如图 6-17 所示的页面，选择用户类型，然后单击"Continue"按钮；出现如图 6-18 所示的页面，选择感兴趣的 GitHub 特性，然后单击"Continue"按钮；出现如图 6-19 所示的页面，单击"Continue for free"按钮即可。

图 6-17　选择用户类型

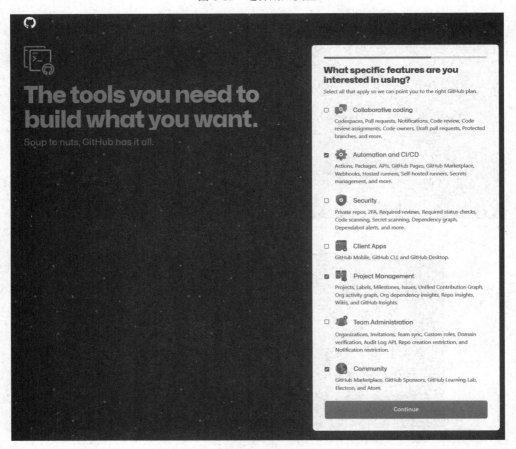

图 6-18　选择感兴趣的 GitHub 特性

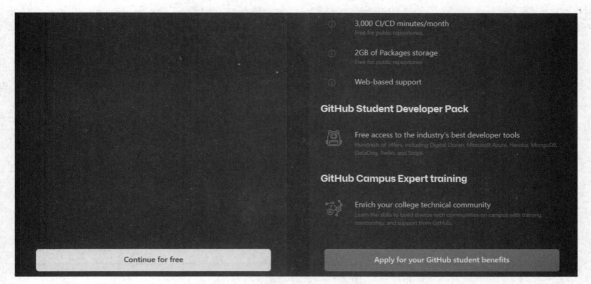

图 6-19　免费账户完善

7．注册成功

出现如图 6-20 所示的页面，表明注册成功，用户就可以使用 **GitHub** 的各项功能了。

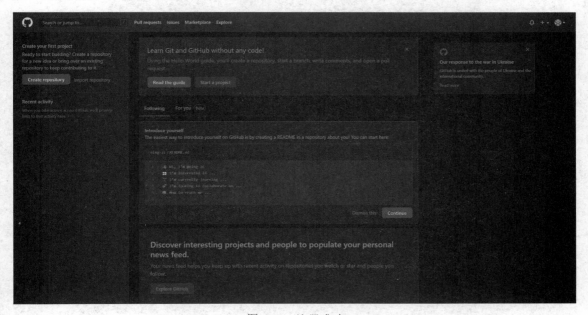

图 6-20　注册成功

也可以单击"Read the guide"按钮，进行官方教程的实践。

8．复制仓库

在"DaseDevops"页面（如图 6-21 所示）中单击右上角的"Fork"，出现如图 6-22 所示的页面，单击"Create fork"按钮，则将 DaseDevOps 项目成功复制到自己的账号（如图 6-23 所示）。

图 6-21　克隆仓库（一）

图 6-22　克隆仓库（二）

图 6-23　克隆仓库（三）

9. 拉取仓库代码到本地

进入复制来的仓库（如图 6-24 所示），单击"Code"按钮，复制 HTTPS 部分的链接。

图 6-24　拉取仓库代码到本地

随后在命令行终端中使用如下命令，即可将仓库代码拉取到本地。

```
git clone https://github.com/<user-name>/DaseDevops.git
```

6.4　GitLab 基础实践

GitLab 是一个用于仓库管理系统的开源项目，是使用 Git 作为代码管理工具并搭建的 Web 服务。安装方法可参考 GitLab 在 GitHub 上的 Wiki 页面。

2022 年 2 月，GitLab 推出 GitLab SaaS（JihuLab.com），即极狐 GitLab，为中国用户提供从源代码托管到开发运维的全栈式一体化 DevOps SaaS 平台和企业级专家咨询服务，从设计到投产，覆盖 DevSecOps 全流程，可以帮助团队更快、更安全地交付更好的软件，提升研运效能，实现 DevOps 价值最大化。

6.4.1　实验目的和实验环境

【实验目的】

（1）注册极狐 GitLab（JihuLab）账号。

（2）尝试极狐 GitLab（JihuLab）的复制。

【实验环境】

（1）个人邮箱账号。

（2）个人手机号。

6.4.2　实验步骤

1. 极狐 GitLab 注册

进入极狐 GitLab 官网（如图 6-25 所示），单击"Register now"，进行注册（如图 6-26 所示）。

图 6-25　极狐 GitLab 注册（一）

图 6-26　极狐 GitLab 注册（二）

填写用户名、E-mail、手机号信息和密码（至少 10 个字符），单击"Get Code"按钮，获取手机验证码，填入"Verification code"文本框，然后单击"Register"按钮进行注册。

2. 复制仓库

进入极狐 GitLab 页面后，在"DaseDevOps"页面(如图 6-27 所示)中单击右上角的"Fork"，出现如图 6-28 所示的页面，填写"Project name"和"Project URL"，然后单击"Fork project"按钮，出现如图 6-29 所示的页面，说明仓库复制成功。

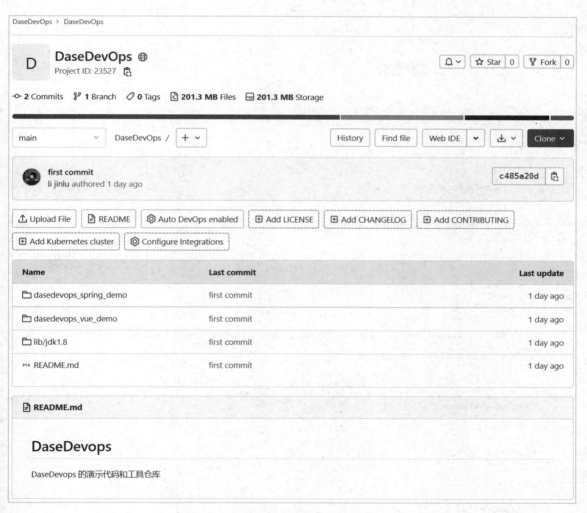

图 6-27　极狐 DaseDevOps 仓库

图 6-28　填写相关信息

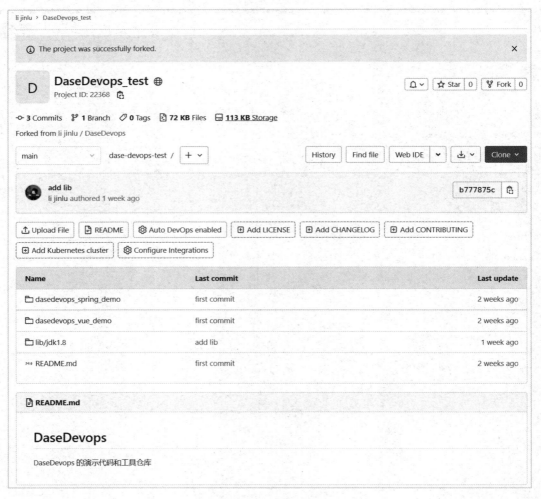

图 6-29　仓库复制成功

6.5　Docker 基础实践

　　Docker 最初是 dotCloud 公司创始人所罗门·海克思（Solomon Hykes）发起的一个公司内部项目，是基于 dotCloud 公司多年云服务技术的一次革新，于 2013 年 3 月以 Apache 2.0 授权协议开源，主要项目代码在 GitHub 上进行维护。Docker 项目后来加入了 Linux 基金会，并成立了推动开放容器联盟（Open Container Initiative，OCI）。

　　Docker 自开源后受到广泛的关注和讨论，因此在 2013 年，dotCloud 公司改名为 Docker。Docker 最初是在 Ubuntu 12.04 上开发并实现的，后来得到了 Red Hat 的 RHEL 6.5 及以上和 Google PaaS 产品的支持。Docker 使用 Google 公司推出的 Go 语言进行开发，基于 Linux 内核的 Cgroups、命名空间和 AUFS 类的 Union FS 等技术，对进程进行封装隔离，属于操作系统层面的虚拟化技术。由于隔离的进程独立于宿主和其他隔离的进程，因此 Docker 也被称为容器。Docker 最初实现是基于 LXC，从 0.7 版本后开始去除 LXC，转而使用自行开发的 Libcontainer；从 1.11 版本开始，进一步演进为使用 runC 和 Containerd。

　　Docker 在容器的基础上进行了封装，从文件系统、网络互联到进程隔离等，极大地简化了容器的创建和维护，比虚拟机技术更为轻便、快捷。

6.5.1　实验目的和实验环境

【实验目的】

（1）了解 Docker 的安装方法。

（2）掌握 Docker 的基本使用方法。

（3）掌握部署简易网页的多种方式。

【实验环境】

（1）操作系统：CentOS 7。

（2）Python：3.8 版本。

（3）Docker：20.10.5 版本。

（4）Flask：1.1.2 版本。

6.5.2　实验步骤

1. 安装 Docker

Docker 支持在 Linux、Windows 和 macOS 等操作系统上安装运行，本节以 CentOS 7 操作系统为例进行介绍。

Docker 官方提供了一键安装脚本，只需要执行如下命令：

```
$ curl -fsSL https://get.docker.com | bash -s docker --mirror Aliyun
```

如果安装速度慢，就可以尝试使用 daocloud 提供的加速脚本进行安装：

```
$ curl -sSL https://get.daocloud.io/docker | sh
```

安装 Docker 后，自启动的命令如下：

```
$ systemctl enable docker
$ systemctl start docker
```

安装完毕，可以尝试拉取 hello-world 镜像。如果不进行镜像源的配置，默认从 Docker Hub 拉取镜像，也可以通过配置镜像源来加速镜像的拉取：

```
$ curl -sSL https://get.daocloud.io/daotools/set_mirror.sh " sh
 -s http://f1361db2.m.daocloud.io
```

通过拉取并运行 hello-world 镜像，测试 Docker 是否安装正确：

```
$ docker run hello-world
```

如果顺利，就会显示如下类似信息：

```
Unable to find image 'hello-world:latest' locally
latest: Pulling from library/hello-world
ca4f61b1923c: Pull complete
Digest: sha256:be0cd392e45be79ffeffa6b05338b98ebb16c87b255f48e297ec7f98e123905c
Status: Downloaded newer image for hello-world:latest
Hello from Docker!
This message shows that your installation appears to be working correctly.
To generate this message, Docker took the following steps:
1. The Docker client contacted the Docker daemon.
2. The Docker daemon pulled the "hello-world" image from the Docker Hub.(amd64)
3. The Docker daemon created a new container from that image which runs the
executable that produces the output you are currently reading.
4. The Docker daemon streamed that output to the Docker client, which sent it
to your terminal.
To try something more ambitious, you can run an Ubuntu container with:
$ docker run -it ubuntu bash
Share images, automate workflows, and more with a free Docker ID:
https://cloud.docker.com/
For more examples and ideas, visit:
https://docs.docker.com/engine/userguide/
```

若能正常输出以上信息，则说明安装成功。

如果屏幕出现如下信息：

```
Cannot connect to the Docker daemon at unix:///var/run/docker.sock. Is the docker daemon
running?
```

可能的原因是 Docker 的引擎没有启动成功，请执行如下命令启动 Docker 引擎：

```
$ systemctl start docker
```

待引擎启动成功后，再执行 "docker run hello-world" 命令。

Docker 常用的命令如下。

拉取镜像：

```
$ docker pull 镜像名
```

查看镜像：

```
$ docker ps
```

运行容器：

```
$ docker run <镜像名>
```

查看容器：

```
$ docker ps
```

停止容器：

```
$ docker stop <容器id>
```

删除容器：

```
$ docker rm <容器id>
```

对于不了解的命令，可以通过参数 "-h" 获取帮助，如：

```
$ docker -h
$ docker run -h
```

2．注册 Docker Hub

Docker 官方的镜像仓库为 Docker Hub，如果需要将自己本地制作的镜像提交到 Docker Hub，就需要访问其网页，填写相关信息注册，如图 6-30 所示。

图 6-30　DockerHub 会员注册

注册完成后，可以在本地命令行中登录 Docker：

```
$ docker login
```

后续会提示分别输入 Username 和 Password。如果信息正确，系统就会提示 "Login Succeeded" 表示登录成功。

3．运行第一个 Docker 容器

通过以上操作，已经在本机中建立好了 Docker 环境，接下来运行 alpine 容器。它是一个轻量级的 Linux 发行版，用于学习 Docker 的基本操作。

在命令行中执行以下命令：

```
$ docker pull alpine
```

从远端的 Docker Hub 仓库中将容器镜像拉取到本地，可以利用 docker images 来查看本地已有的镜像文件：

```
$ docker images
REPOSITORY          TAG       IMAGE ID        CREATED         VIRTUAL SIZE
alpine              latest    c51f86c28340    4 weeks ago     1.109 MB
hello-world         latest    690ed74de00f    5 months ago    960 B
```

从列表中可以看出，本地已经有了 alpine 的镜像，执行"docker run"命令，将某个镜像实例化为容器：

```
$ docker run alpine ls -l
total 48
drwxr-xr-x      2 root     root         4096 Mar  2 16:20 bin
drwxr-xr-x      5 root     root          360 Mar 18 09:47 dev
drwxr-xr-x     13 root     root         4096 Mar 18 09:47 etc
drwxr-xr-x      2 root     root         4096 Mar  2 16:20 home
drwxr-xr-x      5 root     root         4096 Mar  2 16:20 lib
......
```

运行"docker run"命令后，究竟发生了什么？

① Docker 客户端通知运行在后台的 Docker 守护进程。

② Docker 守护进程检查本地文件系统查看镜像（在本例中是 alpine）是否存在，如果不存在，就从远端的 Docker 仓库中下载。

③ Docker 守护进程创建 alpine 容器，并从中运行用户指定的命令。

④ Docker 守护进程将容器中指令运行的结果返回给 Docker 客户端。

命令"docker run alpine ls -l"中，参数"ls -l"指明，启动这个容器后，以交互方式让容器执行这条 Linux 命令，因此可以看到容器列出了其内部的文件目录。

读者可以再试试其他命令：

```
$ docker run alpine echo "hello from alpine" hello from alpine
```

可以看到，在容器中执行命令与在本机上执行的效果一致，容器的启动速度是秒级的，非常快。

默认情况下，容器运行完所有命令后会自动退出，可以用"docker ps -a"命令来查看主机上所有的容器进程：

```
$ docker ps -a
```

显示如下：

```
CONTAINER   IMAGE    COMMAND     CREATED      STATUS       PORTS    NAMES     36171a5da744
alpine      "/bin/sh"  5minutes   Exited(0) 2   fervent_newton   ago     minutes ago
    a6a9d46d0b2f   alpine   "echo 'hello  6 minutes    Exited (0) 6    lonely_kilby
from alp"    ago     minutes ago
```

如果不想让容器运行完命令自动退出，就可以在启动容器的时候指定"-i"和"-t"：

```
$ docker run -it alpine /bin/sh
/ # ls
bin    dev    etc    home    lib    linuxrc    media    mnt    proc    root
run    sbin   sys    tmp     usr    var
/ # uname -a
Linux 97916e8cb5dc 4.4.27-moby #1 SMP Wed Oct 26 14:01:48 UTC 2016 x86_64 Linux
```

　　上面简要介绍了从拉取镜像到运行容器的流程，当然容器的操作方式远不止这些，想要进一步了解的读者可以参考 Docker 的官方文档。

6.6　Python 基础实践

　　Python 是一种解释型、面向对象、动态数据类型的高级程序设计语言，可应用于多平台，包括 Windows、Linux 和 macOS 等。Python 分为标准库和第三方库，第三方库需要安装后才能使用。而 pip 是一个现代的、通用的 Python 包管理工具，提供了对 Python 包的查找、下载、安装、卸载的功能。pip 让 Python 第三方库的管理与使用变得更为简易方便。

6.6.1　实验目的和实验环境

【实验目的】

（1）安装 Python。

（2）安装 pip。

（3）掌握 pip 的基本使用方法。

【实验环境】

操作系统：macOS、Windows 或 Linux 等。

6.6.2　实验步骤

1．安装 Python

　　进入 Python 官网，根据操作系统，选择相应的版本进行下载，推荐 Python 3.7 及以上，然后根据安装向导进行安装。

2．安装 pip

　　Python 2.7.9 或 Python 3.4 及以上版本都自带 pip 工具，不需另外下载。可以通过 pip 命令来判断是否已安装 pip 和版本：

```
pip --version
```

结果如图 6-31 所示。

```
pip 22.0.4 from /Library/Frameworks/Python.framework/Versions/3.10/lib/python3.1
0/site-packages/pip (python 3.10)
```

图 6-31　查看 pip 版本

如果没有安装 pip，可以在终端中输入命令进行安装：

```
curl https://bootstrap.pypa.io/get-pip.py -o get-pip.py sudo python get-pip.py
```

3．使用 pip 安装 Selenium

获取帮助：

```
pip --help
```

pip 的下载命令（some-packag 为要下载的第三方库名）如下：

```
pip install some-package
```

如果下载太慢，可以使用镜像下载（清华镜像）：

```
pip install -i https://pypi.tuna.tsinghua.edu.cn/simple some-package
```

以安装 Selenium 为例（Selenium 将在用户界面测试中用到），在终端中输入如下命令：

```
pip install selenium
```

结果如图 6-32～图 6-34 所示。

```
Collecting selenium
  Using cached selenium-4.1.3-py3-none-any.whl (968 kB)
Requirement already satisfied: urllib3[secure,socks]~=1.26 in /Library/Framework
s/Python.framework/Versions/3.10/lib/python3.10/site-packages (from selenium) (1
.26.8)
```

图 6-32　查找 Selenium 安装包

```
Downloading selenium-4.1.5-py3-none-any.whl (979 kB)
                                      979.4/979.4 KB 538.8 kB/s eta 0:00:00
```

图 6-33　下载 Selenium

```
Successfully installed PySocks-1.7.1 async-generator-1.10 attrs-21.4.0 cffi-1.15
.0 cryptography-37.0.2 h11-0.13.0 outcome-1.1.0 pyOpenSSL-22.0.0 pycparser-2.21
selenium-4.1.3 sniffio-1.2.0 sortedcontainers-2.4.0 trio-0.20.0 trio-websocket-0
.9.2 wsproto-1.1.0
```

图 6-34　成功安装 Selenium

可以通过 pip 命令查看是否安装成功：

```
pip show selenium
```

结果如图 6-35 所示。

```
Name: selenium
Version: 4.1.5
Summary:
Home-page: https://www.selenium.dev
Author:
Author-email:
License: Apache 2.0
Location: /Library/Frameworks/Python.framework/Versions/3.10/lib/python3.10/site
-packages
Requires: trio, trio-websocket, urllib3
Required-by:
```

图 6-35　查看 Selenium 安装情况

也可以查看已安装的第三方库列表（如图 6-36 所示），进而查看 Selenium 是否安装成功：

```
pip list
```

```
Package                              Version
------------------------------------ ---------
async-generator                      1.10
attrs                                21.4.0
backports.entry-points-selectable    1.1.0
certifi                              2021.10.8
cffi                                 1.15.0
charset-normalizer                   2.0.10
cryptography                         37.0.2
distlib                              0.3.3
filelock                             3.3.1
h11                                  0.13.0
idna                                 3.3
numpy                                1.22.1
outcome                              1.1.0
panda                                0.3.1
pip                                  22.0.4
platformdirs                         2.4.0
pycparser                            2.21
pyOpenSSL                            22.0.0
PySocks                              1.7.1
requests                             2.27.1
selenium                             4.1.3
setuptools                           57.4.0
six                                  1.16.0
```

图 6-36　查看已安装的第三方库

4．升级 pip

在安装第三方库时，有时会给出提示 "You are using pip version X.X.X; however, version X.X.X is available."，说明 pip 可以更新。

pip 升级命令如下：

```
pip install --upgrade pip
```

6.7　Java 基础实践

JDK 是 Java 语言的语言开发工具包，主要用于移动设备、嵌入式设备的 Java 应用程序。JDK 是 Java 开发的核心，包含 Java 的运行环境（JVM+Java 系统类库）和 Java 工具。

DaseDevOps 程序采用的是 JDK 1.8 版本，安装后不需要其他 JDK。

6.7.1　实验目的和实验环境

【实验目的】

（1）了解 JDK 的安装方法。

（2）掌握 JDK 环境的基本配置方法。

【实验环境】

操作系统：Windows 11。

6.7.2　实验步骤

1．安装 JDK

选择 JDK 的官网下载安装包，双击下载好的安装包，进行安装，如图 6-37 所示。

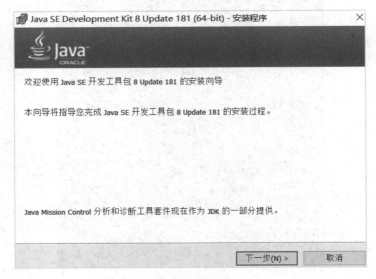

图 6-37　JDK 安装（一）

这里选择默认安装（如图 6-38 所示），安装成功后，显示如图 6-39 所示对话框。

2．配置 JDK

在计算机的桌面上右击"此电脑"，在弹出的快捷菜单中选择"属性"，出现如图 6-40 所示的窗口，在"相关设置"中选择"高级系统设置"，出现如图 6-41 所示的对话框。

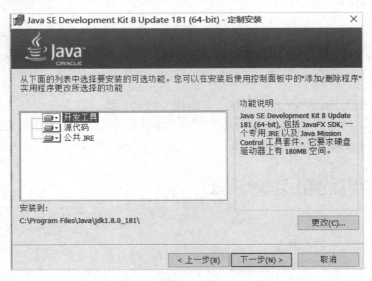

图 6-38　JDK 安装（二）

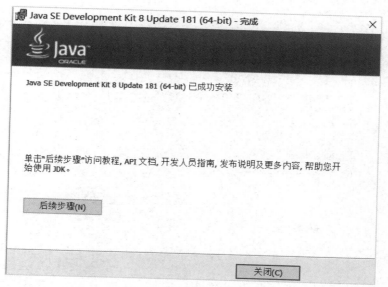

图 6-39　JDK 安装（三）

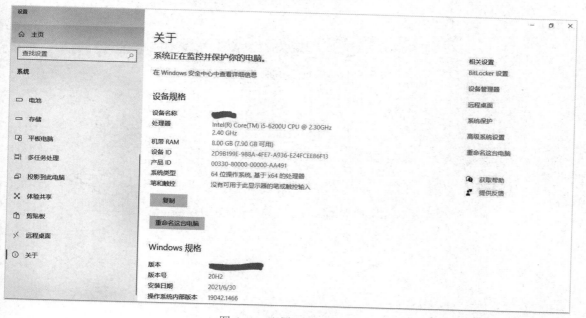

图 6-40　配置 JDK（一）

　　在"高级"选项卡中单击"环境变量"按钮，在弹出的"环境变量"对话框的"系统变量"中单击"新建"按钮；弹出如图 6-42 所示的对话框，在"变量名"文本框中输入"JAVA_HOME"，在"变量值"文本框中输入 JDK 的 bin 目录所在路径，默认路径为 C:\Program Files\Java\jdk1.8.0_181。单击"确定"按钮。

　　回到"环境变量"对话框，选择"系统变量"中的"Path"（如图 6-43 所示），单击"编辑"按钮；出现如图 6-44 所示的对话框，单击"新建"按钮，输入"%JAVA_HOME%\bin"，然后单击"确定"按钮。

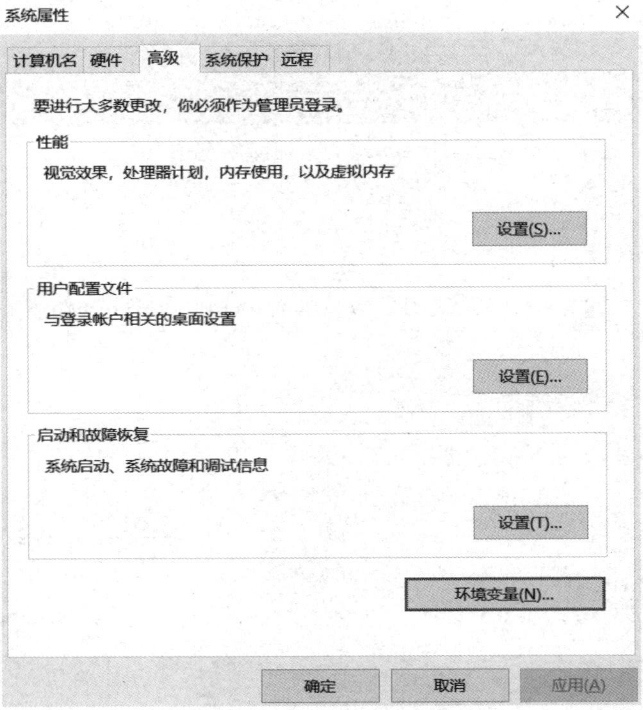

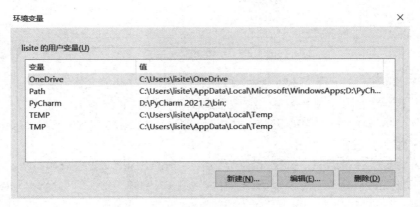

图 6-41 配置 JDK（二）

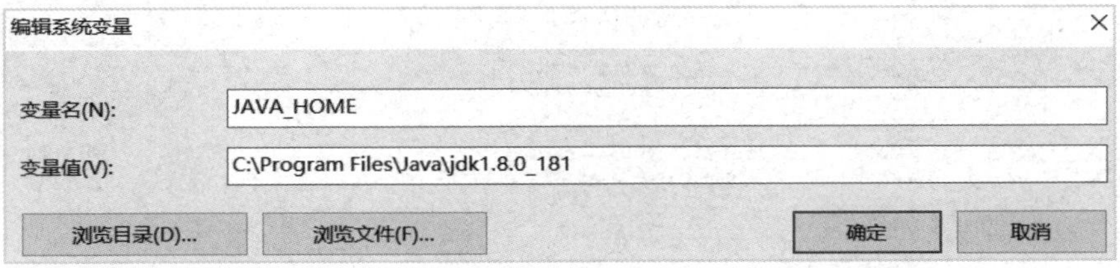

图 6-42 配置 JDK（三）

图 6-43 配置 JDK（四）

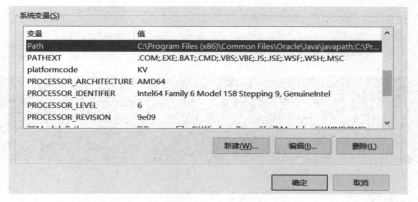

图 6-43　配置 JDK（四）（续）

图 6-44　配置 JDK（五）

按 Win+R 快捷键，弹出"运行"对话框（如图 6-45 所示），输入"cmd"，单击"确定"按钮。

图 6-45　"运行"对话框

出现命令行窗口，输入"java -version"后回车，则显示当前 Java 版本号代表安装配置成功（如图 6-46 所示）。

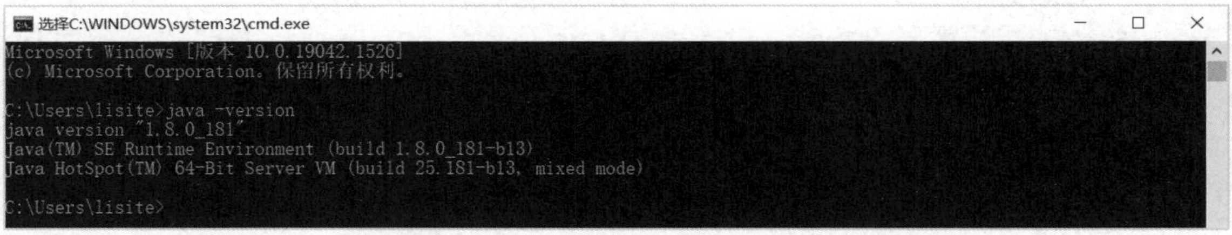

图 6-46　查看 Java 版本

6.8　Node.js 基础实践

Node.js 是一个基于 V8 JavaScript 引擎构建的 JavaScript 运行时，是一个开源和跨平台的 JavaScript 运行时环境。Node.js 可以使编写 JavaScript 的前端开发者不需学习完全不同的语言，就可以编写除客户端代码之外的服务器端代码。npm（node package manager）是 JavaScript 运行时环境 Node.js 的默认包管理器。npm 以简单的结构帮助 Node.js 生态系统蓬勃发展，现在 npm 仓库托管了超过 100 万个开源包，可以自由使用。

6.8.1　实验目的和实验环境

【实验目的】
（1）了解 Node.js 的安装方法。
（2）掌握 npm 的基本使用方法。
【实验环境】
操作系统：macOS、Windows 或 Linux。

6.8.2　实验步骤

1．Node.js 的安装

打开 Node.js 官网，根据本机操作系统选择对应的 Node.js 版本（如图 6-47 所示）。
下载完成后，根据安装向导进行安装。
安装成功后可以在终端查看版本：

```
npm -v
```

2．npm 镜像配置

由于 npm 的远程服务器在国外，有时难免出现访问过慢，甚至无法访问的情况。阿里巴巴公司搭建了一个国内的 npm 服务器，每隔 10 分钟"搬运"一次 npm 仓库的所有内容。

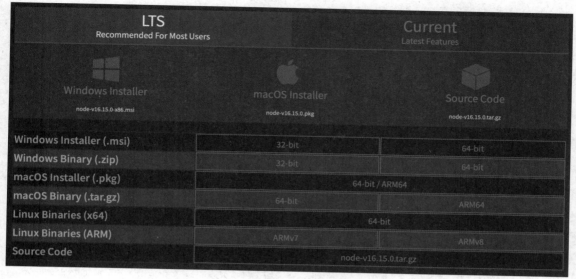

图 6-47　Node.js 下载

查看 npm 配置：

```
npm config list
```

结果如图 6-48 所示。

```
; cli configs
metrics-registry = "https://registry.npm.taobao.org/"
scope = ""
user-agent = "npm/6.14.5 node/v14.5.0 darwin x64"
```

图 6-48　查看 npm 配置

更换源配置：

```
npm config set registry https://registry.npm.taobao.org
```

检查是否替换成功：

```
npm config list / npm config get registery
```

之后使用 npm 命令，实际是从国内服务器进行下载。

3. 更新 Node.js

更新 Node.js 需要使用 Node.js 的管理模块——n 模块。
全局安装 n 模块：

```
npm install -g n
```

结果如图 6-49 所示。

```
+ n@8.2.0
added 1 package from 2 contributors in 1.113s
```

图 6-49　安装 n 模块

安装管理模块 n 后，更新 Node.js 的方式有三种：安装指定版本的 Node.js、安装稳定版本（长期支持的版本）、安装最新版本。

安装指定版本，如指定安装 8.4.1 版本：

```
n 8.4.1
```

安装稳定版本：

```
n stable
```

安装最新版本：

```
n latest
```

安装成功后，同样可以使用"npm -v"命令查看 Node.js 版本。

本章小结

作为 DevOps 系列实践的第一部分，本章主要讲述了 Docker 和 Git 基础的技术，希望读者能够熟练掌握 Docker 的镜像拉取、镜像制作，以及宿主机和镜像之间的交互；熟练掌握在分布式文件管理的生态中，利用 Git add、Git commit、Git push、Git clone 等命令进行在本地、缓冲区和远程仓库之间的闭环操作；同时，介绍了实践 Demo 项目使用的各种语言。

第 7 章

DevOps

DaseDevOps 示例程序

DevOps 和微服务是云原生领域中出现的一种流行趋势，旨在提高软件开发灵活性和软件产品的运营效率。微服务是松散耦合和独立部署服务的集合。与单片架构相比，微服务产生了更可靠和可扩展的应用程序，将应用程序构造为一组服务。而 DevOps 推动了将大问题划分为更小的部分，并以工作流的形式有序解决这些问题的想法。本章通过构造一个基于微服务的 DaseDevOps Demo 程序，提供给后续章节进行 DevOps 实践的素材。Demo 程序虽然功能简单，但包含了基于 Java 开发的后端程序和基于 Vue 开发的前端程序。

7.1　Java 微服务后端程序

微服务架构（通常简称为微服务）是指开发应用所用的一种架构形式，可将大型应用分解成多个独立的组件，其中每个组件都有各自的责任领域。在处理一个用户请求时，基于微服务的应用可能调用许多内部微服务来共同生成其响应。

通常，微服务可用于加快应用开发的速度。当前最流行的微服务框架是 Spring Boot 架构，如图 7-1 所示。

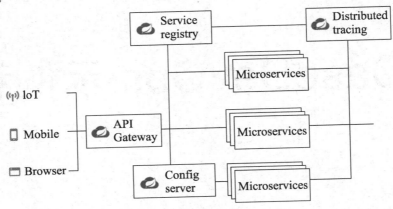

图 7-1　Spring Boot 微服务架构

7.1.1　实验目的和实验环境

【实验目的】

（1）了解 DaseDevOps 程序的架构结构。

（2）掌握 DaseDevOps 程序的基本运行方法。

【实验环境】

（1）操作系统：Windows 11。

（2）Java：1.8 版本。

（3）IntelliJ IDEA：2018.1.4 版本。

（4）SpringCloud：2020.02 版本。

（5）SpringBoot：2.4.x 版本。

微服务程序使用的微服务管理组件包括：微服务注册中心 Nacos、微服务配置中心 Nacos、微服务服务调用客户端 Feign、路由控制 Spring Cloud Gateway。

Nacos 用于发现、配置和管理微服务，提供了一组简单易用的特性集，快速实现动态服务发现、服务配置、服务元数据及流量管理。Nacos 可以更敏捷和容易地构建、交付和管理微服务平台，是构建以"服务"为中心的现代应用架构（如微服务范式、云原生范式）的服务基础设施。

FeignClient 的核心是通过一系列的封装和处理，将以 Java 注解的方式定义的远程调用 API 接口最终转换成 HTTP 的请求形式，然后将 HTTP 请求的响应结果解码成 Java Bean，返回给调用者。

微服务程序包括一个网关管理微服务、两个消费者微服务、三个提供者微服务，如图 7-2 所示。

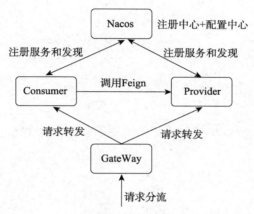

图 7-2　微服务程序架构

服务消费者就是服务调用的一方，服务提供者是服务被调用方分开进行解耦和区分，便于实现负载均衡，突破性能瓶颈。

网关管理微服务 Gateway 使用的是 Spring Cloud Gateway 管理发送到接口的请求，将发送到 8080 端口后的请求，通过不同的路由调用两个消费者微服务的 API。

Spring Cloud Gateway 是 Spring Cloud 的一个全新项目，是基于 Spring 5.0、Spring Boot 2.0 和 Project Reactor 等技术开发的网关，为微服务架构提供一种简单、有效、统一的 API 路由管理方式。客户端向 Spring Cloud Gateway 发出请求，然后在 Gateway Handler Mapping 中找到与请求相匹配的路由，将其发送到 Gateway Web Handler。Handler 通过指定的过滤器将请求发送到实际的服务执行业务逻辑，然后返回。

两个消费者微服务为 hello、login，调用提供者微服务的功能，实现"/login"和"/hello-feign"功能。

三个微服务提供者为 provider_one、provider_two、provider_three。provider_one、provider_two 提供了同样的 API 功能"/hello"，即访问"/hello"接口，返回当前使用的微服务提供者的端口号，配合 Feign 使用接口+注解的调用方法，配合 Nacos 可实现负载均衡。provider_three 提供了简单的登录接口"/login"。

7.1.2 实验步骤

1．拉取 DaseDevOps 程序

本书配套资源均放在极狐 GitLab 和 GitHub 上，读者通过相关命令，以 Git 方式将资源拉取到本地。首先需要克隆仓库到本地，可以从下面两个仓库选择一个。

```
git clone https://jihulab.com/dasedevops/DaseDevOps.git

git clone https://github.com/OpenEduTech/DaseDevOps.git
```

2．导入 DaseDevOps 程序到 idea

代码拉取完成后，打开 dasedevops 文件夹，可以看到如图 7-3 所示的项目结构。

名称	修改日期	类型	大小
.git	2022/5/5 16:43	文件夹	
dasedevops_spring_demo	2022/5/5 16:43	文件夹	
dasedevops_vue_demo	2022/5/5 16:43	文件夹	
lib	2022/5/5 16:43	文件夹	
README.md	2022/5/5 16:43	Markdown 源文件	1 KB

图 7-3　项目结构

打开 dasedevops_spring_demo 文件夹，可以看到微服务程序的代码结构（如图 7-4 所示）。

名称	修改日期	类型	大小
.git	2022/2/14 21:50	文件夹	
.idea	2022/2/14 21:50	文件夹	
gateway	2022/2/14 15:02	文件夹	
hello	2022/2/14 18:04	文件夹	
login	2022/2/14 18:04	文件夹	
nacos	2022/2/14 21:50	文件夹	
provider_one	2022/2/14 14:57	文件夹	
provider_three	2022/2/14 14:57	文件夹	
provider_two	2022/2/14 14:56	文件夹	
pom.xml	2022/2/14 16:58	XML 文档	3 KB
README.md	2022/2/14 19:58	MD 文件	2 KB

图 7-4　微程序代码结构

导入 dasedevops_spring_demo 微服务程序到 IntelliJ IDEA。在如图 7-5 所示的窗口中单击 "Import Project"，出现如图 7-6 所示的对话框，从中选择 dasedevops 文件夹下的 "dasedevops_spring_demo" → "pom.xml"；出现如图 7-7 所示的对话框，单击 "Finish" 按钮，项目导入成功后，可以看到微服务代码结构（如图 7-8 所示）。

导入微服务项目后，若出现依赖包 import failed 的情况，可以按照以下操作解决。以 IDEA 为例，在图 7-9 中找到 "Maven settings"，随后在 Maven 安装目录的 settings.xml 文件的 mirrors 节点中，添加如下子节点：

图 7-5　IntelliJ IDEA 导入代码

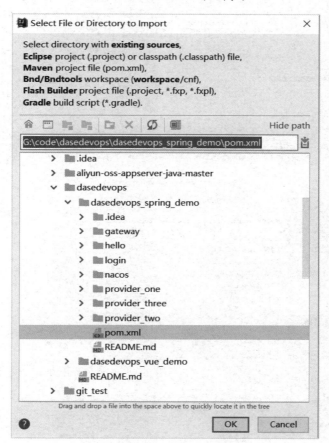

图 7-6　导入 pom.xml

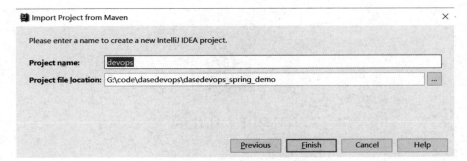

图 7-7　导入项目

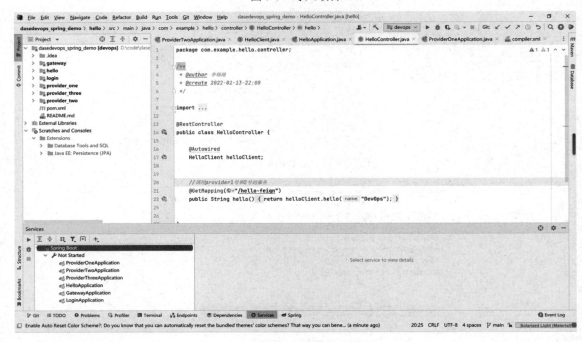

图 7-8　项目结构

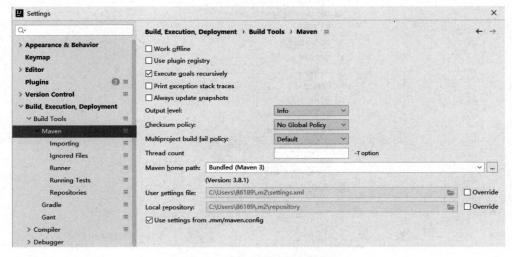

图 7-9　Maven 镜像仓库设置

```
<!-- 添加阿里云镜像仓库 -->

<mirror>

    <id>nexus-aliyun</id>

    <mirrorOf>central</mirrorOf>

    <name>Nexus aliyun</name>

    <url>http://maven.aliyun.com/nexus/content/groups/public</url>

</mirror>
```

在运行微服务代码前需要安装 Nacos，代码仓库里并未上传 Nacos 软件包，因此需要前往 Nacos 官网自行下载对应操作系统的 Nacos 压缩包，解压后，在文件夹通过下列指令启动。启动方式如下。

❖ Linux/UNIX/macOS：

```
sh startup.sh -m standalone
```
或者　　　　`bash startup.sh -m standalone （ubuntu）`

❖ Windows：

```
startup.cmd -m standalone
```

如果 Windows 下运行正常，就可以看到命令行窗口的输出，代表 Nacos 运行成功（如图 7-10 所示）。

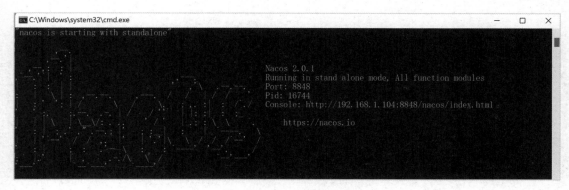

图 7-10　Nacos 运行截图

单击 IDEA 右上方的"运行"按钮（如图 7-11 所示），让微服务程序运行，结果如图 7-12 所示。

运行成功后，此时访问 http://localhost:8848/nacos/index.html#/login，可以进入 Nacos 的微服务管理网站，默认用户名为 nacos、密码为 nacos。

进入后，单击网站的左侧服务管理，可以看到当前运行的服务（如图 7-13 所示）。在此页面上，我们可以观察到 5 个微服务在运行。

打开浏览器，访问 http://localhost:8080/hello/hello-feign，可以看到返回值，如图 7-14 所示。

此时，刷新几次页面，可以看到输出，如图 7-15 所示。

可以看出，访问同样的接口，返回的微服务提供者却不一样，这是由于 hello 微服务通过 Feign 绑定了 provider_one 的服务和 provider_two 的服务，在访问 hello 微服务时会通过轮询访问 hello 微服务绑定的服务列表，优雅而简洁地实现了服务调用。

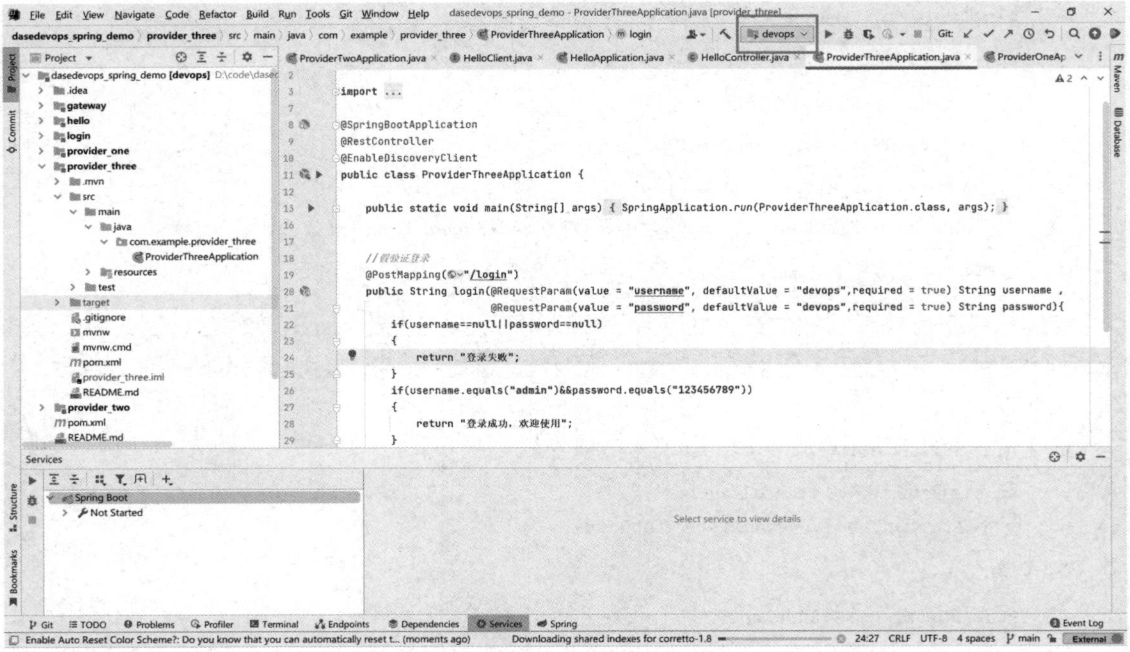

图 7-11　微服务运行

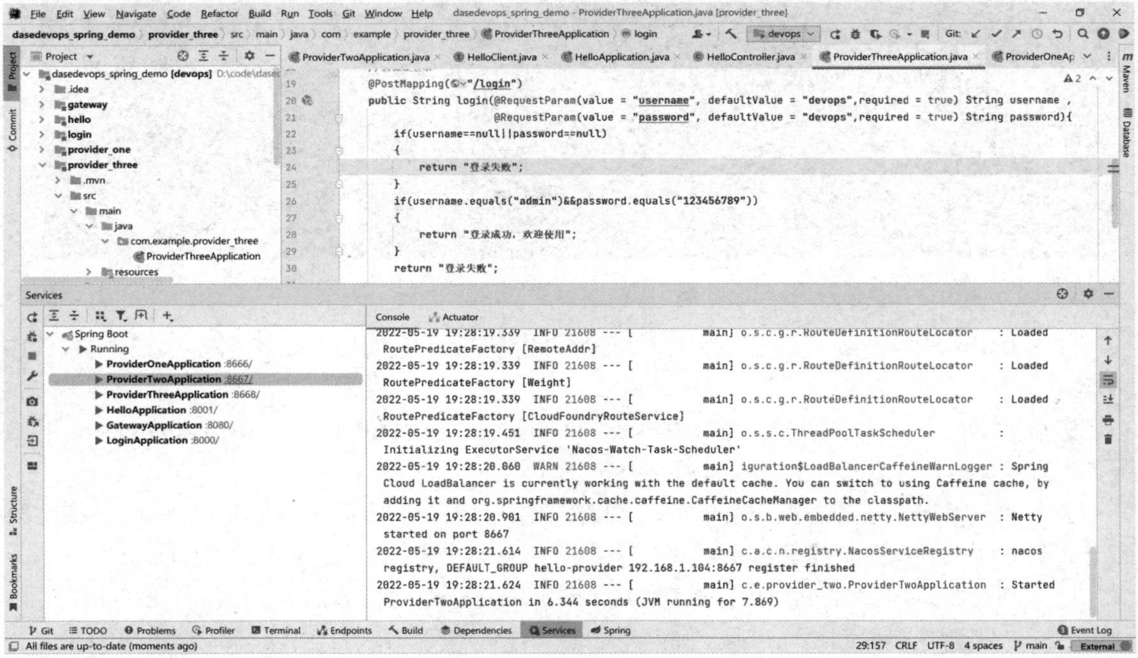

图 7-12　微服务运行结果

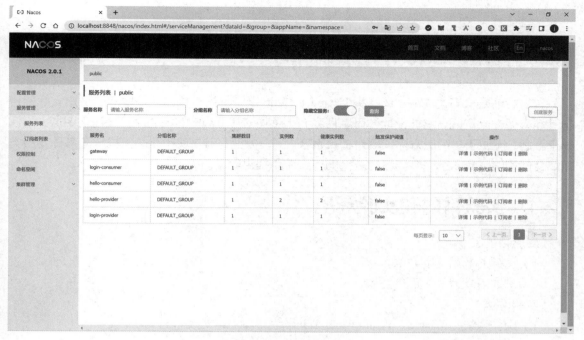

图 7-13　微服务管理页面

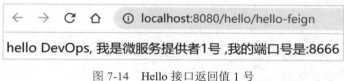

图 7-14　Hello 接口返回值 1 号

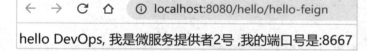

图 7-15　Hello 接口返回值 2 号

使用 Post 请求访问下面的 URL：

```
http://localhost:8080/login/login?username=admin&password=123456789
```

访问成功后，可以看到输出，如图 7-16 所示。

图 7-16　登录返回值

7.2　基于 Vue 的前端程序

本实验前端框架是 Vue（读音类似 view）。Vue 是一套用于构建用户界面的渐进式框架，与其他大型框架不同，它被设计为可以自底向上逐层应用。Vue 的核心库只关注视图层，不仅易于上手，还便于与第三方库或既有项目整合。另一方面，当与现代化的工具链和各种支持类库结合使用时，Vue 也完全能够为复杂的单页应用提供驱动。

7.2.1　实验目的和实验环境

【实验目的】

（1）掌握前端启动的方法。

（2）掌握前端登录页面的逻辑。

【实验环境】

（1）操作系统：macOS、Windows 或 Linux。

（2）Node.js。

（3）Chrome 浏览器。

7.2.2　实验步骤

1. 打开仓库并安装依赖

在 IntelliJ IDEA 中，选择"File → Open"菜单命令，打开 dasedevops 文件夹的 dasedevops_vue_demo（资源拉取请参考 7.1.2 节），可以看到前端项目结构，如图 7-17 所示。

图 7-17　Vue 项目结构

在第一次启动前，需要先安装仓库依赖（之后的启动将不再需要安装依赖）。打开 IntelliJ IDEA 终端命令窗口，用 npm 命令安装仓库依赖，结果如图 7-18 所示。

```
npm i
```
或
```
npm install
```

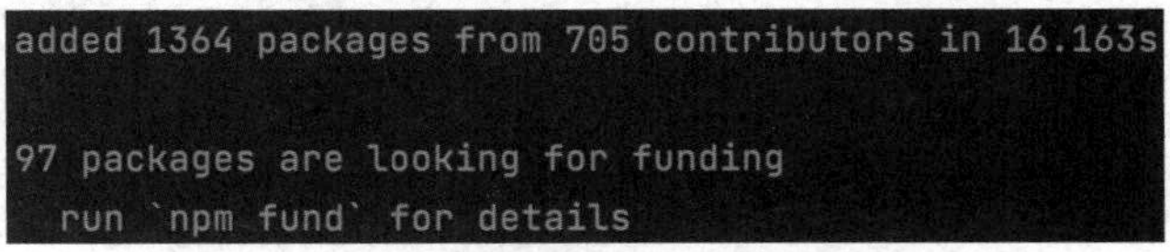

```
added 1364 packages from 705 contributors in 16.163s

97 packages are looking for funding
  run `npm fund` for details
```

图 7-18　依赖下载成功

Vue 项目启动报错的一般解决方案如下：

❖ 删除 node_modules 文件夹，通过 npm 下载的依赖都在 node_modules 文件夹中（运行 npm i 命令时，将自动创建该文件夹）。

❖ 清除 npm 缓存：

```
npm cache clean --force
```

❖ 重新安装依赖：

```
npm install
```

2．启动前端

安装依赖后，在终端命令窗口输入如下命令：

```
npm run serve
```

启动成功后，将自动弹出登录页面，地址为"http://localhost:{端口号}/"，如图 7-19 所示，同时在终端命令窗口中显示启动成功信息，如图 7-20 所示。

图 7-19　登录页面地址

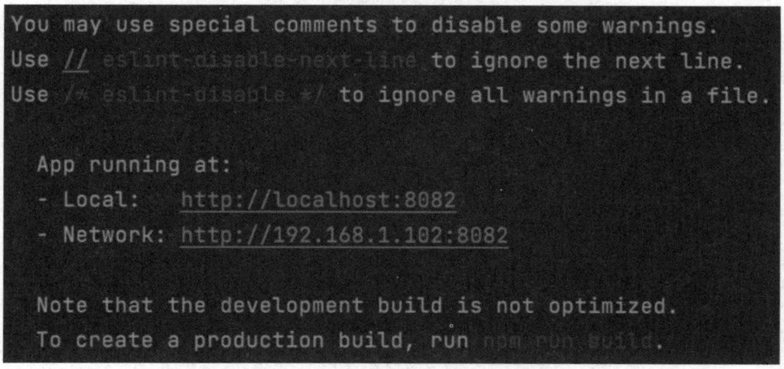

```
You may use special comments to disable some warnings.
Use // eslint-disable-next-line to ignore the next line.
Use /* eslint-disable */ to ignore all warnings in a file.


 App running at:
 - Local:   http://localhost:8082
 - Network: http://192.168.1.102:8082


 Note that the development build is not optimized.
 To create a production build, run npm run build.
```

图 7-20　终端命令窗口信息

本实验前端项目的默认端口号为 8082，可以在 vue.config.js 文件中通过修改"port"来修改前端端口号。

前后端通过配置跨域"proxy"联系，如图 7-21 所示。其中，"target"为后端项目地址，如果修改过后端 GatewayApplication 的端口号，需将"target"中的"8080"修改为对应的后端 GatewayApplication 端口号；"changeOrigin"为设置是否允许跨域；"pathRewrite"为重写路径，即将后端路径重写为前端对应的路径，如后端打开"http://localhost:{后端端口号}/hello/hello-feign"，对应前端打开"http://localhost:{前端端口号}/hello"。

3．用户登录

在登录页面（如图 7-22 所示）中输入账号 admin、密码 123456789。

```
devServer: {
  port: 8082,
  proxy: { //配置跨域
    '/': {
      target: 'http://localhost:8080', //线上
      changOrigin: true, //允许跨域
      pathRewrite: {
        '^/': ''
      }
    },
  }
```

图 7-21　跨域设置与端口号修改

登　录

账号：

密码：

登录

图 7-22　登录页面

登录成功后，跳转到"hello"页面（如图 7-23 所示），然后显示内容"hello DevOps"，如图 7-24 所示。

图 7-23　登录成功后跳转到"hello"页面

hello DevOps，我是微服务提供者2号，我的端口号是:8667

图 7-24　登录成功后显示"hello DevOps"

如果账号、密码输入错误，将显示"用户名或密码错误"的提示信息，如图 7-25 所示。

localhost:8082 显示

用户名或密码错误

确定

图 7-25　登录失败的提示信息

本章小结

  本章重点讲述了贯穿整个 DevOps 实践的 DaseDevOps Demo 项目，包括基于 Spring Boot 的后端程序和基于 Vue 的前端程序，从而让读者能够运行、配置、调试 DaseDevOps Demo 项目，并掌握一些微服务架构中常用的配置中心、微服务、端口、NPM 等方法。

第 8 章

DevOps

DaseDevOps 测试用例

在 DevOps 环境中，开发人员经常将代码合并到中央存储库中。这意味着代码通过持续集成不断更新。为了预防和检测代码的错误，更快的协作测试策略、工具和技术被引入持续集成，形成持续测试，包括：静态代码扫描、单元测试、用户界面测试、接口测试和压力测试等。这不仅极大地保障了软件的质量，还提升了软件持续、快速的交付。本章将围绕第 7 章的 Demo 程序，主要介绍如何在 DevOps 流程中实践前面所提到的各种测试。

8.1　静态代码扫描

静态代码扫描（Static Application Security Testing，SAST）用于对代码进行测试，从而找到隐藏的安全漏洞；因为静态代码扫描不需代码编译，所以是静态的。与动态代码扫描（Dynamic Application Security Testing，DAST）不同，静态代码扫描专注于应用程序的代码内容，即白盒测试。在不运行代码的情况下进行，静态代码扫描可以帮助开发人员在开发的早期识别漏洞并快速解决问题，以避免潜在的风险；还可以检测到约 50%的现有安全漏洞，可以指出漏洞的确切位置，显示有风险的代码，提供有关如何修复问题的建议，生成扫描结果的报告。这些报告可以离线导出，下载后使用。

实现 SAST 的工具有很多，JihuLab 也内置了许多 SAST 工具，以便不同语言项目的使用。

8.1.1　实验目的和实验环境

【实验目的】

了解基于极狐 GitLab 编写 SAST 脚本的方法。

【实验环境】

（1）操作系统：CentOS 7。

（2）Java：1.8 版本。

（3）Docker：20.10.12 版本。

8.2.2　实验步骤

1．编写脚本文件

编写 gitlab-ci.yml 文件。这里选用极狐 GitLab 集成的 spotbugs，对 Java 项目进行静态代码扫描。因此，需要先在 YML 文件中导入静态代码工具依赖，接着编写 spotbugs-sast-job，使用 build-job 的产物作为本 Job 的依赖。该 Job 指明了使用的 Runner 为 devops-demo-another-runner。

编写好的 YML 文件部分内容为：

```
stages:
  - build
  - test
include:                          #导入静态扫描依赖
  - template: Security/SAST.gitlab-ci.yml
build-job:
```

```
        image: ccchieh/maven3-openjdk-8-cn
        stage: build
        tags:
          - devops-demo-another-runner
        script:
          - some scripts
        artifacts:
          paths:
            - target/
    spotbugs-sast-job:
      stage: test
      dependencies:
        - build-job
      tags:
        - devops-demo-another-runner
      variables:
        COMPILE: "false"
```

2．启动流水线

编写完上述脚本后，每次随着提交代码到极狐 GitLab 仓库或者手动运行流水线，都可以触发运行流水线。运行流水线时，会按照上述 YML 文件中编写的顺序依次执行 Job。

首先，执行 build 阶段（将代码打包成镜像并且上传到镜像仓库）的 Job，并且将 build-job 的产物保存在 "target" 文件夹下，供下一个阶段的 Job 使用。这里省去了该 Job 的具体脚本，以便将注意力集中在静态代码扫描上。

接着，执行 test 阶段的 Job 并完成后，可以在 CI/CD 的对应流水线中看到检测出的问题。检测出的问题会被分成不同的重要等级，处于高风险的漏洞应该被及时修复。由于项目的代码较为简单，因此执行完本 Job 后未发现漏洞。

8.2　单元测试

软件测试的分类标准很多，导致分类也很多。最典型的莫过于黑盒测试和白盒测试。简单来讲，黑盒测试是无法获取接口具体的源代码，只能从用户的角度测试已实现的功能是否满足具体需求；而白盒测试是已知接口的内部具体实现，需要对具体实现细节进行测试。

单元测试属于白盒测试，接口测试则属于黑盒测试（从"接口"二字也能理解）。

单元测试就是一种白盒测试，是针对最小的功能单元编写测试代码，对 Java 而言，最小的功能单元是程序中的方法，因此对 Java 程序进行单元测试就是针对单个 Java 方法的测试。

单元测试的好处如下。

首先，可以让程序更加健壮，程序员最常犯的问题就是理想化编程，在编写代码时都会先考虑最理想化情况下的程序该如何写，写完之后在理想状态下编译成功，然后输入理想的数据发现没有问题，就会自认为完成了工作。实际上，绝大多数问题或 Bug 都是出现在不理想的情况下。如果为每段代码编写单元测试，而且在编写过程中提前处理了那些非理想状态下的问题，程序就会健壮很多。

其次，能促进更好的开发流程。代码未动，测试先行。在编写单元测试的过程中，其实就是在设计代码将要处理哪些问题。单元测试写得好，就代表代码写得好，而且根据单元测试的一些预先设想去编写代码，在实际开发中就会有的放矢。

单元测试的原则为：不能单纯地为了提升测试覆盖率而去编写测试用例，而应该追求编写更"好"的测试用例；主要检测代码的功能逻辑，即针对代码的功能逻辑，设定最优的输入，并判断其输出是否符合预期，从而达到检测功能逻辑正确性的目标。

通常使用 JUnit 作为基本的单元测试框架，它是一个开源的 Java 语言的单元测试框架，专门针对 Java 程序设计，使用最广泛，用户可以轻松地完成依赖关系少或者比较简单的类的单元测试。本节以 JUnit 工具为例，在编写具有一定逻辑性的代码后，对所写代码进行单元测试，最终部署至极狐 GitLab 平台的 CI 流水线上，让平台自动对程序进行单元测试。

8.2.1 实验目的和实验环境

【实验目的】

（1）了解单元测试的基本概念和相关工具包。

（2）基于 DaseDevOps 程序在本地编写代码，并实现单元测试。

（3）将单元测试流程部署至极狐 GitLab CI 流水线，实现自动化。

【实验环境】

（1）IDE：IDEA。

（2）JDK：1.8 版。

（3）SpringBoot：2.4.x 版。

（4）JUnit：4.12 版（强烈推荐）。

8.2.2 实验步骤

1. 拉取 DaseDevOps 程序并部署

该步骤在 Java 微服务后端程序部分已讲解，此处不再赘述。

2. 配置 Java 单元测试环境

要在 DaseDevOps 中进行单元测试，需要先引入 JUnit 工具包的依赖，推荐 JUnit 4.12 版，避免出现一些兼容性问题。

在 Demo 项目 hello 微服务下的 pom.xml 新增依赖如下：

```xml
// XML
    <dependency>
      <groupId>junit</groupId>
      <artifactId>junit</artifactId>
      <version>4.12</version>
      <scope>test</scope>
    </dependency>
```

再次检查 Maven 配置栏（如图 8-1 所示）是否正常，确保没有错误提示。然后执行单元测试，将单元测试部署至极狐 GitLab，都是基于 Maven 命令。

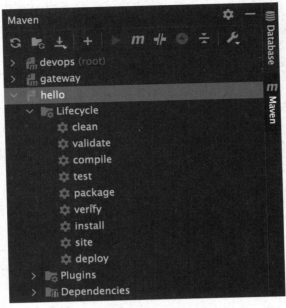

图 8-1　右侧 Maven 配置栏

3．本地实现单元测试

要进行单元测试，首先需要编写待测试的方法类，也就是要测试的具体逻辑，在 hello 微服务中创建 unittest 包，并在此处创建计算阶乘的类 Factorial。方法 long fact(long n)代码如下：

```java
// Java
    public class Factorial {
        public static long fact(long n) {
            long  r = 1;
            for (long i = 1; i <= n; i++) {
                r = r * i;
            }
            return r;
        }
    }
```

然后在 Factorial.java 代码页面中右击"Generate"选项，通过弹出的快捷菜单创建单元测试用例，如图 8-2 所示。

选择"Generate → Test"选项（如图 8-3 所示），在弹出的对话框中选择"Testing library → JUnit4"（推荐），则在原类名 Factorial 后加上"Test"，即"FactorialTest"。通过 Maven 命令，扫描所有类进行单元测试时，就会自动扫描以 Test 结尾的类。同时，勾选需要进行单元测试的方法 fact(n:long):long，如图 8-4 所示。

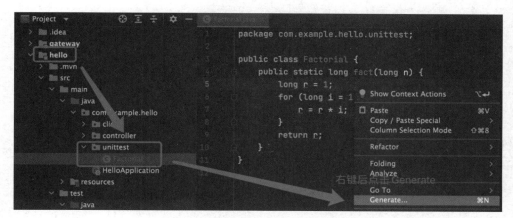

图 8-2　创建单元测试

图 8-3　选择 Test 选项

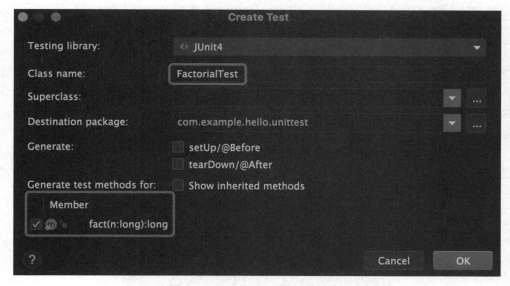

图 8-4　选择 JUnit4 和待测试方法

这时，hello 微服务中的 test 文件夹中就会生成一个 unittest 包，也包含了刚刚创建好的测试类 FactorialTest.java，如图 8-5 所示。

然后，给出测试类 FactorialTest.java 的完整代码，用来验证 Factorial.java 中计算阶乘的逻辑正确与否。

图 8-5　生成的单元测试类

```java
// Java
package com.example.hello.unittest;
import org.junit.Test;
import static org.junit.Assert.*;

public class FactorialTest {
    @Test
    public void fact() {
        assertEquals(1, Factorial.fact(1));
        assertEquals(23, Factorial.fact(2));
        assertEquals(6, Factorial.fact(3));
        assertEquals(3628800, Factorial.fact(10));
        assertEquals(2432902008176640000L, Factorial.fact(20));
    }
}
```

测试方法 public void fact( )加上了@Test 注解，这是 JUnit 要求的，会把带有@Test 的方法识别为测试方法。在测试方法内部，assertEquals(1, Factorial.fact(1))表示期望 Factorial.fact(1)返回 1。assertEquals(expected, actual)是常用的测试方法，在 Assertion 类中定义。Assertion 类还定义了其他断言方法，如 assertTrue()期待结果为 true，assertFalse()期待结果为 false，assertNotNull()期待结果为非 null，assertArrayEquals()期待结果为数组并与期望数组每个元素的值均相等。

要运行单元测试有两种方式。一是可以直接在 IDEA 中单击 Run 按钮，运行当前的 Java 文件，在以上代码的第二个判断语句中，期望 2 的阶乘值返回 23，这显然是错误的，程序运行结果如图 8-6 所示，JUnit 会给出实际值和期待值的差异。

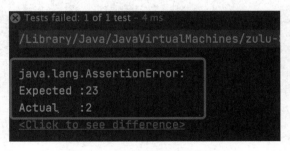

图 8-6　单元测试的错误提示

二是在终端（单击 Terminal 按钮后弹出）输入"mvn test"命令（如图 8-7 所示），就是基于 Maven 环境运行单元测试的方式。这种方式会自动扫描项目中以 Test 结尾并包含@Test 注解的类并启动单元测试，运行结果如图 8-8 所示。

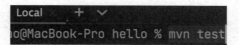

图 8-7 在终端输入"mvn test"命令

```
Results :

Failed tests:    fact(com.example.hello.unittest.FactorialTest): expected:<23> but was:<2>

Tests run: 1, Failures: 1, Errors: 0, Skipped: 0


[INFO] ------------------------------------------------------------------------
[INFO] BUILD FAILURE
```

图 8-8 在终端输入"mvn test"命令的运行结果

运行单元测试后，还会提示输出有测试报告，保存在 surefire-reports 文件夹内（如图 8-9 所示）。

```
[ERROR] Failed to execute goal org.apache.maven.plugins:maven-surefire-plugin:2.12.4:test (default-test) on project     : There are test failures.
[ERROR]
[ERROR] Please refer to /Users/leizhenhao/Desktop/2021/DevOps/devops_demo/hello/target/surefire-reports for the individual test results.
```

图 8-9 输出单元测试报告

测试报告的 TXT 文件如图 8-10 所示。

```
-------------------------------------------------------------------------------
Test set: com.example.hello.unittest.FactorialTest
-------------------------------------------------------------------------------
Tests run: 1, Failures: 1, Errors: 0, Skipped: 0, Time elapsed: 0.117 sec <<< FAILURE!
fact(com.example.hello.unittest.FactorialTest)  Time elapsed: 0.013 sec  <<< FAILURE!
java.lang.AssertionError: expected:<23> but was:<2>
        at org.junit.Assert.fail(Assert.java:88)
        at org.junit.Assert.failNotEquals(Assert.java:834)
        at org.junit.Assert.assertEquals(Assert.java:645)
        at org.junit.Assert.assertEquals(Assert.java:631)
        at com.example.hello.unittest.FactorialTest.fact(FactorialTest.java:10)
        at java.base/jdk.internal.reflect.NativeMethodAccessorImpl.invoke0(Native Method)
        at java.base/jdk.internal.reflect.NativeMethodAccessorImpl.invoke(NativeMethodAccessorImpl.java:78)
        at java.base/
```

图 8-10 测试报告

综上，推荐第二种基于 Maven 命令的启动单元测试的方式，因为可以生成更加系统的单元测试报告，同时在集成至极狐 GitLab CI 流水线时，也会以"mvn test"命令方式进行单元测试。

4．将单元测试集成至极狐 GitLab CI 流水线&测试报告的输出

在极狐 GitLab 平台中，将代码推送到个人仓库（如图 8-11 所示）时会自动触发 CI Pipeline。此时将运行 gitlab-ci.yml 文件，单元测试自动化的想法就是将单元测试的运行命令写入该文件，这样在 Pipeline 运行时就会执行这些命令，对测试类进行单元测试。

DaseDevOps 程序中的 gitlab-ci.yml 文件新增代码如下：

```YAML
/usr/local/bin/mvn-entrypoint.sh mvn package -Dmaven.test.failure.ignore=true
cd ./hello/target/surefire-reports
cat *.txt
cd -
```

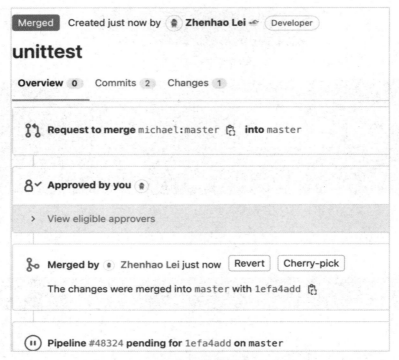

图 8-11　发起 Merge Request 时触发 CI 流水线

mvn 命令已经写在了 .gitlab-ci.yml 的 build stage 阶段的 script 中（如图 8-12 所示），其中的 mvn package 包含 mvn test 阶段，所以后续参数即可补充到 mvn package 后，后面 "cd - "表示会上上一次的操作目录代表回到原路径，从而不影响流水线的运行。

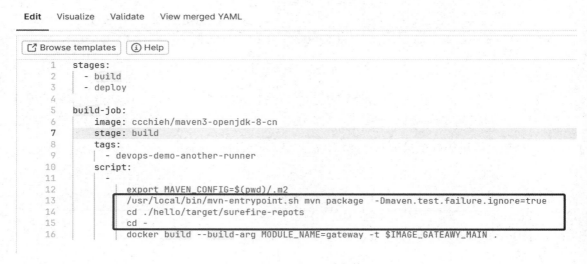

图 8-12　gitlab-ci.yml 文件

此外，在自动化单元测试时（如图 8-13 所示），如果出现预期值和实际值不匹配，即单元测试不通过，那么后面的所有流程将不再运行，测试报告也无法输出。

图 8-13　CI 流水线由于单元测试不通过而终止运行

为了让流水线忽视单元测试，可以通过增加配置，继续流水线的运行。首先，需要在 hello 微服务项目的 pom.xml 中 plugins 部分新增代码如下：

```yaml
// YAML
    <plugin>
        <groupId>org.apache.maven.plugins</groupId>
        <artifactId>maven-surefire-plugin</artifactId>
        <configuration>
            <testFailureIgnore>true</testFailureIgnore>
        </configuration>
    </plugin>
```

然后在 mvn package 后加上 "-Dmaven.test.failure.ignore=true"（见图 8-12），这样处理后即便测试用例不通过，也会在 CI Pipeline 中忽略报错，不致影响整个 Pipeline，阻断开发进程。

对于测试报告的输出，同样在 gitlab-ci.yml 的 build 阶段的 script 部分添加命令 "cd ./target/surefile-reports&cat *.txt"，进入当前目录的 target 文件夹的 surefire-reports 文件夹，会直接在控制台输出测试报告。CI Pipeline 的单元测试流程和输出的测试报告如图 8-14 所示，与预期的一样，报告了测试存在错误。

```
T E S T S
-------------------------------------------------------
Running com.example.hello.unittest.FactorialTest
Tests run: 1, Failures: 1, Errors: 0, Skipped: 0, Time elapsed: 0.049 sec <<< FAILURE!
fact(com.example.hello.unittest.FactorialTest)  Time elapsed: 0.005 sec  <<< FAILURE!
```

图 8-14　CI 流水线控制台的错误提示

输出的错误报告也提示了预期输出和实际输出，以及其他错误堆栈信息，如图 8-15 所示。

```
Test set: com.example.hello.unittest.FactorialTest
-------------------------------------------------------
Tests run: 1, Failures: 1, Errors: 0, Skipped: 0, Time elapsed: 0.049 sec <<< FAILURE!
fact(com.example.hello.unittest.FactorialTest)  Time elapsed: 0.005 sec  <<< FAILURE!
java.lang.AssertionError: expected:<23> but was:<2>
        at org.junit.Assert.fail(Assert.java:88)
        at org.junit.Assert.failNotEquals(Assert.java:834)
        at org.junit.Assert.assertEquals(Assert.java:645)
        at org.junit.Assert.assertEquals(Assert.java:631)
        at com.example.hello.unittest.FactorialTest.fact(FactorialTest.java:11)
```

图 8-15　CI 流水线控制台的错误详情

可以发现，即便单元测试存在错误，也并未影响 CI Pipeline 的后续流程，如图 8-16 所示。

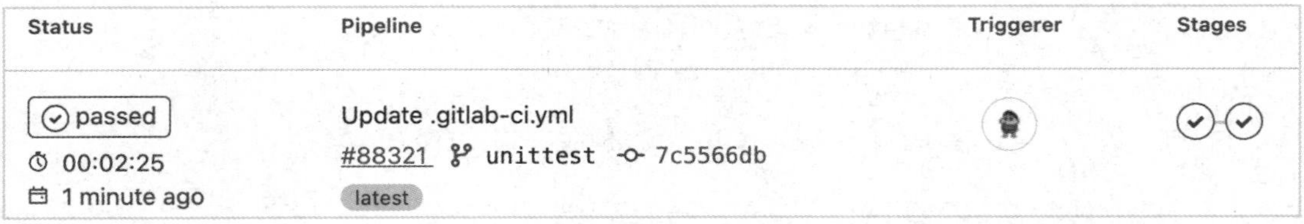

图 8-16　忽略单元测试错误，完整进行了 CI 流水线

本实验实践了怎样针对一个具体的程序去编写单元测试用例，同时将单元测试部署至极狐 GitLab 的 CI 流水线上，在一定程度上实践了 DevOps 流程的集成环节。

8.3　用户界面测试用例

用户界面（User Interface，UI）测试，即 UI 测试，是指测试人员尝试模仿用户的行为，检查应用程序的界面是否工作正常，查看用户将如何与程序进行交互，并查看网站的运行情况是否如预期的那样没有缺陷。一般具备下述特点的项目更适合使用 UI 测试：

❖ 需求稳定，不会频繁变更。
❖ 维护周期长，有生命力。
❖ 被测系统开发较为规范，可测试性强。

Selenium 是一个开源测试工具，经常应用于 Web 的自动化测试，具有如下特点：

❖ 可以对多浏览器进行测试，如 IE、Firefox、Safari、Chrome、Android 手机浏览器等。
❖ 支持多种语言，如 Java、C#、Python、Ruby、PHP 等。
❖ 支持多种操作系统，如 Windows、Linux、iOS、Android 等。
❖ 适用场景，用户界面变动不频繁，样式变更较少时。

使用 Selenium 进行自动化测试时，测试将直接在浏览器中运行，就像真实用户操作一样，从终端用户的角度测试应用程序，通过在不同浏览器中运行测试，可以更容易发现浏览器的兼容性。

XPath 是一门用于查找信息的语言，即 XML 路径语言（XML Path Language），用来确定 XML 文档中某部分位置。XPath 基于 XML 的树状结构，提供在数据结构树中找寻节点的能力，可以使用元素和属性（如表 8-1 所示）进行导航，从而选取节点或节点集。

表 8-1　XPath 常用的元素和属性

符　号	描　述
/	从根节点选取（取子节点)
//	匹配当前节点（取子孙节点）
.	选取当前节点
..	选取当前节点的父节点
@	选取属性

例如：

```
XPath
'//*[@id="app"]/div[2]'
```

选取 id 为"app"的节点，再选取其子节点中的第三个 div 节点。

unittest 是 Python 内置的用于测试代码的模块，不需安装，使用简单方便。unittest 支持测试自动化，支持将测试样例聚合到测试集中，并将测试与报告框架独立。本实验主要使用 unittest 提供的 TestCase 和 test suite。TestCase 是一个基类，可以用于新建测试用例。test suite 可以表示一系列的测试用例或测试套件，用于归档需要一起执行的测试。

8.3.1　实验目的和实验环境

【实验目的】

（1）掌握 Selenium 的安装方法。

（2）掌握 Selenium 的基本使用方法。

（3）了解如何使用 XPath 进行网页元素定位。

（4）如何用 Python 编写测试逻辑。

（5）掌握 unittest 的基本使用方法。

（6）生成测试报告。

【实验环境】

（1）Python：版本 3.7 及以上。

（2）Selenium：版本 4 及以上。

（3）Chrome 浏览器：版本 98.0.4758.80（96.0.4664.35 以上均可）。

（4）ChromeDriver：版本 98.0.4758.80（与 Chrome 版本匹配）。

8.3.2　实验步骤

1．运行 Demo

首先，启动前端和后端。后端的启动方式请查看 Java 微服务后端程序，前端的启动方式请查看基于 Vue 的前端程序。

前端启动成功，将自动弹出登录页面，账号为 admin，密码为 123456789。

2．安装 Selenium

选择一门语言（Java、C#、Python、Ruby、PHP 等），安装 Selenium 库。本实验使用的是 Python。

使用 pip 安装 Selenium 库（有关 pip 的安装与使用请查看 Python 的内容）：

```
pip install selenium
```

如果下载太慢，可以使用镜像下载（清华大学镜像）：

```
pip install -i https://pypi.tuna.tsinghua.edu.cn/simple selenium
```

也可以下载 PyPI source archive（selenium-x.x.x.tar.gz）并使用 setup.py 进行安装：

```
python setup.py install
```

Selenium 库下载过程如图 8-17 所示，成功安装后显示如图 8-18 所示。

```
Collecting selenium
  Using cached selenium-4.1.3-py3-none-any.whl (968 kB)
Requirement already satisfied: urllib3[secure,socks]~=1.26 in /Library/Framework
s/Python.framework/Versions/3.10/lib/python3.10/site-packages (from selenium) (1
.26.8)
```

图 8-17　下载 Selenium 库

```
Successfully installed PySocks-1.7.1 async-generator-1.10 attrs-21.4.0 cffi-1.15
.0 cryptography-37.0.2 h11-0.13.0 outcome-1.1.0 pyOpenSSL-22.0.0 pycparser-2.21
selenium-4.1.3 sniffio-1.2.0 sortedcontainers-2.4.0 trio-0.20.0 trio-websocket-0
.9.2 wsproto-1.1.0
```

图 8-18　成功安装 Selenium 库

3．安装 WebDriver

Selenium 支持市场上的所有主要浏览器，如 Chrome、Firefox、Edge、Opera 和 Safari。由于除 Internet Explorer 之外的所有驱动程序实现，都是由浏览器供应商自己提供的，因此标准 Selenium 发行版中不包括这些驱动程序。除了 Safari，其他主流浏览器都要下载 WebDriver，才能正常使用 Selenium 对浏览器进行自动化操作。

本实验使用 Chrome 进行测试，所以下载 Chrome 的 WebDriver，即 ChromeDriver。

打开 ChromeDriver 下载地址，选择对应的 Chrome 版本（Chrome 版本为 98.0.4758.80，操作系统为 macOS M1，选择 98.0.4758.80 文件夹中的 chromedriver_mac64_m1.zip，如图 8-19 和图 8-20 所示）。

📁 96.0.4664.35	-	-	-
📁 96.0.4664.45	-	-	-
📁 97.0.4692.20	-	-	-
📁 97.0.4692.36	-	-	-
📁 97.0.4692.71	-	-	-
📁 98.0.4758.48	-	-	-
📁 98.0.4758.80	-	-	-
📁 99.0.4844.17	-	-	-

图 8-19　ChromeDriver 安装包及其对应版本

Name	Last modified	Size	ETag
Parent Directory		-	
chromedriver_linux64.zip	2022-02-03 21:45:58	9.76MB	62adabec3e3d33a127c544a0dcfe98e3
chromedriver_mac64.zip	2022-02-03 21:46:00	7.91MB	260428c05d8f613e7b9b5c071637541f
chromedriver_mac64_m1.zip	2022-02-03 21:46:03	7.24MB	fa9c302657cc376298e6a0d87855744b
chromedriver_win32.zip	2022-02-03 21:46:05	5.98MB	698a7d32a4a47b0981659e76d67f279d
notes.txt	2022-02-03 21:46:10	0.00MB	f9608f953f5b0f434f6d9800c362b642

图 8-20　ChromeDriver 安装包及其对应操作系统

安装完毕，测试 ChromeDriver 是否可以运行。可以使用 selenium 文件夹的 run_driver.py 文件执行该步骤。本节提到的所有 py 文件都放在 selenium 文件夹中，读者可自行取用。selenium 文件夹放置在 dasedevops 文件夹下，资源的拉取请参考 Java 微服务后端程序。需要注意的是，源代码中的"path"需要修改为读者本地存放 ChromeDriver 的地址。

run_driver.py 文件内容如下:

```python
import time
from selenium import webdriver
from selenium.webdriver.chrome.service import Service

# 注意 path 需要修改为 ChromeDriver 的本地路径
driver = webdriver.Chrome(service=Service(path))
time.sleep(2)        # 强制等待 2 秒
driver.quit()        # 关闭浏览器
```

运行成功,将看到 Chrome 浏览器被打开,2 秒后自动关闭,如图 8-21 所示。

图 8-21　运行程序时自动打开 Chrome

4．编写测试逻辑运行一个登录测试

首先,用 Selenium 的 get 函数打开需要测试的网址 http://localhost:8082/(前端网站地址)。

然后,用 XPath 定位找到对应输入框,输入账号和密码,并单击"登录"按钮(如图 8-22 所示,可以直接找到按钮并复制 XPath)。

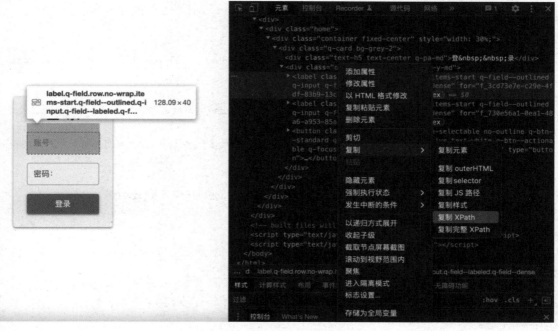

图 8-22　快速复制 XPath

在 Selenium 中，find_element 函数用于定位元素，send_keys 函数用于模拟用户输入动作，click 函数用于模拟用户使用鼠标点击的动作，text 函数用于获取定位元素的文本内容。

成功登录后，进入"hello DevOps"页面（如图 8-23 所示），并用 text 函数获取页面文本信息。

hello DevOps, 我是微服务提供者2号，
我的端口号是:8667

图 8-23　登录成功后显示"hello DevOps"

运行 test_login_simple.py，即可执行上述步骤，结果如图 8-24 所示。

hello DevOps, 我是微服务提供者2号 ,我的端口号是:8667

Process finished with exit code 0

图 8-24　终端输出获取的文本内容

test_login_simple.py 文件内容如下：

```python
import time

from selenium import webdriver
from selenium.webdriver.chrome.service import Service
from selenium.webdriver.common.by import By

# path 为 ChromeDriver 本地路径
driver = webdriver.Chrome(service=Service(path))
driver.get("http://localhost:8082/")
# 输入账号
driver.find_element(By.XPATH,
                    '//*[@id="app"]/div/div/div/div/div[2]/label[1]').send_keys('admin')
#输入密码
driver.find_element(By.XPATH,
                '//*[@id="app"]/div/div/div/div/div[2]/label[2]').send_keys('123456789')
# 登录
driver.find_element(By.XPATH, '//*[@id="app"]/div/div/div/div/div[2]/button').click()
time.sleep(0.5)
#获取该元素的文本内容
text = driver.find_element(By.XPATH, '//*[@id="app"]/div/div/div/div').text
print(text)                                        # 在终端中输出获取的文本内容
driver.quit()                                      # 关闭浏览器
```

5. 使用 unittest 系统化测试

在只有单个的简单测试时，可以使用步骤 4 的方式进行测试，当测试更为复杂且测试个数更多时，推荐使用 unittest 进行测试。unittest 可以使得代码逻辑更为清晰、整洁、易读，使测试用例系统化。

可以运行 test_login_unit.py 文件，尝试使用 unittest 执行的登录测试，测试内容与步骤 4 相同。

test_login_unit.py 文件内容如下：

```python
import time
from selenium import webdriver
from selenium.webdriver.chrome.service import Service
from selenium.webdriver.common.by import By
import unittest


# path 为 ChromeDriver 本地路径
driver = webdriver.Chrome(service=Service(path))
class LoginCase(unittest.TestCase):
    def test_login(self):
        driver.get("http://localhost:8082/")


# 输入账号
driver.find_element(By.XPATH,
                    '//*[@id="app"]/div/div/div/div/div[2]/label[1]').send_keys('admin')
# 输入密码
driver.find_element(By.XPATH,
                '//*[@id="app"]/div/div/div/div/div[2]/label[2]').send_keys('123456789')
# 登录
driver.find_element(By.XPATH, '//*[@id="app"]/div/div/div/div/div[2]/button').click()
time.sleep(0.5)
# 获取该元素的文本内容
text = driver.find_element(By.XPATH, '//*[@id="app"]/div/div/div/div').text
print(text)                                    # 在终端中输出获取的文本内容
driver.quit()                                  # 关闭浏览器


if __name__ == '__main__':
    testsuite = unittest.TestSuite()
testsuite.addTest(LoginCase("test_login"))
runner = unittest.TextTestRunner()
runner.run(testsuite)
```

在终端中可以看到运行情况，如图 8-25 所示。

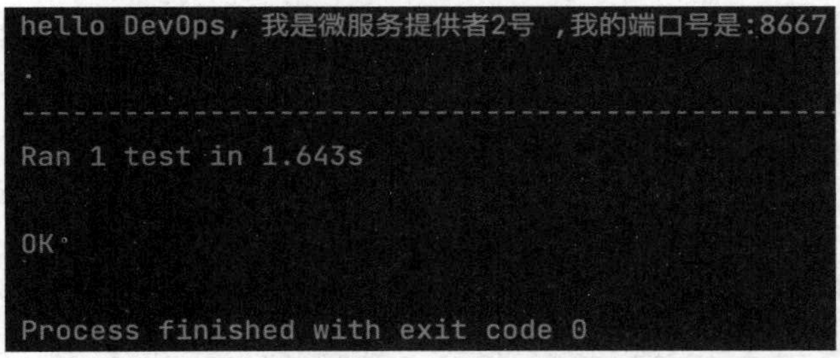

图 8-25　使用 unittest 的运行结果

6．生成测试报告

本实验使用 BSTestRunner.py 生成报告。该文件存放在 selenium/lib 文件夹下，也可以自行下载。

运行 test_login.py，尝试生成测试报告。

test_login.py 文件内容如下：

```python
from selenium import webdriver
from selenium.webdriver.chrome.service import Service
from selenium.webdriver.common.by import By
import unittest
from BSTestRunner import BSTestRunner

# path 为 ChromeDriver 本地路径
driver = webdriver.Chrome(service=Service(path))
class LoginCase(unittest.TestCase):
    def test_login(self):
        driver.get("http://localhost:8082/")

# 输入账号
driver.find_element(By.XPATH,
                    '//*[@id="app"]/div/div/div/div/div[2]/label[1]').send_keys('admin')
# 输入密码
driver.find_element(By.XPATH,
                '//*[@id="app"]/div/div/div/div/div[2]/label[2]').send_keys('123456789')
# 登录
driver.find_element(By.XPATH, '//*[@id="app"]/div/div/div/div/div[2]/button').click()
# time.sleep(0.5)                          # 强制等待 0.5s
# 获取该元素的文本内容
text = driver.find_element(By.XPATH, '//*[@id="app"]/div/div/div/div').text
print(text)                              # 在测试报告中输出获取的文本内容
driver.quit()                            # 关闭浏览器

if __name__ == '__main__':
    report_title = u'vue-demo 登录测试报告'
    desc = u'测试报告详情：'
    date=time.strftime("%Y%m%d")
    time_=time.strftime("%Y%m%d%H%M%S")
    testsuite = unittest.TestSuite()
    testsuite.addTest(LoginCase("test_login"))
    with open('report.html', 'wb') as report:
        runner = BSTestRunner(stream=report, title=report_title, description=desc)
        runner.run(testsuite)
    report.close()
```

可以打开 report.html 查看测试报告，如图 8-26 所示。

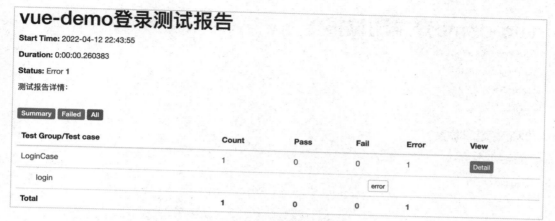

vue-demo登录测试报告

Start Time: 2022-04-12 22:43:55

Duration: 0:00:00.260383

Status: Error 1

测试报告详情：

Summary Failed All

Test Group/Test case	Count	Pass	Fail	Error	View
LoginCase	1	0	0	1	Detail
login			error		
Total	**1**	**0**	**0**	**1**	

图 8-26   登录测试报告 error

从测试报告中可以看到，测试不通过。测试不通过存在两种情况：一是测试本身错误，二是 UI 错误（不符合期望）。单击"error"，可以查看错误详情，如图 8-27 所示。

```
selenium.common.exceptions.StaleElementReferenceException:
   (Session info: chrome=98.0.4758.80)
Stacktrace:
0    chromedriver                          0x000000010281b884
1    chromedriver                          0x00000001027b4ee0
2    chromedriver                          0x000000010241684c
3    chromedriver                          0x0000000102419350
4    chromedriver                          0x00000001024191b8
5    chromedriver                          0x00000001024193ec
6    chromedriver                          0x00000001024409fc
7    chromedriver                          0x000000010243bb6c
8    chromedriver                          0x000000010246e6e0
9    chromedriver                          0x000000010243a864
10   chromedriver                          0x00000001027e0f70
11   chromedriver                          0x00000001027f6398
12   chromedriver                          0x00000001027fa90c
13   chromedriver                          0x00000001027f6c54
14   chromedriver                          0x00000001027d6cdc
15   chromedriver                          0x000000010280e848
16   chromedriver                          0x00000001028e9ac
17   chromedriver                          0x0000000102822088
18   libsystem_pthread.dylib               0x00000001abe2226c
19   libsystem_pthread.dylib               0x00000001abe1d08c
```

图 8-27   测试不通过详情

报错的具体内容为"Message: stale element reference: element is not attached to the page document"，说明获取"text"的那行代码未成功执行，没有找到文本内容。而多次运行该测试发现，在未改动测试代码的情况下，测试时有通过有时不通过，说明测试用例的代码正确。

造成此类问题的原因分析：Selenium 是模拟用户操作的，有可能出现页面未加载出来而 Selenium 已执行对该页面的操作的情况。

解决此类问题的方法：善用"等待"。

Python 标准库中的 time 库提供的 sleep 函数可以使页面强制等待一段时间。

去除 test_login.py 文件中的第 15 行的注释，再次运行该文件，查看新的测试结果，如图 8-28 所示。测试通过，在"LoginCase"下的"login"行的右边单击"pass"，可以查看详情，获取的文本信息正常显示。

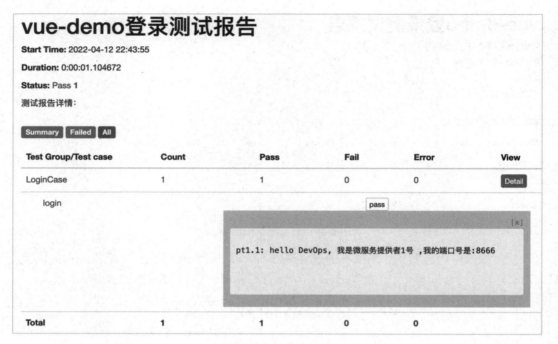

图 8-28　测试报告通过

8.4　接口测试用例

接口测试是软件测试的一种,包括两种测试类型:狭义上,是指直接针对应用程序接口(下面使用缩写 API 指代,其中文简称为接口)的功能进行的测试;广义上,是指集成测试中,通过调用 API 测试整体的功能完成度、可靠性、安全性和性能等指标。

本节进行的接口测试具体可以分为两类。

一类是测试系统对外的接口功能,即系统与系统之间,或系统与用户之间通过网络数据的传递进行交互。具体方式通过输入各种参数来观察输出参数是否符合预期。如输入"用户名"和"密码",进行"用户登录",成功后返回"用户信息",失败后返回"登录失败信息"。这类测试偏向于测试某接口的功能和边界,属于黑盒测试也可以说是灰盒测试。

另一类是测试系统整体的功能:按照一定的业务逻辑调用一组接口,测试一个或多个完整的业务功能。如调用"用户登录""修改密码"等接口,模拟用户修改密码的过程,测试该功能是否正常。这类测试更偏向于集成测试,属于黑盒测试。

常见的接口测试工具有 Postman、Apifox。本节选用 Postman 作为接口测试工具,并与 Postman 发行的 Node.js 包 Newman 相结合进行接口测试自动化。

8.4.1　实验目的和实验环境

【实验目的】

(1)学习使用 Postman 等接口测试工具。

（2）学习使用 Newman 自动生成测试报告。

（3）编写接口测试 Demo 用例。

（4）集成至 CI/CD。

【实验环境】

（1）操作系统：Windows 10。

（2）Postman：9.15.10 版。

8.4.2　实验步骤

1．安装及使用 Postman

Postman 是一款网页调试和接口测试工具，能够发送任何类型的 HTTP 请求，支持 GET、PUT、POST、DELETE 等方法，可以直接填写 URL、Header、Body 等来发送一个请求。建议通过官网下载并安装。

Postman 的使用方法如下。

（1）创建请求（一个测试）

在 Postman 中创建一个测试，即创建一个 HTTP 请求。创建一个请求时，最重要的三项参数分别是请求地址、请求方式与传入参数，如图 8-29 所示。

图 8-29　创建请求页面

请求方式意为想要对请求的资源进行怎样的操作，常用的有 GET、PUT、POST、DELETE。GET 方式向特定资源发出请求，一般用于获取、查询信息。PUT 向指定位置上传内容。POST 向指定资源提交数据进行处理请求，如登录。DELETE 用于请求删除资源。

传入参数即请求数据，分为 Body、Headers 等参数。Headers 参数包含有关客户端和请求的信息。Body 参数中填写需要提交的查询字符串信息，格式一般是 Form 或者 JSON 格式。Body 的格式需要按照接口文件来设定。

（2）编写断言（Tests）

在创建请求的同时，可以加入测试断言。发送一个请求后，会收到相应的响应。测试断言的主要用处是将响应中的结果和预期进行对比。断言还可以用于获取请求中的字段，并保存为环境变量，供其他接口使用。

断言主要分为如下几类：状态码断言，响应结果断言，速度断言，Header 断言。

断言还可以用于获取请求中的字段，并保存为环境变量，供其他接口使用。Postman 中有断言的预设，可以轻松使用。图 8-30 展示了两个断言的示例，第一个是将返回的数据设置为全局变量，第二个是判断返回状态码是否与预期一致。

```
Params    Authorization    Headers (8)    Body ●    Pre-request Script    Tests ●    Settings

1    //把json字符串转化为对象
2    var data=JSON.parse(responseBody);
3
4    //获取data对象的utoken值。
5    var token=data.data.access_token;
6
7    //设置成全局变量
8    pm.globals.set("token", data.data.access_token);
9
10    pm.test("Status code is 200", function () {
11        pm.response.to.have.status(200);
12    });
```

图 8-30   断言示例

（3）编写测试集

测试集可以实现测试系统整体功能。测试集中可以保存一系列接口测试，并一次性执行多个用例。因此，设计一系列存在逻辑关系的测试，可以模拟功能的执行。执行完毕，会返回执行结果，可以看到每个测试用例和断言是否成功执行。

图 8-31 中的测试集模拟了登录的流程，先登录，再判断当前登录的账号。如果流程正确，那么返回的当前账号应当与登录时传入账号一致。

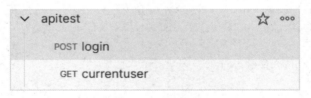

图 8-31   测试集目录

（4）导出 JSON 文件

使用 Postman 执行接口测试后，可以导出 JSON 格式的文件。JSON 文件中存储了编写接口测试时的信息，包括请求方式，参数，断言等。JSON 文件用于进行自动化接口测试。

具体操作为，右击测试集，在弹出的快捷菜单中选择 "Export"（如图 8-32 所示）。导出的 JSON 文件会默认使用测试、测试集的名字，也可以自行修改名称。

2．安装及使用 Newman

Newman 是 Postman 发行的 Node.js 库，主要用途为在命令行执行 Postman 导出的 JSON 文件，常用于构建接口自动化测试。

（1）基本命令

假设已经在 Postman 中写好 API 请求或测试集并成功导出相应的 JSON 文件，运行命令即可执行测试。Newman 支持运行本地或远程文件。

```
newman run <相对路径>/sample-conllection.json
```

```
newman run http://<远程域名>/sample-conllection.json
```

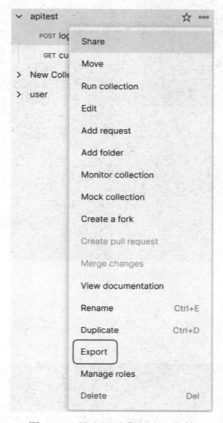

图 8-32 导出测试集 JSON 文件

还可以准备多组数据进行多轮测试。

❖ -d，--iteration-data，指定要用于迭代的数据源文件（JSON 或 CSV），作为文件路径或
URL。

❖ -n，--iteration-count，指定与迭代数据文件一起使用时必须运行集合的次数。

（2）生成报告

Newman 支持在运行完 JSON 文件后生成报告，根据指定命令的不同，可以同时生成多种
类的报告。

例如：

```
newman run apitest.json --reporter-html-export htmlReport.html
```

生成的报告（如图 8-33 所示）较为完备，推荐使用。报告会详细列出每个接口测试的具体执
行信息，包括请求参数与返回参数、断言执行情况等信息。

3．编写接口测试 demo 用例

首先，确保已经成功运行微服务。基于 demo 程序示例中微服务提供的功能，可以设计两
个测试，一个测试登录服务，另一个测试 hello 微服务。

前面已经介绍过 GET 和 POST 两种方式的区别。

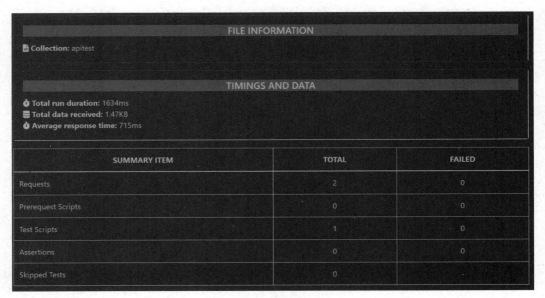

図 8-33　報告样式

（1）測試登录服务接口

測試登录服务时应选用 POST 方式，因为需要上传登录账号和密码进行登录验证。在代码文件中找到登录验证使用的接口代码，如图 8-34 所示。

```
@PostMapping("/login")
public String login(@RequestParam(value = "userneme", defaultValue = "devops",required = true) String username ,
                @RequestParam(value = "password", defaultValue = "devops",required = true) String password){
    if(username==null||password==null)
    {
        return "登录失败";
    }
    if(username.equals("admin")&&password.equals("123456789"))
    {
        return "登录成功，欢迎使用";
    }
    return "登录失败";
```

图 8-34　登录接口的代码

阅读代码可以得出，需要传入的数据定义为"username"和"password"。完整的请求设置如图 8-35 所示。请求方式为 POST，请求内容传入账号和密码（见图 7-11），请求地址为 http://localhost:8080/login/login，URL 地址与图 7-13 中的一致（注意，端口号可能改变）。

图 8-35　登录接口测试

如果成功，就会返回如图 8-36 所示的结果。

图 8-36　返回结果

也可以自行更改账号密码，查看登录失败的返回结果是否与代码一致。

（2）测试 hello 服务接口

测试 hello 服务接口时，只需要获取返回的资源，因此选取 GET 方式，请求地址为 http://localhost:8080/hello/hello-feign，且不需要传入参数。请求设置如图 8-37 所示。

图 8-37　返回结果

返回的结果字符应当与 7.2.1 节的图 7-14 或图 7-15 一致（端口可能存在不同）。

（3）进行测试集流程

单击图 8-38 中的"+"，即可创建一个测试集，图中已创建了一个 demoapitest 测试集，并加入了前面的测试。

图 8-38　创建测试集

选择测试集后，单击右上角的"Run"按钮，运行测试集，如图 8-39 所示。

单击"Run demoapitest"，即可运行测试集中的测试，之后会以列表形式返回结果。导出 demoapitest.json 文件。打开命令行窗口，进入存放 JSON 文件的路径，运行如下命令：

```
newman run demoapitest.json --reporter-html-export htmlReport.html
```

即可在当前路径下产生一个 HTML 格式的报告文件。

4．集成至 CI/CD

注意：CI/CD 的集成在极狐 GitLab 平台上进行。

（1）上传 JSON 文件

将 Postman 导出的已经编写好的测试、测试集 JSON 文件上传至项目指定位置即可。

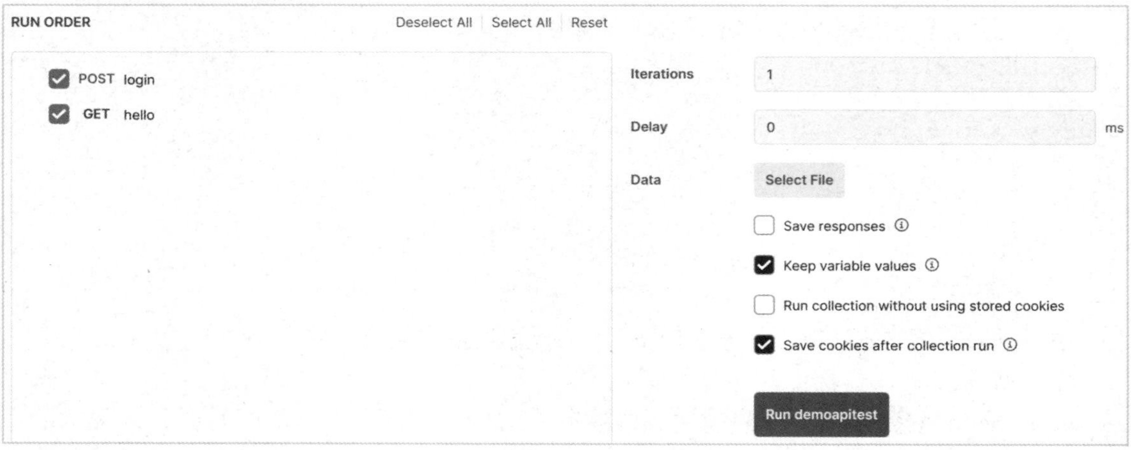

图 8-39 运行测试集

（2）准备工作

首先，安装 Newman。为了取得阅读性较好的报告，还需进行 HTML 格式的报告包安装。

```
npm install -g newman
npm install -g newman-reporter-htmlextra
```

（3）编写 YML 文件

```
stages:
  - test
apitest:
  images:
  tags:
    - shuishan
  artifacts:
    paths:
      - ./htmlReport.html
  script:
      - newman run apitest.json --reporter-html-export htmlReport.html
```

执行完毕，可以在流水线日志中查看报告。

本节主要实践了 DevOps 流程中的接口测试自动化，有助于读者熟悉接口测试相关工具的使用、理解接口测试的原理、掌握接口测试的设计。

8.5 压力测试用例

压力测试属于性能测试的一种。性能测试的选择与需求有关，选择的场景不同，使用的性能测试方案也不同。性能是随着业务发展的，需要不断适应新的要求；不同阶段，性能测试的频率不一样。

压力测试考察当前软/硬件环境下系统能承受的最大负荷,并找出系统瓶颈所在,为了系统在线上的处理能力和稳定性维持在一个标准范围内。有效的压力测试系统将应用以下关键条件:重复,并发,量级,随机变化。

压力测试的性能指标如下。

* 响应时间(Response Time,RT):指用户从客户端发起一个请求开始到客户端接收到从服务器端返回的响应结束,整个过程所花费的时间。
* HPS(Hits Per Second,次/秒):每秒点击次数。
* TPS(Transaction Per Second,笔/秒):系统每秒处理交易数。
* QPS(Query Per Second,次/秒):系统每秒处理查询次数。

对于互联网业务中,如果某些业务有且仅有一个请求连接,那么 TPS=QPS=HPS。一般情况下,TPS 衡量整个业务流程,QPS 衡量接口查询次数,HPS 衡量对服务器单击请求。

TPS、QPS、HPS 是衡量系统处理能力非常重要的指标,越大越好。根据行业经验,目前情况下。

* 金融行业:1000~50000 TPS,不包括互联网化的活动。
* 保险行业:100~100000 TPS,不包括互联网化的活动。
* 制造行业:10~5000 TPS。
* 互联网电子商务:10000~1000000 TPS。
* 互联网中型网站:1000~50000 TPS。
* 互联网小型网站:500~10000 TPS。

最大响应时间(Max Response Time)是指用户发出请求或者指令到系统做出反应(响应)的最大时间。

最少响应时间(Minimum ResponseTime)是指用户发出请求或者指令到系统做出反应(响应)的最少时间。

90%响应时间(90% Response Time)是指把所有用户的响应时间进行排序,第 90%的响应时间。

从外部看,性能测试主要关注如下三个指标。

* 吞吐量:每秒钟系统能够处理的请求数、任务数。
* 响应时间:服务处理一个请求或一个任务的耗时。
* 错误率:一批请求中结果出错的请求所占比例。

目前,测试工具非常多,如 jmeter、locust、wrk 等,主要特点如图 8-40 所示。

wrk 是一款针对 HTTP 协议的基准测试工具,相比其他工具,它是一个轻量级的工具,安装相对更简单,学习曲线较低,能够在单机多核 CPU 的条件下,使用系统自带的高性能 I/O 机制,如 epoll、kqueue 等,通过多线程和事件模式,对目标机器产生大量的负载。

wrk 作为一款轻量级性能测试工具,至今其 GitHub 项目已经超过 31500 个星标和 2000 多个 Fork,可见 wrk 在 HTTP 基准测试领域的热门程度。wrk 结合了多线程设计和可扩展的事件通知系统,如 epoll 和 kqueue,可以在有限资源下发出极致的负载请求;内置了一个可选的 LuaJIT 脚本执行引擎,可以处理复杂的 HTTP 请求生成、响应处理和自定义压测报告。

.	loadrunner	jmeter	locust	wrk
分布式压力	支持	支持	支持	不支持
单机并发能力	低	低	高	低
并发机制	进程/线程	线程	协程	线程
开发语言	C/Java	Java	Python	C
报告与分析	完善	简单图标	简单图表	简单结果
授权方式	商业收费	开源免费	开源免费	开源免费
测试脚本形式	C/Java	GUI	Python	C
资源监控	支持	不支持	不支持	不支持

图 8-40　几个测试工具的特点

8.5.1　实验目的和实验环境

【实验目的】

（1）了解 wrk 的安装方法。

（2）掌握 wrk 的基本使用方法。

（3）进行简单的压力测试。

【实验环境】

（1）操作系统：macOS。

（2）Lua：5.4 版。

（3）wrk：20.10.5 版。

（4）PyCharm：1.1.2 版。

（5）Homebrew：3.4.1-52 版。

8.5.2　实验步骤

1．wrk 的安装

wrk 支持在 Linux、Windows 和 macOS 等操作系统上运行。

Linux 系统以 CentOS 7.4 为例，安装命令如下：

```
# 安装工具包的时候差不多有 90 个左右的子工具
sudo yum groupinstall 'Development Tools'
sudo yum install -y openssl-devel git
# 从远程仓库拉取 wrk
git clone --depth=1 https://github.com/wg/wrk.git wrk
#cd 进入 wrk 文件夹
cd wrk
# make 命令进行编译
make
```

```
# move the executable to somewhere in your PATH
sudo cp wrk /usr/local/bin
```

macOS 系统也可以与 Linux 系统一样，通过"git clone"的方式来获取项目，但是推荐使用 brew 方式来安装。

Homebrew 是 macOS 平台下的软件包管理工具，拥有安装、卸载、更新、查看、搜索等实用功能，简单的一条指令就可以实现包管理，而不用关心各种依赖和文件路径的情况，十分方便快捷。

Homebrew 安装命令如下：

```
/usr/bin/ruby -e "$(curl -fsSL https://raw.githubusercontent.com/Homebrew/install/master/install)"
```

安装完成后，使用 brew 命令安装 wrk，输入"brew install wrk"，结果如图 8-41 所示。

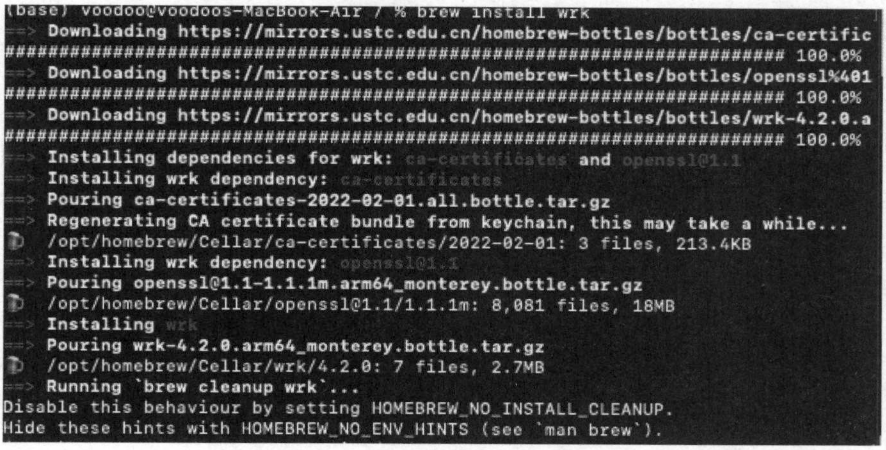

图 8-41　安装 Homebrew

在命令行窗口中输入"wrk -v"，查看是否安装成功，出现图 8-42，说明已经安装完成。

```
# 查看 wrk 版本
wrk -v
```

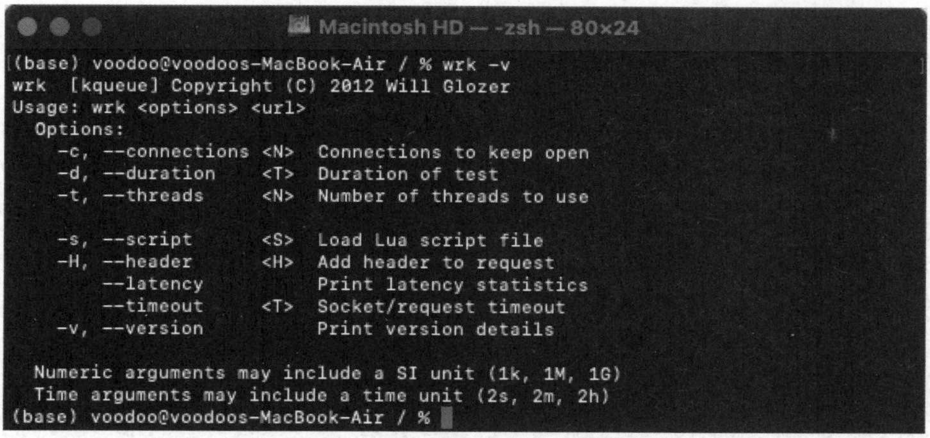

图 8-42　查看 wrk 版本

wrk 已经安装完成，这里分别使用 GET 和 POST 请求进行压力测试。

GET 和 POST 请求的主要特点如图 8-43 所示。

	GET	POST
后退按钮/刷新	无害	数据会被重新提交（浏览器应该告知用户数据会被重新提交）。
书签	可收藏为书签	不可收藏为书签
缓存	能被缓存	不能缓存
编码类型	application/x-www-form-urlencoded	application/x-www-form-urlencoded or multipart/form-data。为二进制数据使用多重编码。
历史	参数保留在浏览器历史中。	参数不会保存在浏览器历史中。
对数据长度的限制	是的。当发送数据时，GET 方法向 URL 添加数据；URL 的长度是受限制的（URL 的最大长度是 2048 个字符）。	无限制。
对数据类型的限制	只允许 ASCII 字符。	没有限制。也允许二进制数据。
安全性	与 POST 相比，GET 的安全性较差，因为所发送的数据是 URL 的一部分。 在发送密码或其他敏感信息时绝不要使用 GET！	POST 比 GET 更安全，因为参数不会被保存在浏览器历史或 web 服务器日志中。
可见性	数据在 URL 中对所有人都是可见的。	数据不会显示在 URL 中。

图 8-43　POST 和 GET 请求的特点

GET 与 POST 在安全性上有明显区别，最直观的就是 GET 请求数据在 URL 中所有人可见，而 POST 数据不会显示在 URL 中。

wrk 目前只支持 GET 请求，虽然并不支持 POST，但可以借助 Lua 脚本来实现，创建一个 Lua 文件，并在文件中写上需要传送的参数，便可发送 POST 请求。

2．wrk 的使用

wrk 的使用以百度网站为例，在命令行下输入如下命令：

```
wrk -t12 -c400 -d30s http://www.baidu.com
```

结果如图 8-44 所示。

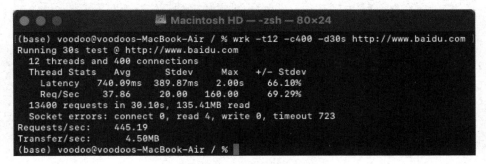

图 8-44　测试

输入的命令：

```
wrk -t12 -c400 -d30s http://www.baidu.com
```

包含三个参数，分别是-t、-c、-d。-t 代表线程数，-t12 就是 12 条线程，-c 表示与服务器建立并保持连接的 TCP 数量，-d 是压测时间。

通过 wrk -help 命令，可以查看各参数的具体含义，如图 8-45 所示。

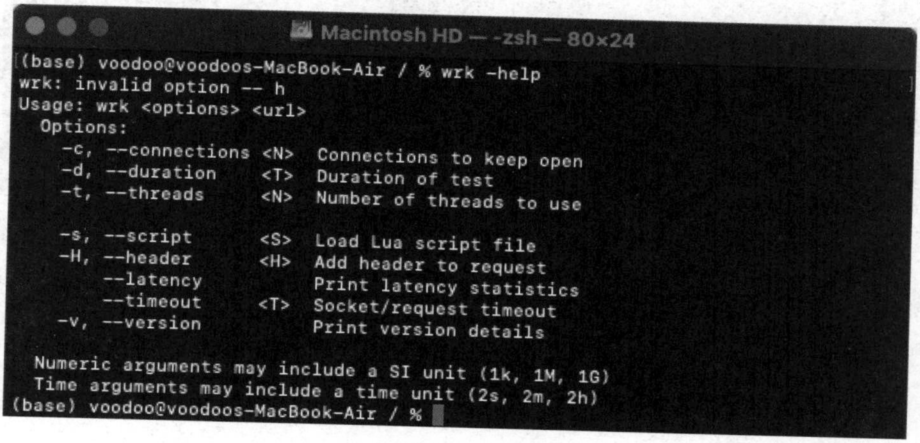

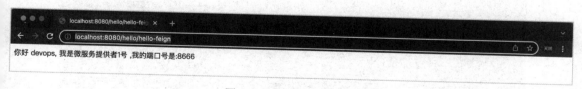

图 8-45　命令解释

报告详细解读如下：

```
Running 30s test @ http://www.baidu.com（压测时间 30s）
 12 threads and 400 connections（共 12 个测试线程，400 个连接）
（平均值）（标准差）（最大值）（正负一个标准差所占比例）
 Thread Stats   Avg      Stdev     Max    +/- Stdev（延迟）
   Latency   719.94ms  395.87ms   2.00s    68.32%（每秒请求数）
   Req/Sec    37.96     20.13    180.00     69.81%
 13413 requests in 30.09s, 135.61MB read（30.06s 内处理了 13413 个请求，耗费流量 135.61MB）
 Socket errors: connect 0, read 9, write 0, timeout 793（发生错误数）
Requests/sec:    445.74（QPS 445.74，即平均每秒处理请求数为 445.74）
Transfer/sec:     4.51MB（平均每秒 4.51MB）
```

3. Demo 程序性能测试

下面基于 Demo 程序来实践。打开 Demo 程序，在浏览器中输入如下网址：

```
http://localhost:8080/hello/hello-feig
```

结果如图 8-46 所示。

localhost:8080/hello/hello-feign

你好 devops，我是微服务提供者1号，我的端口号是:8666

图 8-46　测试 Demo 程序

可以使用之前学习的命令对其进行测试，在命令行输入：

```
wrk -t6 -c40 -d10s http://localhost:8080/hello/hello-feign
```

于是生成如图 8-47 所示的测试报告。

```
bin — -zsh — 80×24
(base) voodoo@voodoos-MacBook-Air bin % wrk -t6 -c40 -d10s http://localhost:8080
/hello/hello-feign

Running 10s test @ http://localhost:8080/hello/hello-feign
  6 threads and 40 connections
  Thread Stats   Avg      Stdev     Max   +/- Stdev
    Latency    17.64ms   35.90ms 382.56ms   88.39%
    Req/Sec     1.46k   429.05     3.21k    72.00%
  87288 requests in 10.01s, 15.32MB read
Requests/sec:   8721.61
Transfer/sec:      1.53MB
(base) voodoo@voodoos-MacBook-Air bin %
```

图 8-47　压力测试报告

使用 POST 请求进行测试，以 http://localhost:8080/login/login 为例。创建一个 Lua 脚本，在文件中写下如下内容：

```
wrk.method = "POST"
wrk.body = "username=admin&password=123456789"
wrk.headers["Content-Type"] = "application/x-www-form-urlencoded"
```

wrk.method = "POST"定义了请求的方式。

wrk.body = "username=admin&password=123456789"定义了请求的参数。

输入如下命令：

```
wrk -t4 -c20 -d6s  --script=/Users/voodoo/Desktop/python/leetcode/code/wrk_post.lua
--latency http://localhost:8080/login/login
```

可以看到，该命令与之前使用的命令相似，不过多了“--scrip”参数，该参数代表了 Lua 脚本文件的地址。

压力测试报告如图 8-48 所示。

```
code — -zsh — 80×24
(base) voodoo@voodoos-MacBook-Air code % wrk -t4 -c20 -d6s  --script=/Users/vood
oo/Desktop/python/leetcode/code/wrk_post.lua --latency http://localhost:8080/log
in/login
Running 6s test @ http://localhost:8080/login/login
  4 threads and 20 connections
  Thread Stats   Avg      Stdev     Max   +/- Stdev
    Latency     8.30ms   16.67ms 165.12ms   90.22%
    Req/Sec     1.78k   385.76     3.92k    75.62%
  Latency Distribution
     50%    2.25ms
     75%    4.76ms
     90%   24.32ms
     99%   84.03ms
  42972 requests in 6.10s, 6.97MB read
Requests/sec:   7043.70
Transfer/sec:      1.14MB
(base) voodoo@voodoos-MacBook-Air code %
```

图 8-48　POST 方式的压力测试报告

本章小结

  本章重点讲述了贯穿整个 DevOps 测试流程的常用测试步骤：静态代码扫描、接口测试、性能测试、UI 测试、单元测试、压力测试等。读者能够了解和掌握各测试流程和方法，还能利用 DevOps 实训平台构建出基于上述测试的流水线，进一步体验 DevOps 实践。

第 9 章

DevOps

CI/CD 实践

持续集成和持续部署（CI/CD）是 DevOps 运动产生的软件开发实践，使构建、测试和发布软件的过程更加高效，并比传统方法更快地将工作软件交到用户手中。强大稳定的 CI/CD 管道可以使团队能够按照进度更快地交付软件，并及时从 DevOps 流水线各部分获得有关其最新更改的反馈。

建立 CI/CD 管道不应该是一项即发即弃行动。就像正在开发的软件一样，对 CI/CD 实践采取迭代方法是值得的：不断分析数据并听取反馈，以完善 CI/CD 过程。本章逐一介绍极狐 GitLab、GitHub 等主流 DevOps 平台是如何构建 CI/CD 管道的。

9.1 基于极狐 GitLab 的 CI/CD

持续集成（CI）和持续交付/部署（CD）是实践 DevOps 十分重要的一种手段，使得原本在传统软件开发中的部分工作流程自动化，如构建、测试和部署等工作流程。CI/CD 的工作流程实现了自动化，使得整个软件开发团队可以更快速并且可靠地交付代码。

在现代软件开发中，软件开发者们会频繁地向代码仓库推送和合并代码。这么做的目的很简单，因为项目不断地有新的需求需要实现，不断地有新的 Bug 需要修复。但是将代码推送合并到代码仓库仅仅是一个开始，并不是说推送代码后，这些代码的变化会立即影响到生产环境。从代码推送到代码生效，中间至少包含了构建、测试和部署等阶段。

持续集成（CI）在 DevOps 理念中自动化了构建、测试两个工作流程。当开发者们将代码推送到代码仓库后，持续集成会自动构建整个项目，并且对修改后的代码进行全量自动化测试，对于资源消耗很大的测试，则会在不影响工作任务的非工作时间段执行。代码构建在软件开发中是必不可少的，因为代码构建可以生成产物，以便项目部署时使用。例如，在 Java 应用中，构建后可以生成 JAR 文件，并被打包到 Docker 镜像中，以便部署时使用。虽然代码测试的必要性比不了构建，但是实际上现代软件开发往往出于安全性的原因，持续集成也会将代码测试考虑在内。通过对代码进行自动化测试，持续集成可以检测出代码中潜在的风险，开发者们在部署前对这些问题进行修复，从而避免了发布后可能会出现的问题。

持续交付/部署（CD）在 DevOps 中自动化部署工作流程，其实不需刻意区分到底是持续交付还是持续部署，因为不管是交付还是部署，二者最终实现的目标是一致的，就是实现自动部署。那么，二者的区别在于实现的自动化程度不同。假设我们已经有持续集成得到的产物，可以进行部署，那么持续交付的部署是自动化的，但是需要人工决定是否进行部署，可以理解为需要人工按"下一个"按钮，从而触发部署流程。但对于持续部署来说，一切流程都是自动化的，在持续集成后自动触发部署流程。

下面简单介绍极狐 GitLab CI/CD。极狐 GitLab CI/CD 是实现 CI/CD 的一套工具，可以编写一系列脚本来实现 CI/CD。在使用极狐 GitLab CI/CD 时，读者需要掌握如下概念。

（1）Pipeline 的概念

Pipeline 是 CI/CD 重要的组成部分，主要包括 Job 和 Stage。可以简单理解为，Job 定义了要做什么事情，如 Job 可以定义编译代码或者测试代码；Stage 定义了什么在什么时候去运行 Jobs，如 Stage 可以定义在编译代码的 Job 完成后执行测试代码的 Job。注意，只有一个 Stage 中的所有 Job 都执行完毕，才会执行下一个 Stage 中的 Job；如果一个 Stage 中的 Job 执行失败，那么下一个 Stage 就不会继续执行，并且整个流水线就会失败，不再继续运行。一般，流水线创建后就会自动运行不需人为干预。一个经典的流水线通常应该包含如下 Stages：Build（执行构建 Job）、Test（执行测试 Job）、Staging（执行部署到测试环境 Job）和 production（执行部署到生产环境 Job）。

（2）Runner 的概念

在 Pipeline 中，Job 运行在极狐 GitLab Runner 中。Runner 是用于运行 Pipeline 中的 Job 的一种应用，可以自动化执行在 Pipeline 中定义的 Job。Pipeline 和 Runner 是极狐 GitLab CI/CD 的精髓，开发者们通过脚本编写 Pipeline 中的 Jobs，在代码提交后，通过 Runner 自动执行，实现编写好的 Job，从而实现 CI/CD 对于构建、测试和部署的自动化。

下面介绍极狐 GitLab CI/CD，包括安装并注册极狐 GitLab Runner、编写 Pipeline 中的 Job，带领读者实现从零搭建自己的 CI/CD Pipeline。

9.1.1　实验目的和实验环境

【实验目的】

（1）了解极狐 GitLab CI/CD。

（2）掌握极狐 GitLab CI/CD Runner 的安装和注册方法。

（3）掌握极狐 GitLab CI/CD Pipeline 的构建方法。

【实验环境】

（1）操作系统：CentOS 7。

（2）Java：1.8 版。

（3）Docker：20.10.12 版。

9.1.2　实验步骤

在实验开始前，请准备好安装 Linux 操作系统的一台虚拟机或者服务器，本实验使用的是 CentOS 7 服务器，示例程序见第 7 章。

1．安装 Docker

极狐 GitLab Runner 的安装和注册需要使用 Docker，因此应当先在服务器上安装 Docker，以便后续使用。Docker 的安装方法见 6.5 节，这里不再赘述。

2．注册阿里云容器镜像服务

在本实验构建的 Pipeline 中，在 Build 阶段，会将代码打包成容器镜像，以便部署使用，所以我们需要容器镜像仓库来保存构建好的镜像。本实验使用了阿里云容器镜像服务，请参阅 6.1 节，这里不再赘述。

3．安装极狐 GitLab Runner

极狐 GitLab Runner 安装方式有很多，具体可以参阅官方给出的文档。本实验以 Docker 方式安装极狐 GitLab Runner。

使用 Docker 可以快速安装极狐 GitLab Runner 应用，在服务器上执行以下命令：

```
docker run -d --name gitlab-runner --restart always -v /srv/gitlab-runner/config:/etc/gitlab-runner \
    -v /var/run/docker.sock:/var/run/docker.sock \
    gitlab/gitlab-runner:latest
```

以上命令通过 docker run 启动了一个名为 gitlab-runner 的容器，使用了 gitlab-runner:latest 版本镜像。其中，"-d" 代表以 detach 模式启动，"--restart always" 配置重启策略，"-v" 通过 volume 的方式将容器内文件挂载到服务器上，这样重启该容器数据也不会丢失。

4．注册极狐 GitLab Runner

上面只是安装了极狐 GitLab Runner 应用，但是并没有将该 Runner 和代码仓库绑定。因此将注册极狐 GitLab Runner，目的是将 Runner 与代码仓库绑定。与安装 Runner 一样，使用 Docker 注册 Runner 的方法也很简单，在服务器上执行以下命令：

```
docker run --rm -it -v /srv/gitlab-runner/config:/etc/gitlab-runner gitlab/gitlab-runner register
```

在输入命令后，需要依次输入如下内容。

❖ 极狐 GitLab instance URL：这里是 https://JihuLab.com/。
❖ token：可以在 GitLab 仓库的"Setting → CI/CD → Runner"中查看 registration token。
❖ description：为 Runner 的描述，可任意填写。
❖ tags：为 Runner 的标识，填写后可用该 tag 来区分不同的 Runner。
❖ optional maintenance：可以忽略。
❖ runner executor：填入 docker。

依次填入上述内容后，Runner 就与项目绑定起来了，该 Runner 就可以用于执行该项目中定义的 Jobs。但是有关 Runner 的内容还没有结束，还需要对 Runner 进行额外的配置来满足执行 Jobs 的需求。Runner 在运行 Job 时会启动一个新的 Docker 容器，在容器中完成 Job 中定义的事情。每执行一个 Job，Runner 就会启动一个新的容器来运行该 Job。但是，每次启动的新的容器可以理解为一张白纸，其中并没有执行该 Job 所需的环境和配置。例如，在一个 Job 中需要使用 Docker 命令，但是在启动的新容器中并没有 Docker 环境。如何解决这个问题呢？我们可以将服务器的环境挂载到 Runner，每次启动的新的容器中，容器就有了挂载的环境。为了达到上述目的，需在 /srv/gitlab-runner/config/config.html 文件中，将如下内容复制至 "[[runners]] → [runners.docker] → volumes" 中：

```
"/cache","/usr/bin/docker:/usr/bin/docker","/var/run/docker.sock:/var/run/docker.sock",
"/root/.docker/:/root/.docker/","/root/.m2:/root/.m2"
```

在进行上述配置后，需要重新启动 Runner 以使配置生效。

```
docker restart gitlab-runner
```

至此，Runner 的安装和注册就完成了，可在极狐 GitLab 仓库的"Setting → CI/CD → Runner"中查看到注册好的 Runner。

下面编写这些 Jobs，从而构建自己的流水线。

5．编写 gitlab-ci.yml 文件

在 GitLab CI/CD 中想要构建一条 Pipeline，就要在极狐 GitLab 仓库的项目根路径下创建 gitlab-ci.yml 文件，并从中编写构建、测试和部署所需的脚本。一旦添加了 gitlab-ci.yml 配置

文件到 GitLab 仓库中，GitLab 就将检测它，并使用极狐 GitLab Runner 的工具运行这些脚本。此文件可以定义要运行的脚本，定义包含和缓存依赖项，选择要按顺序运行的命令和要并行运行的命令，定义要部署应用程序的位置，并指定是否将希望自动运行脚本或手动触发其中任何一个。gitlab-ci.yml 文件的语法较为复杂，具体语法参见极狐 GitLab 官方文档，这里只演示基本的用法。下面以 Demo 项目为例，编写 gitlab-ci.yml 文件。

首先，在仓库中添加 gitlab-ci.yml 文件，并且粘贴如下代码：

```yaml
stages:
  - build
  - test
  - deploy

include:                                              # 导入静态扫描依赖
  - template: Security/SAST.gitlab-ci.yml

build-job:
  image: ccchieh/maven3-openjdk-8-cn
  stage: build
  tags:
    - devops-demo-another-runner
  script:
    - |
      export MAVEN_CONFIG=$(pwd)/.m2
      /usr/local/bin/mvn-entrypoint.sh mvn package
      docker build --build-arg MODULE_NAME=gateway -t $IMAGE_GATEAWY_MAIN .
      docker push $IMAGE_GATEAWY_MAIN
      docker build --build-arg MODULE_NAME=hello -t $IMAGE_HELLO_MAIN .
      docker push $IMAGE_HELLO_MAIN
      docker build --build-arg MODULE_NAME=login -t $IMAGE_LOGIN_MAIN .
      docker push $IMAGE_LOGIN_MAIN
      docker build --build-arg MODULE_NAME=provider_one -t $IMAGE_PROVIDERONE_MAIN .
      docker push $IMAGE_PROVIDERONE_MAIN
      docker build --build-arg MODULE_NAME=provider_two -t $IMAGE_PROVIDERTWO_MAIN .
      docker push $IMAGE_PROVIDERTWO_MAIN
      docker build --build-arg MODULE_NAME=provider_three -t $IMAGE_PROVIDERTHREE_MAIN .
      docker push $IMAGE_PROVIDERTHREE_MAIN
  artifacts:
    paths:
      - target/

spotbugs-sast-job:
  stage: test
  dependencies:
    - build-job
  tags:
    - devops-demo-another-runner
  variables:
    COMPILE: "false"

deploy-job:
  stage: deploy
  tags:
```

216

```
      - devops-demo-another-runner
    script:
      - |
        ssh $SERVER_ADDR cat $SERVER_PATH/docker-compose.yml
        ssh $SERVER_ADDR docker-compose -f $SERVER_PATH/docker-compose.yml up -d
        ssh $SERVER_ADDR docker-compose -f $SERVER_PATH/docker-compose.yml stop
        ssh $SERVER_ADDR docker-compose -f $SERVER_PATH/docker-compose.yml pull
        ssh $SERVER_ADDR docker-compose -f $SERVER_PATH/docker-compose.yml up -d --build
```

为了简单起见，在上述 gitlab-ci.yml 文件中包含了 3 个 Stages：build、test 和 deploy，这是最基本的 3 个 Stages。下面将对这 3 个 Stages 中的 Jobs 进行简单讲解。

首先，定义 build-job。这是属于 Build Stage 的 Job，其主要任务是将代码进行构建并通过 Docker 打包成容器镜像，将容器镜像推送到前面注册好的阿里云容器镜像仓库中。可以看到，该 Job 指明了使用的 Runner 为 devops-demo-another-runner，这是前面注册的 Runner。

其次，定义 spotbugs-sast-job。这是属于 test Stage 的 Job，其主要任务是对代码进行静态代码扫描，检测出代码可能存在的问题（见 8.1 节）。

最后，定义 deploy-job。这是属于 Deploy Stage 的 Job，其主要任务是在服务器上通过 docker-compsose 拉取之前 Build Stage 中推送到阿里云容器镜像仓库的镜像，并且启动对应的容器，这样就完成了部署的工作。同之前的 build-job，本 Job 使用的也是 devops-demo-another-runner 的 Runner。

Docker-compose.yml 文件如下，其语法和具体编写方法为 Docker 中内容，这里不再赘述。

```
version: "3"

networks:
  default:

services:
  nacos:
    container_name: nacos-standalone
    image: nacos/nacos-server:latest
    environment:
      - PREFER_HOST_MODE=hostname
      - MODE=standalone
    restart: always
    volumes:
      - ./nacos/standalone-logs/:/home/nacos/logs
      - ./nacos/init.d/custom.properties:/home/nacos/init.d/custom.properties
    expose:
      - "8848"
    ports:
      - "8848:8848"
    healthcheck:
      test: ["CMD", "curl", "-f", "http://localhost:8848/nacos"]
      interval: 10s
      timeout: 10s
      retries: 5
    networks:
      default:
        aliases:
```

```yaml
      - nacos
  redis:
    container_name: devops-redis
    restart: always
    image: "redis:alpine"
    networks:
      default:
      aliases:
        - redis
  providerOne:
    image: registry.cn-beijing.aliyuncs.com/nextlab-devops-demo/provider_one:main
    ports:
      - "9666:8666"
    restart: always
      environment:
        - NACOS_ADDR=nacos
        - NACOS_PORT=8848
    depends_on:
      nacos:
      condition: service_healthy

  gateway:
    image: registry.cn-beijing.aliyuncs.com/nextlab-devops-demo/gateway:main
    ports:
      - "9090:8080"
    restart: always
    environment:
      - NACOS_ADDR=nacos
      - NACOS_PORT=8848
    depends_on:
      nacos:
      condition: service_healthy

  login:
    image: registry.cn-beijing.aliyuncs.com/nextlab-devops-demo/login:main
    ports:
      - "9000:8000"
    restart: always
    environment:
      - NACOS_ADDR=nacos
      - NACOS_PORT=8848
    depends_on:
      nacos:
        condition: service_healthy

  hello:
    image: registry.cn-beijing.aliyuncs.com/nextlab-devops-demo/hello:main
    ports:
      - "9001:8001"
    restart: always
    environment:
      - NACOS_ADDR=nacos
```

```
          - NACOS_PORT=8848
      depends_on:
        nacos:
          condition: service_healthy
    providerTwo:
      image: registry.cn-beijing.aliyuncs.com/nextlab-devops-demo/provider_two:main
      ports:
        - "9667:8667"
      restart: always
      environment:
        - NACOS_ADDR=nacos
        - NACOS_PORT=8848
      depends_on:
        nacos:
          condition: service_healthy
    providerThree:
      image: registry.cn-beijing.aliyuncs.com/nextlab-devops-demo/provider_three:main
      ports:
        - "9668:8668"
      restart: always
      environment:
        - NACOS_ADDR=nacos
        - NACOS_PORT=8848
      depends_on:
        nacos:
          condition: service_healthy
```

在上述操作中，该 YML 文件中简单定义 3 个 Stages：build、test 和 deploy，编写 3 个对应的 Jobs，通过编写 .gitlab-ci.yml 文件的方式构建了属于自己的 Pipeline。注意，这里编写了一种极简版 Pipeline，真实生产环境中的 Pipeline 要复杂得多，读者应该在实践中继续学习。

6. 触发流水线

在按照之前的步骤编写好 gitlab-ci.yml 文件后，每次通过"git push"命令推送代码到该仓库，都会触发 Pipeline 执行其中定义的 Job，从而实现自动化极狐 GitLab CI/CD 中的构建、测试和部署。

9.2　基于 GitHub 的 CI/CD

GitHub Actions 是 GitHub 的一个持续集成和持续交付（CI/CD）的平台，可以自动化构建、测试和部署 Pipelines。

1. Workflow（工作流）

Workflow 其实就是一个可配置的自动化过程，会运行一个或多个 Job。Workflow 定义在存储库的 .github/workflows 文件夹的一个 YML 或者 YAML 文件中，并在存储库的 Event 触发时运行，也可以配置成手动触发运行，或者定时触发。一个 Workflow 中甚至可以引用另一个

Workflow。

可以简单理解，一个 YML 配置文件就是一个 Workflow，存储库可以在 .github/workflows 文件夹下拥有多个 YML 文件，即拥有多个 Workflows。每个 Workflow 可以执行一组不同的步骤。例如，一个存储库中有两个 Workflows，就可以有一个 Workflow 用来构建和测试 PR（Pull Request），另一个 Workflow 用来每次发布 Release 版本时自动部署应用。

2．Event（事件）

Event 是存储库中的一个用来触发 Workflow 运行的特殊活动，有不同类型，如某人创建了一个 PR、新建了一个 Issue 等，这些都是可以用来触发 Workflow 运行的 Event。

3．Job（工作）

Job 是 Workflow 中的一组步骤，在同一个 Runner 上运行。每个步骤要么是将执行的 Shell 脚本，要么是将运行的 Action。各步骤是按顺序执行的，并且相互依赖。由于各步骤是在同一个 Runner 上运行，因此可以将数据从一个步骤共享到另一个步骤。可以配置 Job 与其他 Job 的依赖关系；默认情况下，Job 之间没有依赖关系，并且彼此并行运行。当一个 Job 依赖于另一个 Job 时，它将等待从属 Job 完成，然后才能运行。

4．Action

Action 是 GitHub Actions 平台的自定义应用程序，用于执行复杂但经常重复的任务。Action 可以减少在 Workflow 的 YML 文件中编写的重复代码。Action 可以从 GitHub 上拉取存储库代码，为构建环境设置正确的工具链。我们可以编写自己的 Action，也可以在 GitHub Marketplace 中寻找适合使用的 Action。

5．Runner

Runner 是在 Workflow 被触发时运行它们的服务器。每个 Runner 一次可以运行一个 Job。GitHub 提供了 Ubuntu Linux、Windows 和 macOS Runner 来运行 Workflow。每个 Workflow 都在全新的预先配置好的虚拟机中执行。如果我们需要不同的操作系统或者特定的硬件配置，可以用自己托管的 Runner 来代替 GitHub 提供的 Runner。

GitHub Actions 组件如图 9-1 所示，它们之间的关系是一个工作流可以包含一个或多个 Jobs，多个 Jobs 之间既可以顺序运行，也可以并行运行。每个 Job 都会在自己的虚拟机 Runner 中运行，或者在一个容器中运行。每个 Job 中会有一个或多个步骤，这些步骤要么是运行自定义的脚本，要么是运行一个 Action（可重用的扩展，用来简化工作流）。关于工作流语法的详细介绍可以参考 GitHub 的官方文档。

为了体验 GitHub 上的 CI/CD，这里以微服务程序 Demo 为例，从代码推送到部署运行，按如下内容设计实验。

准备服务器 A 和服务器 B，设服务器 A 是由 GitHub 托管的 Runner，采用 ubuntu:latest；服务器 B 是实际运行微服务的本地的服务器，采用 CentOS 7.9，已经提前安装好了 Docker 和 Docker-compose 工具。

本地微服务项目 Demo 推送代码到 GitHub 仓库会触发 Workflow，其中有 2 个 Jobs，分别是 build（服务器 A 中执行）和 deploy。

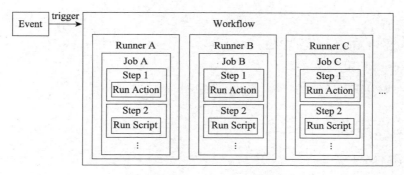

图 9-1　GitHub Actions 组件

（1）build 执行过程

build 执行过程包含如下 5 个步骤。

① 服务器 A 将 GitHub 仓库的源码拉取到本地（指的是服务器 A），使用的 Action 是 actions/checkout@v2。

② 设置 Java 版本并使用 Maven 构建工具对源码进行构建，每个微服务都会生成相应的 JAR 包。这里有 6 个微服务，因此会生成 6 个 JAR 包，使用的 Action 是 actions/setup-java@v2。

③ 服务器 A 会登录到自己的阿里云容器镜像服务中的 registry。阿里云 registry 可以理解为阿里版的 DockerHub。此处使用的 Action 是 aliyun/acr-login@v1。

④ 分别对 6 个微服务项目构建镜像。Docker 根据每个微服务项目下 Dockerfile 文件的规则来进行镜像的构建，这样就会生成 6 个微服务镜像文件。将这 6 个微服务镜像文件推送到阿里云 registry 中。这样做的目的是，任意一台服务器都能从阿里云 registry 中拉取这 6 个微服务镜像。

⑤ 将服务器 A 中的项目源码的 docker-compose 文件复制至服务器 B。此处使用的 Action 是 garygrossgarten/github-action-scp@release，本质是通过 scp 命令实现服务器之间的文件传输。

（2）depoly 执行过程

depoly 执行过程包含如下两个步骤。

① 在服务器 A 中，使用 ssh 命令登录进入服务器 B，此处使用的 Action 是 appleboy/ssh-action@master。

② 依靠上述步骤从服务器 A 复制的 docker-compose 文件，实现统一拉取 6 个微服务镜像文件，并且统一停止或者启动容器实例。当统一启动好 6 个容器实例后，实验就基本完成了。

以上便是此次实验设计的一个体验过程。微服务各模块的 dockerfile 文件、docker-compose 文件和 Workflow 文件的编写会在后面的步骤中详细说明。

9.2.1　实验目的和实验环境

【实验目的】

（1）了解 GitHub Actions。

（2）初步了解 Workflow 语法并自行构建。

（3）实现 Spring Cloud 项目全自动化打包部署。

（4）熟悉整个 CI/CD 的原理。

【实验环境】

（1）CentOS：Linux release 7.9.2009 (Core)。

（2）Docker：20.10.7 版。

（3）docker-compose：1.29.2 版，build 5becea4c。

9.2.2　实验步骤

1．复制项目代码

关于 GitHub 的复制操作请参考 6.3 节的步骤 10，将 OpenEduTech/DaseDevOps 复制到自己的账户下后，会生成 DaseDevOps 仓库。注意：下面所有图中显示的 devops_demo 仓库其实对应的是 DaseDevops 仓库下的 dasedevops_spring_demo 项目。

2．建立服务器 A 环境

这里使用的是 GitHub 托管的 Runner，因此服务器 A 的环境其实已经由 GitHub 处理好了，不需要我们做任何操作。如果使用自托管的 Runner，感兴趣的同学可以参考相关网页。

3．建立服务器 B 环境

① 安装 Docker。

② 安装 docker-compose。

4．建立阿里云容器镜像服务

请参考本书 6.1 节。

5．编写项目的 Workflow 文件

Workflow 文件的内容如下：

```
name: SpringCloud CI/CD with Docker
on:
  push:
    branches: [ master ]
  pull_request:
    branches: [ master ]

env:
  MODULE_1: gateway
  MODULE_2: hello
  MODULE_3: login
  MODULE_4: provider_one
  MODULE_5: provider_two
  MODULE_6: provider_three

jobs:
  build:
    runs-on: ubuntu-latest
    steps:
      - uses: actions/checkout@v2
      - name: Set up JDK 8
```

```yaml
      uses: actions/setup-java@v2
      with:
        distribution: 'temurin'
        java-version: '8'
        cache: 'maven'
    - name: Build with Maven
      run: |
        whoami
        pwd
        mvn -B package --file pom.xml
        pwd
    - name: Login to Aliyun Container Registry (ACR)
      uses: aliyun/acr-login@v1
      with:
        login-server: https://registry.cn-shanghai.aliyuncs.com
        region-id: cn-shanghai  # 3
        username: "${{ secrets.ACR_USERNAME }}"
        password: "${{ secrets.ACR_PASSWORD }}"
    - name: Build and push image
      run: |
        docker build -t ${{ secrets.ALI_NAMESPACE_URL }}/$MODULE_1:latest ./$MODULE_1
        docker push ${{ secrets.ALI_NAMESPACE_URL }}/$MODULE_1:latest
        docker build -t ${{ secrets.ALI_NAMESPACE_URL }}/$MODULE_2:latest ./$MODULE_2
        docker push ${{ secrets.ALI_NAMESPACE_URL }}/$MODULE_2:latest
        docker build -t ${{ secrets.ALI_NAMESPACE_URL }}/$MODULE_3:latest ./$MODULE_3
        docker push ${{ secrets.ALI_NAMESPACE_URL }}/$MODULE_3:latest
        docker build -t ${{ secrets.ALI_NAMESPACE_URL }}/$MODULE_4:latest ./$MODULE_4
        docker push ${{ secrets.ALI_NAMESPACE_URL }}/$MODULE_4:latest
        docker build -t ${{ secrets.ALI_NAMESPACE_URL }}/$MODULE_5:latest ./$MODULE_5
        docker push ${{ secrets.ALI_NAMESPACE_URL }}/$MODULE_5:latest
        docker build -t ${{ secrets.ALI_NAMESPACE_URL }}/$MODULE_6:latest ./$MODULE_6
        docker push ${{ secrets.ALI_NAMESPACE_URL }}/$MODULE_6:latest

    - name: Copy single file to remote
      uses: garygrossgarten/github-action-scp@release
      with:
        local: ./docker-compose.yml
        remote: scp/devops_demo/docker-compose.yml
        host: ${{ secrets.HOST }}
        username: ${{ secrets.USER_NAME }}
        password: ${{ secrets.USER_PASSWORD }}
        port: ${{ secrets.PORT }}

depoly:
  needs: [ build ]
  name: Docker Pull And Docker-compose Run
  runs-on: ubuntu-latest
  steps:
    - name: executing remote ssh commands using password
      uses: appleboy/ssh-action@master
      with:
        host: ${{ secrets.HOST }}
```

```
username: ${{ secrets.USER_NAME }}
password: ${{ secrets.USER_PASSWORD }}
port: ${{ secrets.PORT }}
script: |
  docker-compose -f scp/devops_demo/docker-compose.yml up -d
  docker-compose -f scp/devops_demo/docker-compose.yml stop
  docker-compose -f scp/devops_demo/docker-compose.yml pull
  docker-compose -f scp/devops_demo/docker-compose.yml up -d
  docker image prune -f
```

Workflow 文件中的相关 secrets 说明如下：这些 secrets 都可以在代码仓库的"Setting →Secrets → Actions"界面进行设置，使用自己账号的阿里云容器镜像服务中的参数，如图 9-2所示。

图 9-2　相关 Secrets

secrets.ALI_NAMESPACE_URL：对应阿里云容器镜像服务的"所在地域+命名空间"，这里为"registry.cn-shanghai.aliyuncs.com/ning-zhi-cheng"，前面的"registry.cn-shangha.aliyuncs.com"是地域，后面的"ning-zhi-cheng"是命名空间，如图 9-3 所示。

图 9-3　阿里容器镜像服务

secrets.ACR_USERNAME：阿里云容器服务 registry 的用户名。
secrets.ACR_PASSWORD：阿里云容器服务 registry 的用户密码。

secrets.HOST：服务器 B 的 IP 地址。

secrets.USER_NAME：服务器 B 的登录用户名。

secrets.USER_PASSWORD：服务器 B 的登录密码。

secrets.PORT：服务器 B 的 SSH 开放端口，默认是 22。

6．编写各微服务的 Dockerfile

gateway 微服务的 Dockerfile 文件内容如下：

```
FROM java:8
MAINTAINER ningzhicheng
VOLUME /tmp
ADD ./target/*.jar /gateway.jar
ENTRYPOINT ["java","-jar","/gateway.jar"]
EXPOSE 8080
```

hello 微服务的 Dockerfile 文件内容如下：

```
FROM java:8
MAINTAINER ningzhicheng
VOLUME /tmp
ADD ./target/*.jar /hello.jar
ENTRYPOINT ["java","-jar","/hello.jar"]
EXPOSE 8001
```

login 微服务的 Dockerfile 文件内容如下：

```
FROM java:8
MAINTAINER ningzhicheng
VOLUME /tmp
ADD ./target/*.jar /login.jar
ENTRYPOINT ["java","-jar","/login.jar"]
EXPOSE 8000
```

provider_one 微服务的 Dockerfile 文件内容如下：

```
FROM java:8
MAINTAINER ningzhicheng
VOLUME /tmp
ADD ./target/*.jar /provider_one.jar
ENTRYPOINT ["java","-jar","/provider_one.jar"]
EXPOSE 8666
```

provider_two 微服务的 Dockerfile 文件内容如下：

```
FROM java:8
MAINTAINER ningzhicheng
VOLUME /tmp
ADD ./target/*.jar /provider_two.jar
ENTRYPOINT ["java","-jar","/provider_two.jar"]
EXPOSE 8667
```

provider_three 微服务的 Dockerfile 文件内容如下：

```
FROM java:8
MAINTAINER ningzhicheng
VOLUME /tmp
ADD ./target/*.jar /provider_three.jar
```

```
ENTRYPOINT ["java","-jar","/provider_three.jar"]
EXPOSE 8668
```

7. 编写 docker-compose 文件

docker-compose 文件内容如下：

```
version: "3"

services:
  providerOne:
    image: registry.cn-shanghai.aliyuncs.com/ning-zhi-cheng/provider_one:latest
    ports:
      - "8666:8666"

  gateway:
    image: registry.cn-shanghai.aliyuncs.com/ning-zhi-cheng/gateway:latest
    ports:
      - "8080:8080"

  login:
    image: registry.cn-shanghai.aliyuncs.com/ning-zhi-cheng/login:latest
    ports:
      - "8000:8000"

  hello:
    image: registry.cn-shanghai.aliyuncs.com/ning-zhi-cheng/hello:latest
    ports:
      - "8001:8001"

  providerTwo:
    image: registry.cn-shanghai.aliyuncs.com/ning-zhi-cheng/provider_two:latest
    ports:
      - "8667:8667"

  providerThree:
    image: registry.cn-shanghai.aliyuncs.com/ning-zhi-cheng/provider_three:latest
    ports:
      - "8668:8668"
```

8. 查看实验结果

（1）查看 Workflow 运行情况

完成上述步骤后，修改 DaseDevOps 项目中的代码，然后将代码 push 到远程仓库中，就会触发 Workflow，从而启动 GitHub Actions。在 GitHub 项目主页的 Actions 栏中可以看到 CI/CD 已成功运行，如图 9-4 所示。

但实验的过程不可能是一帆风顺的，下面以一次 PR 合并过程举例说明，当 Workflow 遇到错误时，我们应该如何做。前面设置了当合并 PR 时也会触发 Workflow（参考步骤 4 中 Workflow 的触发条件），所以当其他开发者向仓库 devops_demo 提交 PR 时，便会依次触发 Workflow 中的 build Job 和 deploy Job。可以发现，build Job 失败了（如图 9-5 所示），单击 "Detials"，以查看详情。跳转到 Workflow 日志，如图 9-6 所示，可以看出，报错的原因是有的 test 没有通过。进一步阅读日志，是 com.example.hello.unittest.FactorialTest 测试类中的某个测试没通过，测试期望的结果是 23，但是获得的值是 2。

图 9-4　Actions 成功运行

图 9-5　PR 自动触发 Workflow

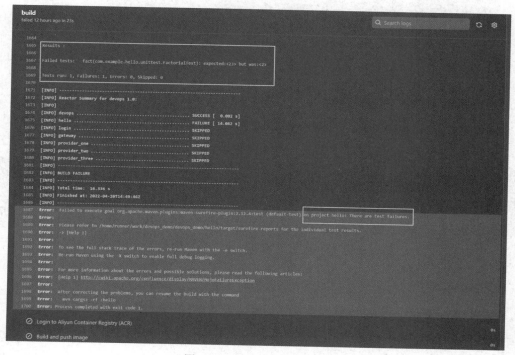

图 9-6　Workflow 运行失败

对于 FactorialTest 测试类，在第 11 行代码中，断言 23 和 Factorial.fact(2)的结果值相同（如图 9-7 所示），但是 Factorial 类的 fact 方法其实是计算给定参数的阶乘，那么 2!的结果是 2，自然不会等于 23，因此是 assertEquals(23, Factorial.fact(2))这行代码出现了错误。

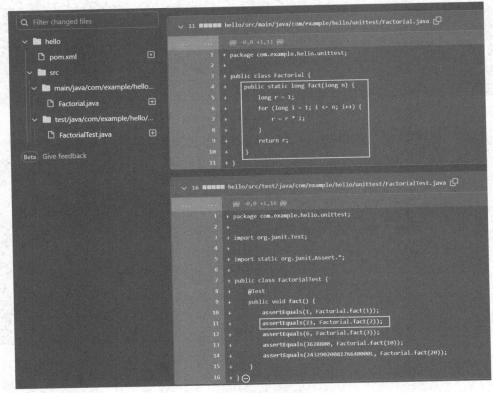

图 9-7　查看报错原因

那么，解决方案就很清晰了。这个错误其实是实验设计者有意为之，目的是遇到 Workflow 出现错误时，学会如何找到错误原因并解决它。

（2）在服务器 B 中查看容器镜像

在服务器 B 中输入"docker images"命令，就可以看到最新的镜像已经拉取到了本地（如图 9-8 所示）。

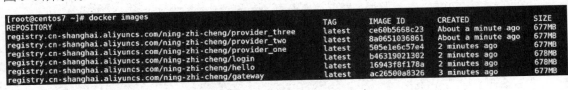

图 9-8　查看镜像是否拉取成功

（3）在服务器 B 中查看容器镜像实例

在服务器 B 中输入"netstat -tunlp"命令，就可以查看到 6 个微服务的容器实例已经成功启动（如图 9-9 所示）。

（4）访问项目

访问 http://139.196.204.173:8001/hello-feign，或者用域名访问 http://nzcer.cn:8001/hello-

```
[root@centos7 ~]# netstat -tunlp
Active Internet connections (only servers)
Proto Recv-Q Send-Q Local Address           Foreign Address         State       PID/Program name
tcp        0      0 0.0.0.0:8000            0.0.0.0:*               LISTEN      22343/docker-proxy
tcp        0      0 0.0.0.0:8001            0.0.0.0:*               LISTEN      22289/docker-proxy
tcp        0      0 0.0.0.0:8080            0.0.0.0:*               LISTEN      22413/docker-proxy
tcp        0      0 0.0.0.0:21              0.0.0.0:*               LISTEN      799/vsftpd: LISTENE
tcp        0      0 0.0.0.0:22              0.0.0.0:*               LISTEN      1894/sshd
tcp        0      0 0.0.0.0:8666            0.0.0.0:*               LISTEN      22370/docker-proxy
tcp        0      0 0.0.0.0:8667            0.0.0.0:*               LISTEN      22300/docker-proxy
tcp        0      0 0.0.0.0:8668            0.0.0.0:*               LISTEN      22274/docker-proxy
```

图 9-9　查看容器是否启动成功

feign，即可得到如图 9-10 和图 9-11 所示的结果，由此可以验证我们基于 GitHub 的 CI/CD 已经成功完成。

图 9-10　访问查看结果（一）

图 9-11　访问查看结果（二）

9. 相关资料

GitHub Actions 的相关资料如下。

❖ GitHub Actions 指南。

❖ GitHub Actions 的核心概念和基础术语。

❖ GitHub Actions 环境变量介绍。

❖ GitHub Actions 的 Workflow 语法介绍。

❖ GitHub Actions 中 Job 的介绍。

❖ GitHub Actions 中 Secrets 的介绍。

❖ CI 中使用 Maven 构建和测试 Java 项目。

❖ GitHub 托管的 Runner 介绍。

❖ 自托管 Runner 介绍。

Docker 相关资料如下。

❖ Docker 的安装。

❖ Docker-compose 的安装。

❖ Dockerfile 参考。

❖ Dockercompose 参考。

❖ 容器镜像服务 ACR。

10. 相关文章/视频资料

❖ 全新 2022 版 Docker 与微服务实战教程。

- SpringBoot：Build CI/CD Pipeline Using GitHub Actions | Build & Push Docker Image | JavaTechie。
- Why GitHub Actions and Sample Spring boot Demo。
- GitHub Action 发布 Springboot 项目。

9.3 基于 Jenkins 的 CI/CD

Jenkins 是一个开源的自动化应用服务器，可以实现软件开发过程中构建、测试和部署相关方面的自动化工作，促进持续集成和持续交付。Jenkins 支持包括 Git 在内的诸多版本控制工具，并且可以在节点上执行任意的 Shell 脚本或 Windows 批处理命令。

Jenkins 最初的名字是 Hudson，因为商标争执，Hudson 项目分化为由 Oracle 继续开发的 Hudson 和重新命名后的 Jenkins 两个分支。在随后的发展过程中，Jenkins 逐渐受到越来越多人的欢迎，社区也更加活跃。Hudson 于 2017 年宣布过时，而 Jenkins 像常青树一般成为持续集成业界公认的老牌应用。

下面以极狐 GitLab 作为代码存储库，使用 Jenkins 来实现简易的 CI/CD 流水线。其中，两者可以部署在不同的机器上，它们之间会通过添加插件集成的方式来互相通信。Jenkins 对极狐 GitLab 仓库的轮询监听代码变更功能，使得极狐 GitLab 侧并不需要执行极狐 GitLab 流水线，而是仅仅以代码变更事件来触发 Jenkins 的 CI/CD 作业。

关于 Jenkins 的部署，可以参考官方的安装文档，其中提供了多种部署方式，部署后的实际效果大同小异。下面以 Docker 的方式进行部署，因为 Docker 能以一种相对隔离的"容器"环境运行应用程序，而 Jenkins 官方会实时更新并发布最新的 Docker 镜像版本。只要服务器上配有 Docker 的相关环境，用户可以在任何操作系统上方便地拉取最新的 Docker 镜像，并启动一个对应容器。

9.3.1 实验目的和实验环境

【实验目的】

（1）了解 Jenkins 的部署。

（2）构建 Jenkins Pipeline。

（3）测试 Jenkins Pipeline 是否生效。

【实验环境】

操作系统：CentOS 7.8。

9.3.2 实验步骤

1. 将 Jenkins 以 Docker 的方式部署

打开一个 Linux 终端，拉取最新的 Jenkins 镜像：

```
$ docker pull jenkinsci/blueocean
```

创建并进入一个需要存放 Jenkins 数据文件的工作目录，假设为~/jenkins-demo：

```
$ cd ~
$ mkdir jenkins
$ cd ~/jenkins-demo
```

一键部署 Jenkins：

```
$ docker run \
 -u root \
 --rm \
 -d \
 -p 8080:8080 \
 -p 50000:50000 \
 -v ~/jenkins-demo:/var/jenkins_home \
 -v /usr/bin/docker:/usr/bin/docker \
 -v /var/run/docker.sock:/var/run/docker.sock \
 jenkinsci/blueocean
```

其中，"-u root"为使用容器的 root 用户；"--rm"指当容器停止运行时，就将容器移除；"-d"指定后台运行容器；"-p 8080:8080"代表将宿主机的 8080 端口映射到容器内部的 8080 端口，如果宿主机端口已被其他进程占用，可以修改 ":" 前的端口号为自定义端口；"-v ~/jenkins-demo:/var/jenkins_home"代表将宿主机文件目录挂载到容器内文件目录，就是与容器共享的一块文件空间。

稍等片刻后，使用浏览器访问 localhost:8080，即可看到如图 9-12 所示的界面，代表 Jenkins 已经成功启动。

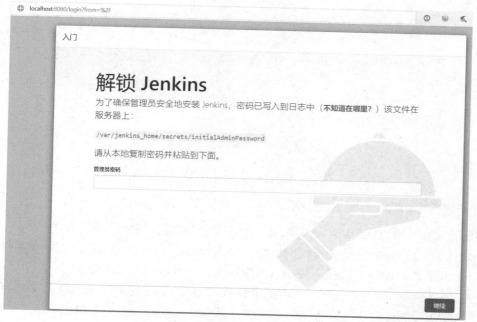

图 9-12　Jenkins 成功启动

2．初始化 Jenkins

在首次启动时，Jenkins 会要求对服务器有管理权限的管理员进行解锁操作。解锁操作需

231

要管理员从 Jenkins 的安装目录下寻找一个本地文件,并复制其中的内容到管理员密码输入框。如果以 Docker 方式安装,那么前面已经将这个文件从"容器"中"挂载"到了本地目录,因此可以直接使用下述命令获取密钥内容。

```
$ cat ~/jenkins-demo/secrets/initialAdminPassword
```

如果一切顺利,就会开始如下初始化设置。

① 自定义 Jenkins:选择"安装社区推荐的插件",也是新手入门的常用选项。

② 创建第一个管理员用户:创建一个具有管理员权限的新用户,也可以选择使用默认的 admin 账户。

③ 实例配置:Jenkins URL 代表目前访问 Jenkins 使用的网址,Jenkins 会在众多的内部方法中使用这个变量,这是非常重要的。一旦访问网址和这个变量不匹配,很多 API 都会出现错误。如果只是供本地测试访问,就使用 localhost:8080,但更常见的方式是使用"<公网 IP>:8080"或直接使用"域名+反向代理",以开放到互联网供更多团队成员访问。

配置完成后,Jenkins 会自行进行重启以安装插件。稍等片刻,重新访问 Jenkins URL,输入用户名和密码(若是 admin 用户,则输入初始密码),就可以看到如图 9-13 所示的页面。

图 9-13　Jenkins 主页

3. 新建一个 Jenkins 流水线任务

下面用 Jenkins 为 DaseDevOps 项目运行自动化持续集成/持续部署任务。

Jenkins Job 是 Jenkins 构建过程的核心,是 Jenkins 为了执行所需目标的一种特定任务。Jenkins Job 有多种,用户可以按需构建。这里只讲述 Pipeline 流水线的构建。

在主页左侧单击"新建任务",命名为 PipelineDemo,然后选择"流水线",在出现的页面中有很多复选项,暂时跳过这些设置,直接在 Pipeline Script 中输入以下内容:

```
pipeline {
    agent any
    stages {
        stage('Stage 1') {
```

```
        steps {
            echo 'Hello world!'
        }
      }
    }
  }
```

上面是一种声明式流水线语法，定义了整条流水线的执行过程。

agent any 代表流水线可以在任何可用的代理（可运行流水线的 Jenkins 工作节点）上执行。stages 定义流水线的各阶段。stage('Stage 1')后声明的是 Stage 1 阶段的相关步骤。steps 定义了一组步骤，这里简单输出一行"Hello world!"。

直接保存后，一个简单的 HelloWorld 流水线就构建完成了，如图 9-14 所示。单击左侧的"立即构建"，运行此条流水线。

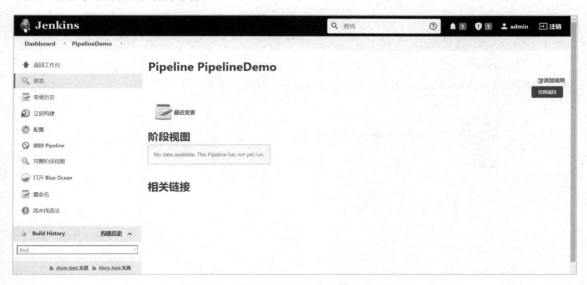

图 9-14　创建完成的 PipelineDemo

几秒后，一条新的构建历史就诞生了，绿色的状态代表流水线成功地完成运行。单击 Logs，可以查看流水线的运行日志"Hello world!"，如图 9-15 所示。可以发现，Jenkins 的流水线任务与其他 CI/CD 实现的非常相似，同样都是运行一段特定的脚本。

图 9-15　查看流水线的运行日志

4. 添加极狐 GitLab 连接

准备一个极狐 GitLab 用户，需要获取他的访问凭证，用于与 Jenkins 进行对接。在极狐 GitLab 中选择"头像 → 偏好设置 → 访问令牌"，然后添加一个个人的访问令牌，可以命名为"Jenkins Token"（如图 9-16 所示）。在"选择范围"中勾选"api"。创建完毕，保存好这个 Token。

图 9-16　创建访问凭证

然后在 Jenkins 主页中选择"系统管理 → 系统配置 → 极狐 GitLab"，然后对极狐 GitLab Connection 进行信息补全。

在选择凭据时，在"类型"中务必选择"GitLab API token"，而"API token"的值需要来自刚才保存的 Jenkins Token（如图 9-17 所示）。保存后可以测试连接，如果成功，会显示 Success 字样。

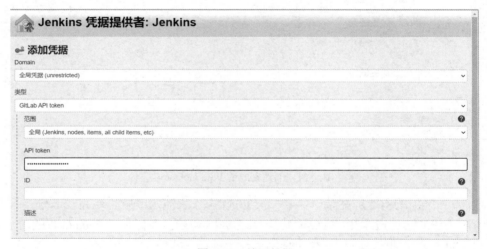

图 9-17　填写凭据

在 Jenkins 上需要配置极狐 GitLab 的集成，以在流水线配置中开放极狐 GitLab 的选项。在 Jenkins 主页中，选择"系统管理 → 插件管理 → 可选插件 → 极狐 GitLab → Download now and install after restart"。安装此插件后，Jenkins 配置页面建立了一个 GitLab 连接（如图 9-18 所示），在"Connection name"中填写"gitlab-connection"，在"Gitlab host URL"中填写"https://极狐 GitLab.com"，在"Crendentials"中选择刚刚生成的 API Token。

5．关联极狐 GitLab 项目

尝试将极狐 GitLab 仓库关联到 PipelineDemo。假如向极狐 GitLab 仓库推送新的提交时，就可以自动令 Jenkins 进行一次构建，那么一个持续集成的雏形就具备了。要做到这一点，就需要将二者先关联起来。

图 9-18　建立 Jenkins 连接

回到 PipelineDemo 的配置，在"Gitlab Conneciton"处选择刚刚创建的 gitlab-connection，可以看到"构建触发器"栏中多了"Build when a change is pushed to GitLab"字样（如图 9-19 所示），记住后面的"<Jenkins URL>/project/PipelineDemo"。

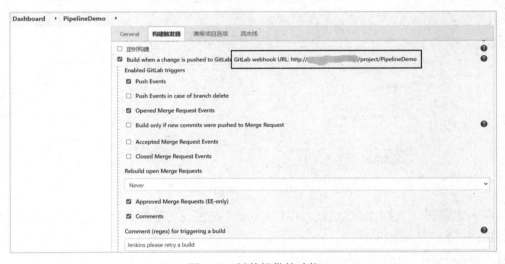

图 9-19　插件提供的功能

然后，极狐 GitLab 上也需要开启相关集成，在对应仓库中选择"设置 → 集成 → Jenkins"，打开 Jenkins 集成的配置（如图 9-20 所示）。

如果极狐 GitLab 和 Jenkins 可以在本机互相连通（如图 9-21 所示），那么在"Jenkins 服务器 URL"中填入"localhost:8080"也是可以的。在其他情况下，Jenkins 必须配置公网访问的 URL，并且在这里填入。"Project name"使用流水线任务的名字"PipelineDemo"。在"Usename"中填写"admin"，在"输入新密码"中使用初始密码。

图 9-20 极狐 GitLab 上 Jenkins 集成的配置

图 9-21 GitLab 上 Jenkins 集成的位置

如果一切顺利，单击"测试设置"，就会跳出"连接成功"的提示，PipelineDemo 也会因这次连接测试启动一次新的构建。

6．完善流水线构建及部署步骤

Jenkins 需要手动地拉取代码，单击流水线脚本下的"流水线语法"按钮，可以获取帮助，如图 9-22 所示。

在如图 9-23 所示的页面中，在"片段生成器"的"示例步骤"中选择"checkout: Check out from version control"；在"SCM"中选择"Git"；在"Repository URL"中填写"git@极狐 GitLab. com:lijinlu/devops_demo.git"。

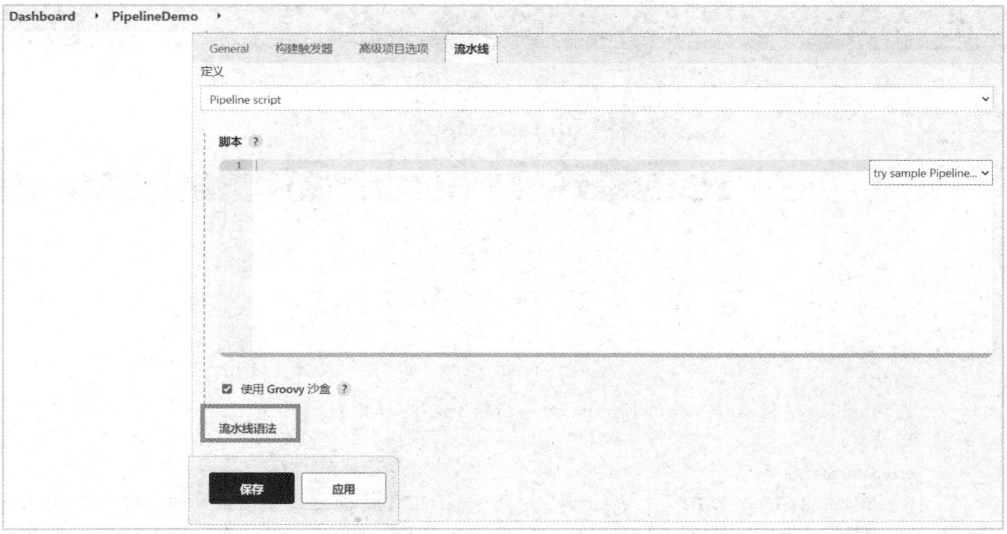

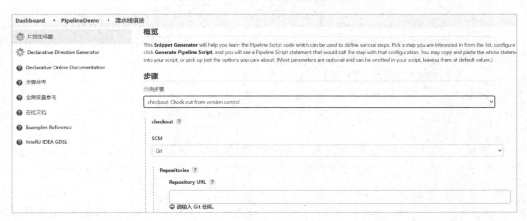

图 9-22　获取流水线语法的帮助

图 9-23　片段生成器

最终生成的片段如下：

```
checkout([$class: 'GitSCM', branches: [[name: '**']], extensions: [], userRemoteConfigs:
[[url: 'https://JihuLab.com/lijinlu/devops_demo.git']]])
```

下面正式开始完善流水线的构建和部署阶段。

首先，Jenkins 需要配置 DockerPipeline 插件，以在流水线中开放 Docker 的使用。

在 Jenkins 主页中，选择"系统管理 → 插件管理 → 可选插件 → DockerPipeline → Download now and install after restart"。

添加几个隐藏变量，来到凭据页，添加以下两个凭据（如图 9-24 所示）。

❖ my-ssh-addr：部署服务器的 SSH 地址。

❖ my-ssh-path：部署服务器上 docker-compose.yml 部署文件的绝对路径。

参照 GitLab CI/CD 流水线构建和部署阶段的脚本编写，最终可以写出类似的 Jenkins 流水线脚本：

图 9-24　添加 Jenkins Pipeline 凭据

```
pipeline {
    agent {
        docker { image 'ccchieh/maven3-openjdk-8-cn' }
    }
    environment {
        IMAGE_GATEAWY_MAIN = 'registry.cn-shanghai.aliyuncs.com/{{YOUR_NAMESPACE}}/gateway:main'
        IMAGE_HELLO_MAIN = 'registry.cn-shanghai.aliyuncs.com/{{YOUR_NAMESPACE}}/hello:main'
        IMAGE_LOGIN_MAIN = 'registry.cn-shanghai.aliyuncs.com/{{YOUR_NAMESPACE}}/login:main'
        IMAGE_PROVIDERONE_MAIN = 'registry.cn-shanghai.aliyuncs.com/{{YOUR_NAMESPACE}}/provider-one:main'
        IMAGE_PROVIDERTWO_MAIN ='registry.cn-shanghai.aliyuncs.com/{{YOUR_NAMESPACE}}/provider-two:main'
        IMAGE_PROVIDERTHREE_MAIN = 'registry.cn-shanghai.aliyuncs.com/{{YOUR_NAMESPACE}}/provider-three:main'
        SERVER_ADDR = credentials('my-ssh-addr')
        SERVER_PATH = credentials('my-ssh-path')
    }
    stages {
        stage('Build') {
            steps {
                checkout([$class: 'GitSCM', branches: [[name: '**']], extensions: [],
                        userRemoteConfigs: [[url: 'https://JihuLab.com/lijinlu/
                                            devops_demo.git']]])
                sh '/usr/local/bin/mvn-entrypoint.sh mvn package'
                sh 'docker build --build-arg MODULE_NAME=gateway -t $IMAGE_GATEAWY_MAIN.'
                sh 'docker push $IMAGE_GATEAWY_MAIN'
                sh 'docker build --build-arg MODULE_NAME=hello -t $IMAGE_HELLO_MAIN.'
                sh 'docker push $IMAGE_HELLO_MAIN'
                sh 'docker build --build-arg MODULE_NAME=login -t $IMAGE_LOGIN_MAIN.'
                sh 'docker push $IMAGE_LOGIN_MAIN'
                sh 'docker build --build-arg MODULE_NAME=provider_one -t $IMAGE_PROVIDERONE_MAIN.'
                sh 'docker push $IMAGE_PROVIDERONE_MAIN'
                sh 'docker build --build-arg MODULE_NAME=provider_two -t $IMAGE_PROVIDERTWO_MAIN.'
                sh 'docker push $IMAGE_PROVIDERTWO_MAIN'
                sh 'docker build --build-arg MODULE_NAME=provider_three -t $IMAGE_PROVIDERTHREE_MAIN.'
                sh 'docker push $IMAGE_PROVIDERTHREE_MAIN'
            }
        }
        stage('Deploy') {
            steps {
                sh 'ssh $SERVER_ADDR cat $SERVER_PATH/docker-compose.yml'
                sh 'ssh $SERVER_ADDR docker-compose -f $SERVER_PATH/docker-compose.yml up -d'
                sh 'ssh $SERVER_ADDR docker-compose -f $SERVER_PATH/docker-compose.yml stop'
                sh 'ssh $SERVER_ADDR docker-compose -f $SERVER_PATH/docker-compose.yml pull'
```

```
    sh 'ssh $SERVER_ADDR docker-compose -f $SERVER_PATH/docker-compose.yml up -d --build'
          }
        }
      }
    }
```

其中，几个新关键词的解释如下。

environment：定义一系列流水线使用到的变量，需要把{{YOUR_NAMESPACE}}替换为用户的镜像空间名。

credentials()：使用之前在凭据页面添加的隐藏变量。

7．自动通知流水线的执行状态

在流水线脚本编写完成后，还需要将执行结果返回给极狐 GitLab，以完成一个完整的闭环。

回到 PipelineDemo 的配置，在 stages 的最后添加一个阶段，这样当 PipelineDemo 的构建完成后，其结果会自动发送给极狐 GitLab API，并在极狐 GitLab 仓库中显示。Jenkins 与极狐 GitLab 之间的更多互动可以查看官方文档。

```
stage('gitlab') {
    steps {
        echo 'Notify GitLab'
        updateGitlabCommitStatus name: 'build', state: 'success'
    }
}
```

回到配置 Jenkins 集成处，单击"测试设置"，可以发现，几秒后，Jenkins 执行了流水线任务（如图 9-25 所示）。单击 stage，还能跳转至 Jenkins 服务的 BlueOcean 界面（一个美化流水线过程的插件），方便查看流水线当前状态。

这样，Jenkins 成功监听了极狐 GitLab 仓库的变动，并且自动进行"模拟的"构建任务，还能将状态和执行过程显示在极狐 GitLab 的界面上。

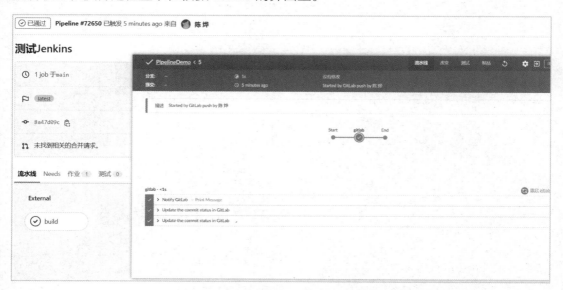

图 9-25　极狐 GitLab 和 BlueOcean 上的流水线状态显示

9.4 基于极狐 GitLab+Argo 的 CI/CD

由于 Argo Workflow 的 CI 工作流并不完善，下面使用极狐 GitLab 提供 CI 功能、Argo CD 提供 CD 功能完成该实验。这里主要讲解 Argo CD 的配置，极狐 GitLab CI 工作流详见 9.1 节。

随着 DevOps 的发展与成熟，有关 DevOps 模式的思考和改进也不断增多，GitOps 就是 DevOps 的一个新概念，其核心思想是将 Git 作为交付流水线的核心，使用 Git 加速和简化 Kubernetes 的应用程序部署和运维任务，使开发人员可以更高效地将注意力集中在创建新功能而不是运维相关任务上。

Argo CD 作为一个基于 Kubernetes 的持续部署工具，遵行声明式的 GitOps 理念，配置简单，使用便捷，自带简单易用的 UI 界面，同时支持多种配置管理工具（如 Kustomize、Helm、Ksonet 等）。Argo CD 被实现为一个 Kubernetes 控制器，持续监控正在运行的应用程序，并将当前的实时状态与所需的目标状态（如 Git 仓库的配置）进行比较，在 Git 仓库更改时自动同步和部署应用程序。

下面使用的配置管理工具是 Kustomize。Kustomize 是 Kubernetes 原生的配置管理，以无模板方式来定制应用的配置。Kustomize 使用 Kubernetes 原生概念，创建并复用资源配置（YAML），允许用户以一个应用描述文件（YAML 文件）为基础（Base YAML），通过 Overlay 方式生成最终部署应用所需的描述文件。

Argo 工作流如图 9-26 所示。

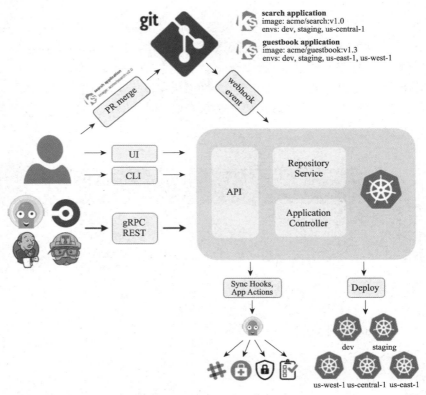

图 9-26 Argo 工作流

下面使用极狐 GitLab CI+Argo CD 自动化持续部署简单的微服务应用实例（下称 Devops-demo），并体会整个 GitOps 工作流。下面以 Fork 一个简单微服务项目开始，带领读者走进 GitOps 的世界，从如何将仓库中的微服务代码制作成镜像上传、上传完成后如何更新仓库中的配置文件，再到 Argo CD 如何检测配置文件的更新并拉取镜像，完成项目的部署。

　　我们从实际项目出发，通过部署与使用 Argo CD 使读者从实践中理解 GitOps 理念，希望读者能够对比前序章节中的 CI/CD 流程，体会 GitOps 理念与传统 DevOps 理念的不同。

　　因为需要在 Kubernetes 集群上进行，所以请读者自行配置 Kubernetes 集群，或购买相关 SaaS 服务。

9.4.1　实验目的和实验环境

【实验目的】

（1）了解 Argo CD 的 Kustomize 配置方式。

（2）使用极狐 GitLab CI 和 Argo CD 部署 Devops-demo。

（3）测试 Devops-demo 应用部署是否成功。

【实验环境】

（1）操作系统：CentOS 7.8，4 核 8GHz×3（1 个 Master，2 个 Worker）。

（2）Docker：20.10.7 版，build f0df350。

（3）Kubernetes：客户端，1.20.9 版；服务器端，1.20.9 版。

（4）Kustomize：4.5.2 版。

（5）Argo CD：2.2.5 版。

9.4.2　实验步骤

1．将 Argo 以 Kubernetes 的方式部署并初始化

（1）下载 Argo 配置文件并应用

Argo 配置文件如下：

```Bash
// Bash
    # 创建 Arog 命名空间
    kubectl create ns argocd
    # 应用 Argo 配置文件
    kubectl apply -n argocd -f https://raw.githubusercontent.com/argoproj/argo-workflows/master/manifests/quick-start-postgres.yaml
    # 查看 Argo 命名空间下的 pod 启动情况
    kubectl get pods -n argocd
```

若无法下载，请访问本地仓库进行下载。

配置可能需要 5 分钟左右，请耐心等待。

下载 Argo CD 客户端：

```Bash
// Bash
    kubectl apply -n argocd -f https://raw.githubusercontent.com/argoproj/argo-cd/stable/manifests/core-install.yaml
```

若无法下载，请访问本地仓库进行下载。

（2）配置外部访问

Argo 的访问方式为 LoadBalancer。修改 serivce 类型为 LoadBalancer，以访问 Argo CD API Server。

```
# LoadBalancer、NodePort 均可以实现该功能
kubectl patch svc argocd-server -n argocd -p '{"spec": {"type": "LoadBalancer"}}'
#查看 service
kubectl -n argocd get svc
```

（3）使用 Argo CLI 登录

账户的初始密码是自动生成的，并以明文形式存储在 Argo CD 命名空间指定的机密字段中。输入以下命令，检索密码：

```
Nginx
kubectl -n argocd get secret argocd-initial-admin-secret -o jsonpath="{.data.password}" | base64 -d; echo
# 返回如下，这就是初始密码，用户名默认为 admin
oem679ZuJgdYXWXF
```

使用上面的用户名和密码，登录到 Argo CD 的 IP 或主机名，可以使用集群内私有网络登录，也可以使用外部网络的登录。这里使用集群内私有网络登录。

```
// Bash
# 查看我们 Kubernetes 的 Service
kubectl get svc -n argocd

# 结果如下
NAME                   TYPE          CLUSTER-IP     EXTERNAL-IP   PORT(S)                  AGE
argocd-dex-server      ClusterIP     10.96.254.184  <none>    5556/TCP,5557/TCP,5558/TCP  164m
argocd-metrics         ClusterIP     10.96.123.175  <none>        8082/TCP                164m
argocd-redis           ClusterIP     10.96.25.108   <none>        6379/TCP                164m
argocd-repo-server     ClusterIP     10.96.196.160  <none>     8081/TCP,8084/TCP          164m
argocd-server          LoadBalancer  10.96.145.99   <pending> 80:30369/TCP,443:30115/TCP  29m
argocd-server-metrics  ClusterIP     10.96.242.223  <none>        8083/TCP                164m
minio                  ClusterIP     10.96.52.216   <none>        9000/TCP                4d20h
postgres               ClusterIP     10.96.99.128   <none>        5432/TCP                4d20h
workflow-controller-metrics  ClusterIP 10.96.195.96 <none>        9090/TCP                4d20h

# 找到你的 argocd-server，使用默认 IP 及端口进行登录
argocd login 10.96.145.99:443 --username admin --password oem679ZuJgdYXWXF

# 修改你的密码
argocd account update-password
# 显示如下，请修改你的密码
--current-password ******** \
--new-password 123456
```

访问对应端口即可访问至 Argo 页面，这里 argocd-server 用 LoadBalancer 的方式暴露，以访问 Argo CD 的界面。

由于 Argo 主节点的 IP 地址为 47.116.28.42，因此使用 "https://47.116.28.42:30369" 访问 Argo 应用。

这里的 argocd-server 中的端口号是随机的，请以自己的 Kubernetes 服务为准。

设置成功后，就可以访问到 Argo 的 Dashboard 登录界面了，如图 9-27 所示。

图 9-27　Argo Dashboard 登录界面

可以使用 Ingress 配置域名，这里因为没有注册域名，所以不使用域名展示。

2. 配置极狐 GitLab CI

有关极狐 GitLab CI 的配置详见 9.1 节，本节仅简单说明。

请 Fork 本书提供的 devops-demo 仓库。

（1）配置 Dockerfile

```yaml
// YAML
    FROM maven:3.5.2-jdk-8-alpine
    ARG MODULE_NAME
    ENV MODULE_NAME ${MODULE_NAME}
    MAINTAINER xxxxx@qq.com
    COPY ${MODULE_NAME} /root/
    ENV TIME_ZONE=Asia/Shanghai
    RUN ln -snf /usr/share/zoneinfo/$TIME_ZONE /etc/localtime && echo $TIME_ZONE > /etc/timezone
    CMD java -jar /root/${MODULE_NAME}
```

（2）编写 Kustomize 资源配置清单

创建 Kustomize/base 文件夹，需要配置 6 个微服务的配置文件，使用 provider_one 示例，其他配置文件请读者尝试自己编写。创建 provider_one 文件夹，配置两个资源，即 provier_one 的 depolyment 和 service。

Depolyment 的资源清单如下：

```yaml
// YAML
    apiVersion: apps/v1
    kind: Deployment
    metadata:
      name: provider-one
      namespace: devops-demo
    spec:
```

243

```yaml
        replicas: 2
        selector:
          matchLabels:
            app: provider-one
        template:
          metadata:
            labels:
              app: provider-one
          spec:
            containers:
              - name: devops-provider-one
                image: registry.cn-hangzhou.aliyuncs.com/xxxxx/provider_one:latest
```

Service 的资源清单如下：

```yaml
// YAML
    apiVersion: v1
    kind: Service
    metadata:
      name: provider-one
      namespace: devops-demo
    spec:
      ports:
      - port: 8666
        protocol: TCP
        targetPort: 8666
      selector:
        app: provider-one
      type: NodePort
```

为方便访问，我们使用 NodePort 暴露服务，实际部署中并不建议这样做。

接下来编写 Kustomize 的配置文件：

```yaml
// YAML
    commonLabels:
      app: devops-demo

    resources:
    - deployment.yaml
    - service.yaml
```

配置 gitlab-ci.yml：

```yaml
// YAML
    stages:
      - build
      - deploy

    build:                                          # 编译阶段
      stage: build
      image: ccchieh/maven3-openjdk-8-cn
      tags:
        - zehong
      script:
        - |
          echo "=============== 开始编译打包任务 ==============="
```

244

```
    export MAVEN_CONFIG=$(pwd)/.m2
    /usr/local/bin/mvn-entrypoint.sh mvn clean package -Dmaven.test.skip=true
    mkdir -p /web/project/microservice/gateway
    mkdir -p /web/project/microservice/hello
    mkdir -p /web/project/microservice/login
    mkdir -p /web/project/microservice/provider_one
    mkdir -p /web/project/microservice/provider_two
    mkdir -p /web/project/microservice/provider_three
    cp -r gateway/target/gateway.jar  Dockerfile /web/project/microservice/gateway/
    cp -r hello/target/hello.jar Dockerfile /web/project/microservice/hello/
    cp -r login/target/login.jar Dockerfile /web/project/microservice/login/
    cp -r provider_one/target/provider_one.jar Dockerfile /web/project/microservice/provider_one/
    cp -r provider_two/target/provider_two.jar Dockerfile /web/project/microservice/provider_two/
    cp -r provider_three/target/provider_three.jar Dockerfile /web/project/microservice/provider_three/
    echo "==================复制成功"=============================
    docker build --build-arg MODULE_NAME=gateway.jar -t $IMAGE_GATEWAY:$CI_COMMIT_SHA
                                        /web/project/microservice/gateway
    docker push $IMAGE_GATEWAY:$CI_COMMIT_SHA
    docker build --build-arg MODULE_NAME=hello.jar -t $IMAGE_HELLO:$CI_COMMIT_SHA
                                        /web/project/microservice/hello
    docker push $IMAGE_HELLO:$CI_COMMIT_SHA
    docker build --build-arg MODULE_NAME=login.jar -t $IMAGE_LOGIN:$CI_COMMIT_SHA
                                        /web/project/microservice/login
    docker push  $IMAGE_LOGIN:$CI_COMMIT_SHA
    docker build --build-arg MODULE_NAME=provider_one.jar -t
            $IMAGE_PROVIDER_ONE:$CI_COMMIT_SHA /web/project/microservice/provider_one
    docker push $IMAGE_PROVIDER_ONE:$CI_COMMIT_SHA
    docker build --build-arg MODULE_NAME=provider_two.jar -t
            $IMAGE_PROVIDER_TWO:$CI_COMMIT_SHA /web/project/microservice/provider_two
    docker push $IMAGE_PROVIDER_TWO:$CI_COMMIT_SHA
    docker build --build-arg MODULE_NAME=provider_three.jar -t
          $IMAGE_PROVIDER_THREE:$CI_COMMIT_SHA /web/project/microservice/provider_three
    docker push $IMAGE_PROVIDER_THREE:$CI_COMMIT_SHA
  artifacts:
    paths:
      - build/


deploy-argo:
  stage: deploy
  image: cnych/kustomize:v1.0
  tags:
    - zehong
  before_script:
    - git config --global user.email "xxxxx@qq.com"
    - git config --global user.name "xxxx"
    - git remote set-url origin https://username:password@JihuLab.com/username/repositorname
  script:
    - git checkout -B main
    - cd kustomize/base/gateway
    - kustomize edit set image $IMAGE_GATEWAY:$CI_COMMIT_SHA
    - cat kustomization.yaml
```

```
- cd ../hello
- kustomize edit set image $IMAGE_HELLO:$CI_COMMIT_SHA
- cat kustomization.yaml
- cd ../login
- kustomize edit set image $IMAGE_LOGIN:$CI_COMMIT_SHA
- cat kustomization.yaml
- cd ../provider_one
- kustomize edit set image $IMAGE_PROVIDER_ONE:$CI_COMMIT_SHA
- cat kustomization.yaml
- cd ../provider_two
- kustomize edit set image $IMAGE_PROVIDER_TWO:$CI_COMMIT_SHA
- cat kustomization.yaml
- cd ../provider_three
- kustomize edit set image $IMAGE_PROVIDER_THREE:$CI_COMMIT_SHA
- cat kustomization.yaml
- git add .
- git commit -am '[skip ci] DEV image update'
- git push origin main
- echo "===================部署成功============================="
```

参数说明。

❖ $IMAGE_GATEWAY：gateway 仓库镜像地址（同一命名规则，以此类推）。

❖ $CI_COMMIT_SHA：Git 仓库每次 commit 的唯一变量，是极狐 GitLab 预设变量。

3．配置 Argo CD 并部署微服务

进入 Argo CD 的 dashboard 界面（如图 9-28 所示），这里的代码仓库是私有的极狐 GitLab，所以还需要配置对应的仓库地址。

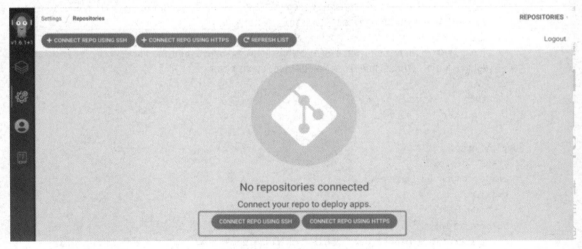

图 9-28　Argo 仓库设置页面

选择 "Settings → Repositories"，单击 "Connect Repo using HTTPS" 按钮，如图 9-29 所示的页面，为仓库添加链接。

勾选"Skip server verification"，单击"CONNECT"测试链接，若在"CONNECTION STATUS"中看到 "Successful" 字样，则说明配置成功。

图 9-29　Argo 仓库配置清单页面

接下来进行微服务 App 配置，我们使用 UI 界面进行部署。

Argo CD 自带一套 CRD 对象，可以用来进行声明式配置，这当然也是推荐的方式.

仍以 provider_one 微服务配置为示例，单击 "New APP"，填写配置清单，如图 9-30 所示。

图 9-30　Argo 资源配置清单

同步策略使用手动，使得极狐 GitLab CI 流水线跑完后，需要手动对 Argo CD 进行同步操作。当然，也可以自动同步，当 Argo 检测到 Kustomize 配置文件发生变化时，会自动同步该仓库。

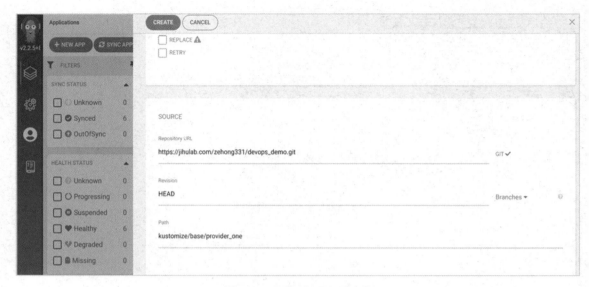

图 9-31　Argo 资源配置清单

出现如图 9-31 所示的页面，这里的"PATH"是指 Kustomize 配置文件的目录，Argo CD 会监测 kustomization.yaml 的变化情况，通过该文件的变化来判断代码仓库是否发生了变化。

到此，配置就基本完成了，单击"Create"按钮即可。

在配置完成 6 个仓库后，单击"SYNC APPS"按钮，Argo 会根据 Kubernetes 清单自动部署我们的 Spring Could 项目。部署成功，则出现如图 9-32 所示页面。

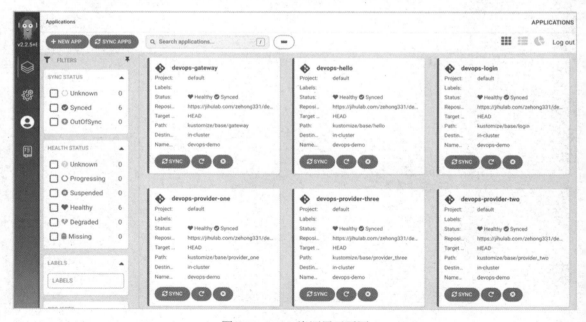

图 9-32　Argo 资源展示页面

详细部署情况如图 9-33 所示，显示详细的应用信息，如 svc、deploy、两个 replicas 及历史版本。Argo CD 可以进行版本的快速回退。

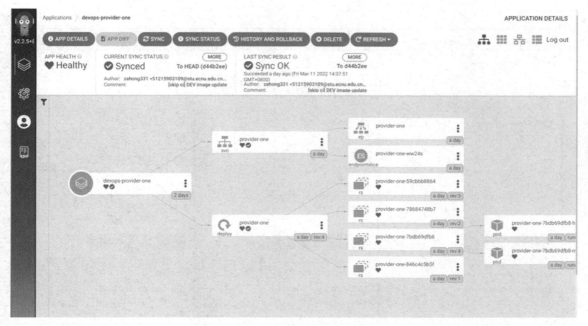

图 9-33　Argo 资源详情页面

通过的 IP 地址和端口访问 hello 微服务，结果如图 9-34 所示。

图 9-34　微服务展示页面

至此，微服务部署成功。

4．进行 Git Push 操作，更新微服务程序

修改代码程序 provider_two 中 ProviderTwoApplication.java 的代码如下：

```Java
// Java
    @GetMapping("/hello")
    public String hello(@RequestParam(value = "name", defaultValue = "devops",
                                      required = false) String name) {
        return "大家好 yayaya " + name + ", 我是微服务提供者 2 号，我的端口号是: " + port;
    }
```

将"你好 devops，我是微服务提供者 2 号，我的端口号是：8667"修改为"大家好 yayaya devops，我是微服务提供者 2 号，我的端口号是：8667"，如图 9-35 所示。将修改后的代码同步到上游仓库，此时将自动触发极狐 GitLab 流水线。

由于在之前对 Argo 的设置中，没有将 Arog 的同步机制设置为自动同步，因此需要手动在 Arog 的 UI 页面中单击"AYNC APP"按钮。等待所有应用同步成功，如图 9-36 所示。

再次访问端口得到如图 9-37 所示的结果。由于负载均衡机制，可能得不到微服务 2 号，多次访问即可。

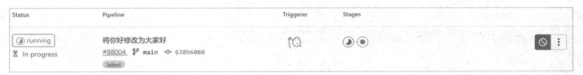

图 9-35 修改

图 9-36 Argo 资源展示页面

大家好yayaya devops, 我是微服务提供者2号 , 我的端口号是:8667

图 9-37 微服务展示页面

本章小结

　　本章是综合体验 DevOps 流程中 CI/CD 的章节，分别基于目前业界使用最广泛的极狐 GitLab、GitHub、Jenkins 平台，利用本书自带的 Demo 程序，读者可以掌握在上述平台上构建 出比较完整的 CI/CD 流程，并熟练掌握流水线（Pipeline）配置等常见 DevOps 实践。

第 10 章

DevOps

发布平台监控与日志实践

在软件开发中，DevOps 监控是跟踪、测量系统和应用程序的性能和健康状况的实践，以便及早发现和纠正问题，包括收集从 CPU 利用率到磁盘空间到应用程序响应时间的所有数据。通过及早发现问题，DevOps 监控可以帮助团队避免服务中断或降级。如果 DevOps 监控要完全集成，就需要持续监控。

持续监控是一个定期、警惕地检查系统、网络和数据是否存在性能下降迹象的过程。手动或自动执行的连续监控通常涉及使用软件扫描漏洞并跟踪安全设置的更改。持续监测旨在及早发现潜在威胁，在它们成为问题之前加以解决。

本章将通过 Cat 和 Flume 两个主流工具搭建 DevOps 的持续监控环境和日志跟踪环境，让读者掌握如何构建强大的 DevOps 监控平台。

10.1　监控系统实践

随着微服务架构的兴起，服务之间的耦合性被大大降低，越来越多的微服务被拆分出来。由于业务所面对的需求和应用环境不断变化，服务的版本也随之快速迭代，在大量代码开发的过程中，线上的故障是极有可能产生的。因此，如何快速地定位故障发生的位置，并对相关的处理人员进行通知，从而保证系统的健壮性，提升运维效率，成为迫切的需求；除了对故障的监控，开发人员往往还希望能对服务的性能进行监控，以此来发现系统的瓶颈，从而更精准地优化系统并提升服务质量。这两点都呼唤着一个强大的监控系统的到来。

CAT（Central Application Tracking，中心应用追踪）是美团点评公司开发的一套分布式实时监控系统，目前已经几乎接入美团点评的所有核心应用，并经受住了大规模流量的考验。

下面从实例出发，介绍通过 Docker 部署 CAT 的操作流程。

10.1.1　实验目的和实验环境

【实验目的】

（1）了解 CAT 的部署。

（2）掌握 CAT 的基本使用方法。

【实验环境】

（1）操作系统：CentOS 7。

（2）Docker 版本：20.10.5 版。

10.1.2　实验步骤

1．通过 Docker 部署 MySQL

通过前面的学习，安装完 Docker 后，可以利用 Docker 下载 MySQL 5.7.28：

```
docker pull mysql:5.7.28
```

在创建 MySQL 容器前，先在宿主机创建一个映射的目录：

```
mkdir -p ~/docker_data/mysql-5.7/logs
mkdir -p ~/docker_data/mysql-5.7/custom
```

启动 MySQL 容器：

```
docker run -id \
--name mysql-5.7 \
-e MYSQL_ROOT_PASSWORD=123456 \
-p 3306:3306 \
-v ~/docker_data/mysql-5.7/logs:/logs \
-v ~/docker_data/mysql-5.7/custom:/home \
mysql:5.7.28
```

进入 MySQL 容器：

```
docker exec -it mysql-5.7 sh
```

进入 MySQL 容器后，首先修改 MySQL 的配置文件即/etc/mysql/mysql.conf.d/mysqld.cnf
文件，由于容器内部没有 vim，可以选择将 mysqld.cnf 复制到共享目录/home 下：

```
cp /etc/mysql/mysql.conf.d/mysqld.cnf /home
```

回到宿主机，对配置文件进行修改，添加如下内容：

```
max_allowed_packet = 1000M
bind-address = 0.0.0.0
```

再次进入 MySQL 容器，并把原来的配置文件进行覆盖：

```
docker exec -it mysql-5.7 sh
cp /home/mysqld.cnf /etc/mysql/mysql.conf.d/
```

2. MySQL 导入数据

把数据准备好：建表语句和数据都已经准备好，可以在 CAT 官网链接中找到。将 SQL 文
件下载后，放入宿主机的~/docker_data/mysql-5.7/custom 目录下。

进入容器：

```
docker exec -it mysql-5.7 sh
```

进入 MySQL：

```
mysql -uroot -p123456
```

创建数据库：

```
create database cat;
```

退出 MySQL：

```
exit
```

导入数据：

```
mysql -uroot -p100299 -Dcat < /home/CatApplication.sql
```

3．通过 Docker 部署 Tomcat

通过 Docker 下载 Tomcat，可以免去安装 Java 的过程：

```
docker pull tomcat:8.0-jre8
```

在创建 Tomcat 容器前，先在本机上创建一下共享目录：

```
mkdir -p ~/docker_data/tomcat-8/webapps
mkdir -p ~/docker_data/tomcat-8/conf
mkdir -p ~/docker_data/tomcat-8/data
mkdir -p ~/docker_data/tomcat-8/opt
```

创建 Tomcat-8 容器：

```
docker run -id \
--name=tomcat-8 \
-p 8080:8080 \
-p 2280:2280 \
-v ~/docker_data/tomcat-8/webapps:/usr/local/tomcat/webapps \
-v ~/docker_data/tomcat-8/conf:/home \
-v ~/docker_data/tomcat-8/data:/data \
-v ~/docker_data/tomcat-8/opt:/opt \
tomcat:8.0-jre8
```

进入 Tomcat-8 容器：

```
docker exec -it tomcat-8 sh
```

把容器中的 catalina.sh、server.xml 复制到/home 目录，这样宿主机也能看到：

```
cp /usr/local/tomcat/bin/catalina.sh /home/catalina.sh
cp /usr/local/tomcat/conf/server.xml /home/server.xml
```

回到宿主机中，修改 catalina.sh：

```
#!/usr/bin/env bash
export CAT_HOME=/data/appdatas/cat/
CATALINA_OPTS="$CATALINA_OPTS -server -DCAT_HOME=$CAT_HOME -Djava.awt.headless=true
  -Xms5G -Xmx5G -XX:PermSize=256m -XX:MaxPermSize=256m -XX:NewSize=10144m
  -XX:MaxNewSize=10144m -XX:SurvivorRatio=10 -XX:+UseParNewGC -XX:ParallelGCThreads=4
  -XX:MaxTenuringThreshold=13 -XX:+UseConcMarkSweepGC -XX:+DisableExplicitGC
  -XX:+UseCMSInitiatingOccupancyOnly -XX:+ScavengeBeforeFullGC
  -XX:+UseCMSCompactAtFullCollection -XX:+CMSParallelRemarkEnabled
  -XX:CMSFullGCsBeforeCompaction=9 -XX:CMSInitiatingOccupancyFraction=60
  -XX:+CMSClassUnloadingEnabled -XX:SoftRefLRUPolicyMSPerMB=0
  -XX:-ReduceInitialCardMarks -XX:+CMSPermGenSweepingEnabled
  -XX:CMSInitiatingPermOccupancyFraction=70 -XX:+ExplicitGCInvokesConcurrent
  -Djava.nio.channels.spi.SelectorProvider=sun.nio.ch.EpollSelectorProvider
  -Djava.util.logging.manager=org.apache.juli.ClassLoaderLogManager
  -XX:+PrintGCDetails -XX:+PrintGCTimeStamps -XX:+PrintGCApplicationConcurrentTime
  -XX:+PrintHeapAtGC -Xloggc:/data/applogs/heap_trace.txt
```

```
-XX:-HeapDumpOnOutOfMemoryError
-XX:HeapDumpPath=/data/applogs/HeapDumpOnOutOfMemoryError
-Djava.util.Arrays.useLegacyMergeSort=true"
```

修改 server.xml：

```
<Connector port="8080" protocol="HTTP/1.1" URIEncoding="utf-8" connectionTimeout="20000"
    redirectPort="8443" />
<!-- 增加 URIEncoding="utf-8" -->
```

再次进入容器，把修改后的配置文件复制回去：

```
docker exec -it tomcat-8 sh
cp /home/catalina.sh /usr/local/tomcat/bin/catalina.sh
cp /home/server.xml /usr/local/tomcat/conf/server.xml
```

4．下载 war 包

将下载的 war 包放入~/docker_data/tomcat-8/opt 目录，并在前面修改的 server.xml 中增加如下配置（在 Host 标签内）：

```
<Context docBase="/opt/cat-home-3.0.0.war" path="/cat"/>
```

5．配置 data 目录

创建目录并设置权限：

```
mkdir -p ~/docker_data/tomcat-8/data/appdatas/cat/
sudo chmod -R 777 ~/docker_data/tomcat-8/data
```

添加 data/appdatas/cat/client.xml：

```
<?xml version="1.0" encoding="utf-8"?>
<config mode="client">
  <servers>
      <server ip="127.0.0.1" port="2280" http-port="8080"/>
  </servers>
</config>
```

添加 data/appdatas/cat/datasources.xml：

```
<?xml version="1.0" encoding="utf-8"?>

<data-sources>
 <data-source id="cat">
   <maximum-pool-size>3</maximum-pool-size>
   <connection-timeout>1s</connection-timeout>
   <idle-timeout>10m</idle-timeout>
   <statement-cache-size>1000</statement-cache-size>
   <properties>
       <driver>com.mysql.jdbc.Driver</driver>
       <url><![CDATA[jdbc:mysql://127.0.0.1:3306/cat]]></url> <!-- 请替换为真实数据库 URL 及 Port -->
       <user>root</user> <!-- 请替换为真实数据库用户名 -->
```

```
    <password>123456</password> <!-- 请替换为真实数据库密码 -->
    <connectionProperties><![CDATA[useUnicode=true&characterEncoding
        =UTF-8&autoReconnect=true&socketTimeout=120000]]></connectionProperties>
    </properties>
 </data-source>
</data-sources>
```

重启容器。至此，我们的 CAT 服务器就已经成功地在本地启动。

```
# 获取容器的 id
docker ps
# 重启
docker restart [container-id]
```

6．服务端路由配置

CAT 系统已经能成功地在本地运行了。访问 http://127.0.0.1:8080/cat/s/config?op=routerConfigUpdate，对文本框中的内容进行配置：

```
<?xml version="1.0" encoding="utf-8"?>
<router-config backup-server="127.0.0.1" backup-server-port="2280">
    <default-server id="127.0.0.1" weight="1.0" port="2280" enable="true"/>
    <network-policy id="default" title="默认" block="false" server-group="default_group">
    </network-policy>
    <server-group id="default_group" title="default-group">
        <group-server id="127.0.0.1"/>
    </server-group>
    <domain id="cat">
        <group id="default">
            <server id="127.0.0.1" port="2280" weight="1.0"/>
        </group>
    </domain>
</router-config>
```

7．服务端基本配置

访问 http://127.0.0.1:8080/cat/s/config?op=serverConfigUpdate，对文本框中的内容进行如下配置：

```
<?xml version="1.0" encoding="utf-8"?>
<server-config>
  <server id="default">
    <properties>
        <property name="local-mode" value="false"/>
        <property name="job-machine" value="false"/>
        <property name="send-machine" value="false"/>
        <property name="alarm-machine" value="false"/>
        <property name="hdfs-enabled" value="false"/>
        <!--主要是这个-->
        <property name="remote-servers" value="127.0.0.1:8080"/>
```

```
        </properties>
        <storage local-base-dir="/data/appdatas/cat/bucket/" max-hdfs-storage-time="15"
                local-report-storage-time="2" local-logiview-storage-time="1"
                har-mode="true" upload-thread="5">
            <hdfs id="dump" max-size="128M" server-uri="hdfs://127.0.0.1/"
                base-dir="/user/cat/dump"/>
            <harfs id="dump" max-size="128M" server-uri="har://127.0.0.1/"
                base-dir="/user/cat/dump"/>
            <properties>
                <property name="hadoop.security.authentication" value="false"/>
                <property name="dfs.namenode.kerberos.principal"
                        value="hadoop/dev80.hadoop@testserver.com"/>
                <property name="dfs.cat.kerberos.principal" value="cat@testserver.com"/>
                <property name="dfs.cat.keytab.file" value="/data/appdatas/cat/cat.keytab"/>
                <property name="java.security.krb5.realm" value="value1"/>
                <property name="java.security.krb5.kdc" value="value2"/>
            </properties>
        </storage>
        <consumer>
            <long-config default-url-threshold="1000" default-sql-threshold="100"
                        default-service-threshold="50">
                <domain name="cat" url-threshold="500" sql-threshold="500"/>
                <domain name="OpenPlatformWeb" url-threshold="100" sql-threshold="500"/>
            </long-config>
        </consumer>
    </server>
</server-config>
```

8. 客户端配置

在客户端计算机上创建文件 /data/appdatas/cat/client.xml（客户端可以仍然是本机），并写入 CAT 服务器的地址：

```
<?xml version="1.0" encoding="utf-8"?>
<config xmlns:xsi=http://www.w3.org/2001/XMLSchema
        xsi:noNamespaceSchemaLocation="config.xsd">
    <servers>
        <server ip="127.0.0.1" port="2280" http-port="8080" />
    </servers>
</config>
```

在项目中加入文件 src/main/resources/META-INF/app.properties（如图 10-1 所示），并写入如下内容：

```
app.name=cat
```

图 10-1　添加文件

为了便于从 Maven 中心仓库中下载 CAT 相关依赖，需要修改 Maven 的 settings.xml，这个文件的默认位置在~/.m2/，这里直接给出一份模板：

```xml
<?xml version="1.0" encoding="UTF-8"?>
<settings xmlns=http://maven.apache.org/SETTINGS/1.0.0
            xmlns:xsi=http://www.w3.org/2001/XMLSchema-instance
            xsi:schemaLocation="http://maven.apache.org/SETTINGS/1.0.0
            http://maven.apache.org/xsd/settings-1.0.0.xsd">

  <profiles>
    <profile>
      <id>jdk-1.8</id>

      <activation>
        <activeByDefault>true</activeByDefault>
        <jdk>1.8</jdk>
      </activation>

      <repositories>
        <repository>
          <id>central</id>
          <name>Maven2 Central Repository</name>
          <layout>default</layout>
          <url>http://repo1.maven.org/maven2</url>
        </repository>
        <repository>
          <id>unidal.releases</id>
          <url>http://unidal.org/nexus/content/repositories/releases/</url>
        </repository>
      </repositories>

      <properties>
        <maven.compiler.source>1.8</maven.compiler.source>
        <maven.compiler.target>1.8</maven.compiler.target>
        <maven.compiler.compilerVersion>1.8</maven.compiler.compilerVersion>
        <maven.compiler.encoding>UTF-8</maven.compiler.encoding>
        <!-- <project.build.sourceEncoding>UTF-8</project.build.sourceEncoding>
            <project.reporting.outputEncoding>UTF-8</project.reporting.outputEncoding> -->
      </properties>
    </profile>

  </profiles>

  <mirrors>
    <mirror>
      <id>nexus-aliyun</id>
      <mirrorOf>central</mirrorOf>
```

```
        <name>Nexus aliyun</name>
        <url>http://maven.aliyun.com/nexus/content/groups/public</url>
      </mirror>
    </mirrors>
  </settings>
```

修改完成后，即可在项目的 pom.xml 中引入 Maven 依赖：

```
<!--dianping-cat 服务监控-->
<dependency>
    <groupId>com.dianping.cat</groupId>
    <artifactId>cat-client</artifactId>
    <version>3.0.0</version>
</dependency>
```

9. 客户端使用

下面可以在代码中随时接入 CAT 了，这里给出一个 SpringBoot 的例子。其中代码中有一个除以 0 的错误，运行 Web 项目并访问这个 URL 时，错误信息会被发送到 CAT 服务端。

```
@GetMapping("/01")
public String test01(@CookieValue(required = false) String login) {
    Transaction t = Cat.newTransaction("URL", "pageName");

    try {
        Cat.logEvent("URL.Server", "serverIp", Event.SUCCESS, "ip=127.0.0.1");
        Cat.logMetricForCount("metric.key");
        Cat.logMetricForDuration("metric.key", 5);

        int a = 1/0;

        t.setStatus(Transaction.SUCCESS);
    }
    catch (Exception e) {
        t.setStatus(e);
        Cat.logError(e);
    }
    finally {
        t.complete();
    }

    return "ok";
}
```

如果一切顺利,用浏览器访问 http://127.0.0.1:8080/cat/r/top?op=view&domain=cat 应该可以看到记录的错误信息，如图 10-2 所示。

跳转到如图 10-3 的页面，勾选 "Skip server verification"，单击 "CONNECT" 按钮，测试链接，若在 CONNECTION STATUS 中看到 "Successful" 字样，说明配置成功。

图 10-2　错误信息

Connect repo using HTTPS

Type
git

Project
default

Repository URL
https://jihulab.com/xxxx/devops_demo.git

Username (optional)
xxxxx

Password (optional)
••••••

TLS client certificate (optional)

图 10-3　配置页面

接下来进行微服务 App 配置，我们使用 UI 界面进行部署。

Argo CD 自带一套 CRD 对象，可以用来进行声明式配置，这也是推荐的方式。

仍以 provier_one 微服务配置为示例，单击"New APP"，填写配置清单，如图 10-4 所示。

这里同步策略使用手动，所以极狐 GitLab CI 流水线跑完后，需要手动对 Argo CD 进行同步操作。当然，也可以自动同步，当 Argo 检测到 Kustomize 配置文件发生变化时，会自动同步该仓库。

如图 10-5 所示，"Path"是指 Kustomize 配置文件的目录，Argo CD 会监测 kustomization.yaml 的变化情况，以判断代码仓库是否发生了变化。

到此，配置就基本完成了，单击"CREATE"按钮即可。

在配置完成 6 个仓库后，单击"SYNC APPS"按钮，Argo 会根据 Kubernetes 清单自动部署 Spring Could 项目。部署成功后，显示如图 10-6 所示。

详细部署情况如图 10-7 所示。

可以看到详细的应用信息，包括 svc、deploy、两个 replicas 及历史版本。我们可以使用 Argo 快速进行版本的回退。

通过 IP 地址和端口，可以访问我们的 hello 微服务，如图 10-8 所示。说明部署成功。

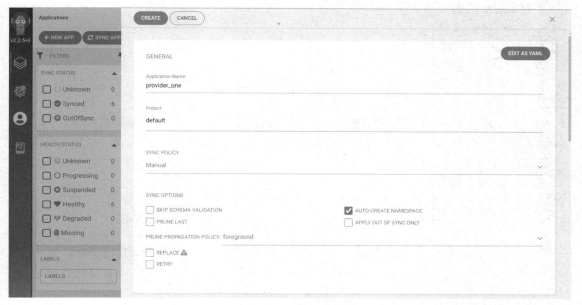

图 10-4 配置清单

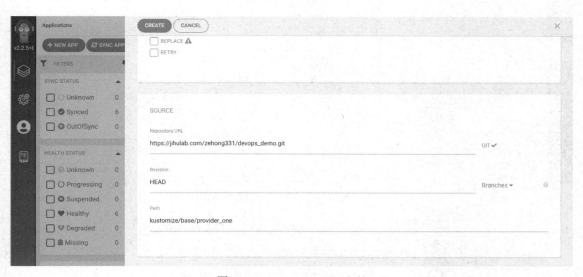

图 10-5 Kustomize 配置文件

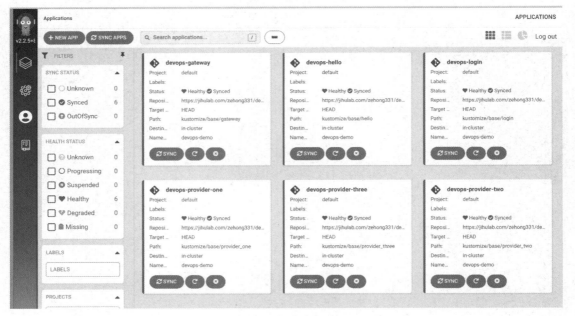

图 10-6　部署成功

图 10-7　详细部署情况

图 10-8　访问微服务

10．进行 Git Push 操作，更新微服务程序

修改代码程序 provider_two 中的代码，将"你好 devops，我是微服务提供者 2 号，我的端口号是：8667"修改为"大家好 yayaya devops，我是微服务提供者 2 号，我的端口号是：8667"，如图 10-9 所示。

```
@GetMapping(⊙∨"/hello")
public String hello(@RequestParam(value = "name", defaultValue = "devops",required = false) String name)
    return "大家好 yayaya " + name + "，我是微服务提供者 2 号，我的端口号是:" + port;
```

图 10-9　修改代码

将修改后的代码同步到上游仓库，将自动触发极狐 GitLab 流水线，如图 10-10 所示。

图 10-10　自动触发 GitLab 流水线

在之前对 Argo 的设置中，我们没有将 Arog 的同步机制设置为自动同步，所以需要手动在 Arog 的 UI 页面中单击"SYNC APPS"按钮，等待所有应用同步成功，如图 10-11 所示。

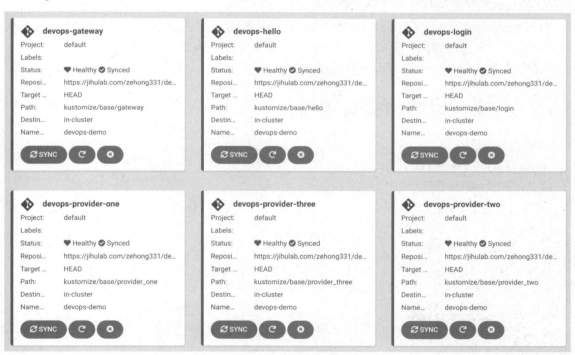

图 10-11　应用同步

再次访问端口，得到如图 10-12 所示的结果。

由于负载均衡机制，我们可能得不到微服务 2 号，多次访问即可。

263

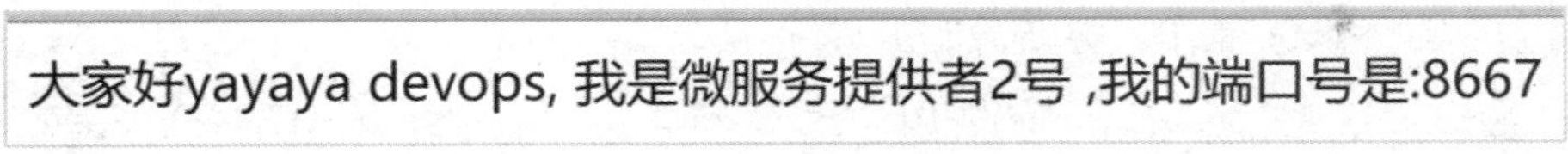

大家好yayaya devops, 我是微服务提供者2号, 我的端口号是:8667

图 10-12　运行结果

10.2　日志系统实践

随着产品的不断壮大、系统的业务变得越来越复杂, 使用人次也变得越来越多, 系统会产生大量的数据。这些数据主要可以分为业务数据 (以水杉在线为例, 有用户数据, 课程数据, 班级数据等)、用户行为日志 (以某商城为例, 有用户对某商品的浏览次数、浏览时长等)、爬虫数据、程序的运行日志等。其中, 对用户行为日志的收集和分析对决策者来说尤为重要, 因为这些日志不仅能体现产品的被使用情况, 帮助业务人员发现产品的长短板, 用户的兴趣等, 还能驱动业务人员发现新的需求。

数据分析是个宏大的课题, 远远超出了本书的范畴, 因此本节着眼于日志数据的收集。

目前, 业界主要采用的日志收集工具有 LogStash 和 Flume。其中, LogStach 是 Elastic 公司旗下的产品, 作为公司 ELK 三大件的一部分, 搭配 ElasticSearch 和 Kibana 效果最好; 而 Flume 的优点在于数据持久化带来的高可靠。

Flume 是一个分布式、可靠、高可用的日志聚合系统, 可以定制各类数据发送方, 并将数据进行收集, 并支持将数据最终存储到各类存储系统 (如 HDFS)。

本节介绍 Flume 的安装和简单使用方法。

10.2.1　实验目的和实验环境

【实验目的】

(1) 了解 Flume 的部署方法。

(2) 掌握 Flume 的基本使用方法。

【实验环境】

(1) 操作系统: CentOS 7。

(2) Flume: 1.9.0 版。

(3) JDK: 1.8 版。

10.2.2　实验步骤

1. 安装 Java

这里不再赘述。

2. 安装 Flume

可以从官网下载 Flume, 如果速度太慢, 可以选择镜像源网站 (清华大学)。

下载完压缩包后, 解压到合适的位置 (如 /home/dist):

```
tar -zxvf apache-flume-1.9.0-bin.tar.gz
```

将解压的文件重命名为 flume-1.9.0，以后写路径时可以更加方便。

修改配置文件 flume-env.sh：

```
cd flume-1.9.0
touch conf/flume-env.sh
```

增加如下代码：

```
export JAVA_HOME=/home/dist/jdk-1.8
```

3. 编写配置文件

Flume 数据传输的基本单元为 Agent，每个 Agent 由如下 3 个组件组成。

❖ Source：负责接受数据的输入。

❖ Channel：负责暂存数据、对数据进行简单的处理。

❖ Sink：负责数据的输出。

Flume 的结构如图 10-13 所示。

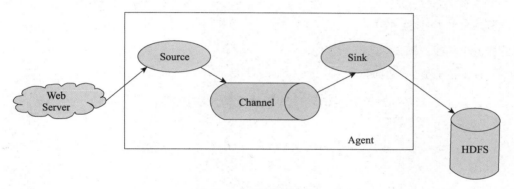

图 10-13　Flume 的结构

所以，我们主要做的就是定义每个组件的名字、类型等参数。

首先，创建一个配置文件：

```
touch conf/netcat-logger.conf
```

然后，编写配置文件，用 telnet 作为数据的输入，并直接将数据输出到控制台：

```
# 定义这个 agent 中各组件的名字
a1.sources = r1
a1.sinks = k1
a1.channels = c1

# 描述和配置 source 组件：r1
a1.sources.r1.type = netcat
a1.sources.r1.bind = 127.0.0.1
a1.sources.r1.port = 9999

# 描述和配置 sink 组件：k1
```

```
a1.sinks.k1.type = logger

# 描述和配置 channel 组件，此处使用是内存
a1.channels.c1.type = memory
a1.channels.c1.capacity = 1000
a1.channels.c1.transactionCapacity = 100

# 描述和配置 source、channel、sink 之间的连接关系
a1.sources.r1.channels = c1
a1.sinks.k1.channel = c1
```

4．启动 Agent

启动 Agent 的命令如下：

```
bin/flume-ng agent -c conf -f conf/netcat-logger.conf -n a1 -Dflume.root.logger=INFO,console
```

5．输入数据并查看输出

下载 telnet

```
yum -y install telnet
```

使用 telnet 输入数据

```
telnet 127.0.0.1 9999
```

然后，在上一步的 Agent 的控制台中可以看到输出的数据了。

本章小结

　　本章为全书的最后章节，从另一个角度——监控、审视了 DevOps 流程的效率，让读者熟练掌握如何架设开源的 Cat 监控系统和 Flume 日志监控系统，如何利用这些系统采集、分析系统数据、业务数据、日志数据，如何从这些监控数据中提炼出有价值的信息，从而更好地运维整个系统。